U0283378

国家自然科学基金项目：
蒙古地域传统汉藏结合式寺庙殿堂建筑原型与谱系研究（编号51868056）

教育部社会科学青年基金项目：
内蒙古地区汉藏结合式召庙殿堂建筑装饰艺术研究（编号15YJC760074）

内蒙古汉藏结合式寺庙殿堂

建筑装饰艺术

莫日根 著

中国建筑工业出版社

图书在版编目（CIP）数据

内蒙古汉藏结合式寺庙殿堂建筑装饰艺术 / 莫日根著 .—北京：中国建筑工业出版社，2019.12
ISBN 978-7-112-24490-4

Ⅰ.①内… Ⅱ.①莫… Ⅲ.①喇嘛宗—宗教建筑—建筑装饰—研究—内蒙古—明清时代 Ⅳ.①TU-098.3

中国版本图书馆CIP数据核字（2019）第282021号

本书从宏观视角介绍了内蒙古地区汉藏结合式寺庙的营建历史，主要针对内蒙古地区具有典型汉藏结合式建筑形态特征的殿堂建筑装饰进行阐述，结合现有建筑遗存及历史图片影像，从汉藏结合式形态殿堂建筑形制、装饰要素、色彩、材料不同方面分别论述，并进一步探讨在不同历史时期由于环境、政治、文化因素对其建筑装饰的影响，从而为内蒙古地区地域建筑装饰设计提供可参考的历史依据。本书适用于建筑学相关专业的从业者、在校师生、建筑领域政府工作者以及相关爱好者阅读。

责任编辑：唐 旭 张 华
文字编辑：李东禧
责任校对：王 瑞

内蒙古汉藏结合式寺庙殿堂建筑装饰艺术

莫日根 著

*

中国建筑工业出版社出版、发行（北京海淀三里河路9号）
各地新华书店、建筑书店经销
天津图文方嘉印刷有限公司印刷

*

开本：880毫米×1230毫米 1/16 印张：16½ 字数：440千字
2019年12月第一版 2019年12月第一次印刷
定价：168.00元
ISBN 978-7-112-24490-4
（35144）

版权所有 翻印必究
如有印装质量问题，可寄本社图书出版中心退换
（邮政编码 100037）

前言

藏传佛教自16世纪末再度传入内蒙古地区，经过几百年的潜移默化，其观念已融合渗透到蒙古民族的价值观、审美观、道德规范、思维模式、行为方式等深层文化结构之中，并积淀为一种独特的地域文化。寺庙建筑作为这种文化的物质载体之一，是内蒙古地区特有的历史文化遗产。由于受汉文化影响较深，加之地处偏远，所以在内蒙古地区的寺庙中出现了不同于汉地和藏地的独特宗教建筑形式类型——汉藏结合式寺庙殿堂建筑类型，这种建筑类型打破了汉地和藏地寺庙殿堂建筑的单纯固有形制，伴随着草原上蒙古民族历史的变迁，形成了独具特色的地域建筑空间和装饰艺术特色。

本书以内蒙古地区藏传佛教史料及相关研究史论作为理论参考，结合田野调查，对内蒙古东、中、西部地区藏传佛教寺院中遗存的汉藏结合式殿堂建筑进行了调研，主要对该类型建筑在进行详细的史料搜集基础上对建筑的平面布局、立面特征以及建筑装饰艺术特征加以梳理研究。通过研究，力图从宏观上对内蒙古地区这一具有典型地域文化特征的宗教建筑类型在建筑装饰方面进行一定系统性的梳理，并且通过对同一地区或不同地区同类型建筑的比较，从中发现同一地区或地区间在同一类型建筑装饰方面的共性与个性，突破以往在建筑装饰方面的片段式研究。

本书第一部分为绪论，对于研究意义、研究目标、国内外研究现状进行了阐述；第二部分对明清民国时期藏传佛教在内蒙古地区的传播发展及寺院营建进行了概述，分析了内蒙古地区汉藏结合式寺庙殿堂建筑产生的宗教历史背景及环境；第三部分介绍了内蒙古地区藏传佛教寺院及殿堂的营建特征，在某些方面不同于甘青藏地区；第四部分介绍了内蒙古地区汉藏结合式寺庙殿堂始创及地理分布，其中重点对蒙古第一座格鲁派寺庙大召的历史沿革、平面布局、第一座汉藏结合式正殿建筑的装饰艺术特征等方面作了详细的阐述，并对内蒙古地区现存的以及被毁的部分汉藏结合式寺庙殿堂地理分布信息、寺院历史沿革进行了归纳、梳理。第五部分对内蒙古地区汉藏结合式寺庙殿堂建筑在寺院中的角色职能、空间组织及平面形制进行了分类阐释；第六部分从十二个方面对内蒙古地区汉藏结合式寺庙殿堂装饰要素特征进行了详细阐述；第七部分对内蒙古地区汉藏结合式寺庙殿堂建筑装饰材料及色彩进行了阐述，分析了其地域特征；第八部分对内蒙古地区汉藏结合式殿堂建筑装饰题材及纹样进行了一定的概括汇总。

目录

第五章 内蒙古地区汉藏结合式寺庙殿堂建筑形制

第八章 内蒙古地区汉藏结合式寺庙殿堂建筑装饰题材及纹样

参考文献

后记

汉藏结合式

第一章 绪论

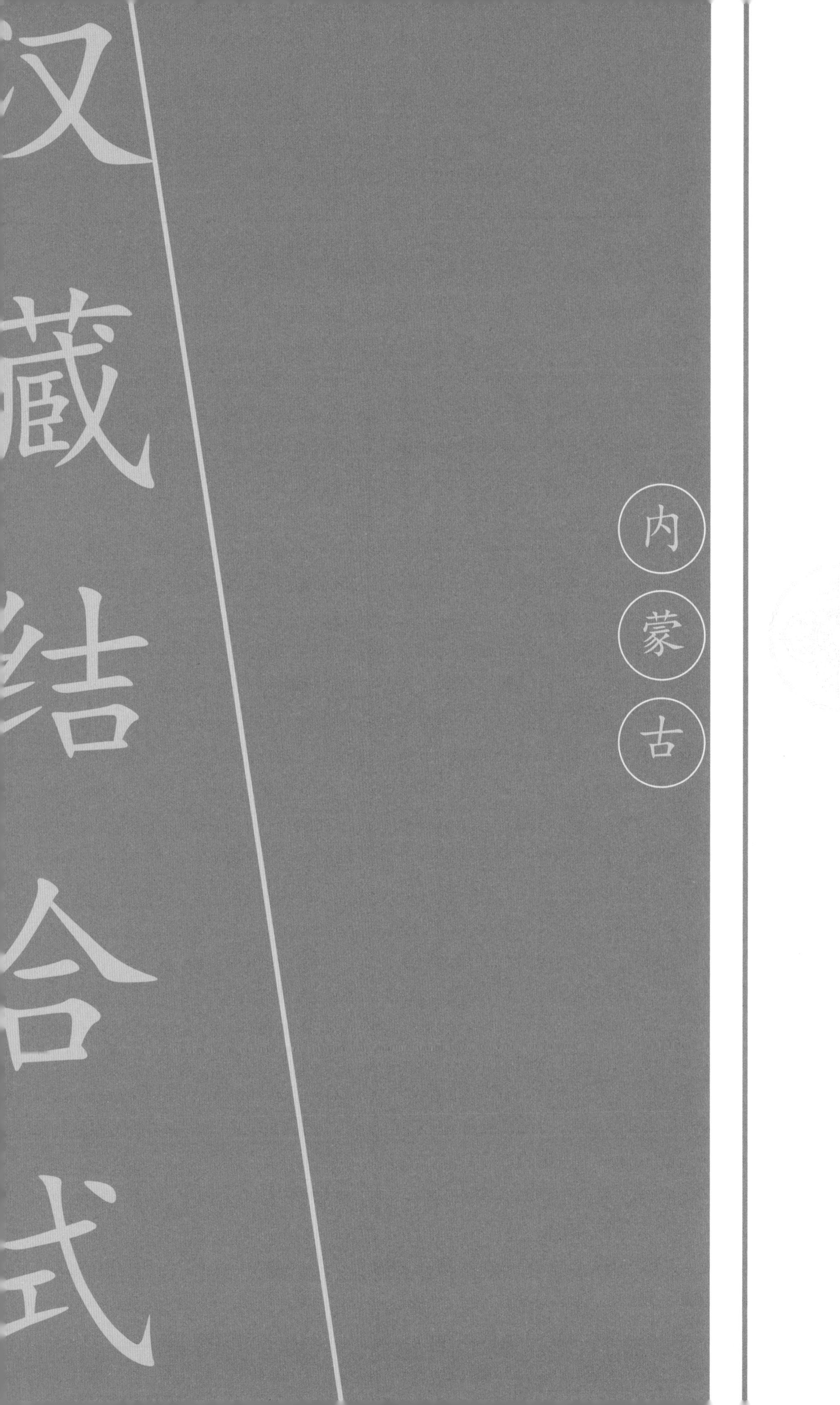
汉藏结合式
内蒙古

第一节 研究目的和意义

对于宗教建筑，宗教思想印迹和信息凝聚在建筑的装饰上，建筑装饰作为一种文化现象必然受到人的情感和心态方面的影响，历史发展过程中积淀而成的民族心理造就了建筑装饰艺术的个性，作为蒙古民族集体记忆的沉淀或符号而存在的这种汉藏结合式寺庙殿堂建筑类型，其建筑装饰艺术充分体现出多民族文化的融合性，是草原人民情感认同与归属的一种重要依托载体。

随着建筑设计创作的发展，挖掘地域文化蕴涵成为繁荣建筑设计的重要途径。吴良镛先生在《关于中国古建筑理论研究的几个问题》中讲道："中国不同地区建筑文化的区域性明确，这些地区建筑蕴含着生活的内容，有泥土的芳香，是建筑创作的源泉，有待于我们建筑工作者去采集、吸取、浇灌。"该讲话充分说明了地域建筑文化、地域建筑空间、装饰艺术在当代建筑空间设计的重要性的同时，着重提出了目前关于地域建筑文化的挖掘研究工作现状。在民族文化的传承保护上，"十八大"报告首次提出了优秀民族文化是建设中华民族精神家园的重要支撑、发展少数民族文化事业等重要论述。

这些年来，内蒙古自治区立足于文化资源丰富、魅力独特的实际，不断加大民族文化传承保护力度，理论研究上实施了草原文化研究工程，使草原文化与长江文化、黄河文化成为中华文化三大源流之一的立论得到确立，并提出了崇尚自然、践行开放、恪守信义的草原文化核心理念。

在文化繁荣的大背景下，对于具有草原文化特色的汉藏结合式寺庙殿堂建筑类型在建筑装饰方面的研究是对地域传统建筑装饰文化的一种传承方式，只有对地域传统建筑装饰文化作充分地研究，才能在深层次上进行发展创新，为内蒙古地区地域性建筑装饰设计创作提供借鉴和参考，为当前地域性城市建筑装饰文化"基因"的探索和有机更新提供依据，对地域建筑空间设计、装饰艺术设计研究以及地区旅游经济的发展起到指导作用。

第二节 研究目标及相关概念界定

一、研究目标

（一）从建筑装饰研究视角切入，梳理内蒙古地区汉藏结合式寺庙殿堂建筑类型的产生、发展、变化。

（二）探讨汉藏结合式这一具有地域特色的殿堂建筑类型在内蒙古地区藏传佛教传播、发展历史过程中与政治、经济、文化、民族等多方面因素间的关系，透过建筑这一文化载体挖掘其蕴藏其间的历史信息及文化价值。

二、相关概念界定

（一）内蒙古

这里指内蒙古自治区，位于中华人民共和国北部边疆，首府呼和浩特，横跨东北、华北、西北地区，接邻八个省区，是中国邻省最多的省级行政区之一，北与蒙古国、俄罗斯联邦接壤，是中国五个少数民族自治区之一。

内蒙古全区面积为118.3万平方公里，占全国总面积的12.3%，民族众多。辖9个地级市、3盟，共计22个市辖区、11个县级市、17个县、49旗、自治旗。在清代将较早内附的漠南蒙古各部称为"内札萨克蒙古"，将后来陆续归附的喀尔喀、厄鲁特等部称为"外札萨克蒙古"，不设札萨克的察哈尔、唐努乌梁海等部称为内属蒙古。"内札萨克蒙古"后来演变出"内蒙古"一词。

蒙古地区的藏传佛教兴于元，明末再度传入，盛于清，弱于民国。从史料记载可知，内蒙古地区大量的藏传佛教寺庙建于清代，少部分建于明代、民国。今日内蒙古地区的藏传佛教寺庙建筑遗存也多为清代建筑。汉藏结合式寺庙殿堂出现在藏传佛教第二次传入蒙古地区之时，经历了明、清、民国的产生、衍生、式微三段过程，因此，对于其研究更多集中在这三个时间段。有一点要注意，清朝建国后，为加强对蒙古诸部的管理，实行了盟旗制度，对分散在各处的蒙古部落进行了固定辖地的综合划分，从而使一直以游牧方式生活的蒙古部族逐渐限制在固定的区域内活动，寺庙建筑在这种政治因素的影响下，在发展过程中逐步出现了地区化特征，但在后来的时代发展过程中，内蒙古地区的行政区域划分多有变化，有很多在清代归属内蒙古地区的辖地范围被划分他地，同时内部的辖地边界划分也出现了变化。因此，在研究过程中，虽然研究的地理范畴为内蒙古地区，但不建议以目前内蒙古行政区划范围作为研究边界，分析其范围内遗存的藏传佛教寺庙建筑特征，解释历史现象，片面给出结论，更多地应站在历史的角度，对其进行还原归类分析，应该是一种科学的方式。

（二）藏传佛教

项目中所涉及藏传佛教如无特别说明均特指藏传佛教的一支——格鲁派（黄教），藏传佛教建筑也专指格鲁派寺庙建筑。

（三）汉藏结合式殿堂

指明清之际蒙古地域藏传佛教寺庙中多流行的一种将汉、藏建筑构造及装饰特征结合在一起的殿堂建筑形式，多用于寺院中的重要建筑。本研究所针对的汉藏结合式殿堂建筑主要指从建筑外部形态上同时体现出汉、藏两种建筑风格的结合式殿堂。对于建筑形式为汉式，内部空间融入藏式营造法则的殿堂建筑不在本次研究范围。

第三节 研究现状

一、国内相关研究

近年来，随着草原文化研究学术活动的开展，少数民族文化和艺术研究的不断深入，关于内蒙古藏传佛教建筑相关的、具有较高学术价值的出版物以及研究学术论文相继出现。

（一）著作方面

1994年出版的“内蒙古历史文化丛书”分册，乔吉编著的《内蒙古寺庙》，依据内蒙古地区各盟旗文史资料及地名志中对寺庙的记载和寺院高僧留下的一些寺庙蒙文资料，结合实地调研，对内蒙古地区幸运遗存的60座寺庙历史进行了介绍，其中不乏对汉藏结合式殿堂的历史记载和描述，对于汉藏结合式殿堂的调研有着一定的信息指导作用。由于本书只是从历史记述角度出发，并没有从专业角度涉及汉藏结合式殿堂建筑装饰方面的内容。

2009年再版的张驭寰、林北钟编著的《内蒙古古建筑》一书，有简要的前言文字说明，大量的黑白图片，书中涉及一些内蒙古地区寺庙中的汉藏结合式殿堂照片，在今天看来，十分珍贵，为研究提供了一定的早期影像资料，但局限于黑白效果，只能观其大貌，无法看清装饰细部。

2012年出版的内蒙古工业大学张鹏举编著的《内蒙古藏传佛教建筑》（三册）一书是国家自然科学基金项目《内蒙古藏传佛教建筑形态演变研究》（项目编号：50768007）、《漠南蒙古地域藏传佛教召庙建筑的比较及其探源研究》（项目编号：51168032）结题成果之一。书中对内蒙古地区110座藏传佛教寺院进行了较为详细的实地调研，以建筑形态为侧重点对这些寺庙进行了系统研究，对内蒙古地区的藏传佛教寺庙建筑从宏观上进行了一定的梳理和较为深入的探讨，该研究是迄今为止对内蒙古地区藏传佛教建筑形态层面上较详细的学术研究成果，其中对于汉藏结合式殿堂建筑形式类型做了一定数量的测绘、图像采集、分析工作，提供了大量数据信息，但基于建筑形态层面上的研究，因此建筑装饰部分更多以图片、图表方式呈现，未加以分析、比对、梳理。

（二）论文方面

张鹏举课题组依托两项国家自然科学基金《内蒙古藏传佛教建筑形态演变研究》、《漠南蒙古地域藏传佛教召庙建筑的比较及其探源研究》，通过研究，发表了多篇关于内蒙古地区藏传佛教建筑研究的系列论文，但未对建筑装饰方面展开研究。

潘春利、侯霞课题组依托内蒙古自治区高等学校科学研究项目《内蒙古藏传佛教建筑的装饰艺术研究》，通过研究，发表了《内蒙古藏传佛教召庙的风格布局与特色》、《内蒙古藏传佛教建筑的壁画艺术研究》、《内蒙古藏传佛教大经堂的建筑装饰艺术》、《内蒙古地区藏传佛教召庙的布局风格》等文章，对建筑装饰方面进行了一定的研究，其中也涉及汉藏结合式殿堂建筑类型的研究，如大经堂的研究，对本研究有一定的参考价值，但研究范围相对笼统，未对其发展过程中的变化做出细致的梳理、分析。

奇洁课题组依托国家哲学社会科学艺术类项目《内蒙古藏传佛教遗迹调查与图像研究》，通过研究，发表了《内蒙古席力图召及其古佛殿壁画研究》、《乌素图召庆缘寺及其东厢殿壁画研究》、《内蒙古大召寺乃琼庙佛殿壁画研究》、《汉藏艺术交流的草原之路——内蒙古土默特地区藏传佛教寺院壁画研究》等系列文章，从殿堂壁画方面切入做了一定研究，因壁画从属于建筑装饰领域范畴，因此对本研究有一定的参考价值。

华南理工大学刘明洋硕士学位论文《包头藏传佛教建筑文化研究》、北京建筑工程学院叶阳阳硕士学位论文《藏传佛教格鲁派寺院外部空间研究与应用》、厦门大学哈斯其木格硕士学位论文《藏传佛教在内蒙古乌审旗地区的传播与变迁——以嘎鲁图庙的历史为例》、兰州大学高倩如硕士学位论文《汉、藏传佛教寺院建筑比较研究》、内蒙古工业大学武月华的文章《呼和浩特市席力图召大经堂的建筑特点》、烟台大学陈喆的文章《内蒙古喇嘛教建筑特色》、中央民族大学塔娜硕士学位论文《内蒙古席力图召历史及其现状研究》、西安建筑科技大学宫学宁硕士学位论文《内蒙古藏传佛教格鲁派寺庙——五当召研究》等文章，皆对于本研究具有一定的参考价值。

以上诸著作、学术论文大多集中从历史、建筑的角度对内蒙古地区寺庙建筑或作宏观的梳理研究或对某一座寺庙某一方面作微观的研究考证，其中或多或少地包含了一部分汉藏结合式殿堂建筑类型的内容，涉及建筑形制、规模、装饰艺术等诸多方面，但还未有将这一具有地域特色的殿堂建筑类型作为研究核心，做全面系统地梳理、分析，尤其是在建筑装饰层面进行详细考察和研究，因此内蒙古汉藏结合式寺庙殿堂建筑装饰方面需要加以补充、系统研究。

国内外学者对藏传佛教在蒙古地区的传播研究已有近一个世纪，成果颇丰。这些论著主要集中在蒙元时期藏传佛教在蒙古传播过程中宗教政策、蒙藏民族关系、寺院文化、宗教人物等史论方面的研究。对于本课题具有一定的史论参考价值，由于论文较多，在此不一一列举。

二、国外相关研究

沈福伟《外国人在中国西藏的地理考察（1845～1945）》一文着重记述了英、法、德、美、瑞士等国探险人士在此时间段对西藏地理的考察，对于宗教有所涉及。

蒙古地域之神秘如同西藏，自20世纪初被西方多国探险人士关注。自20世纪30年代起，就有日本、俄国、意大利等国家的考察探险队进入蒙古地域，记录下当时的蒙古世俗生活，代表人物有长尾雅人、江上波夫、A·M·波兹德涅耶夫、若松宽等，这类著书由于作者身份的原因，更多集中于历史学、人类学、民族学角度展开研究，对于建筑专业性方面的研究较少，其中虽对于寺庙建筑也偶有提及，但由于建筑知识的缺乏，更多表现为一种场景、现象的描述。比较重要的是长尾雅人（日）所著的《蒙古学问寺》，2004年出版的由长尾雅人（日）著，白音朝鲁译的《蒙古学问寺》中记录了“二战”期间作者对内蒙古部分喇嘛庙的考察情况，并附有一定数量的黑白照片，较为详细地记述了当时所考察的一些寺院建筑情况，提供了寺庙的殿堂平面及造像布置，其中包含一些汉藏结合式寺庙殿堂的信息，为后世研究提供了宝贵的资料，但在装饰细节方面仍然缺乏。

汉藏结合式

第二章

藏传佛教在内蒙古地区再度传播发展及寺院营建

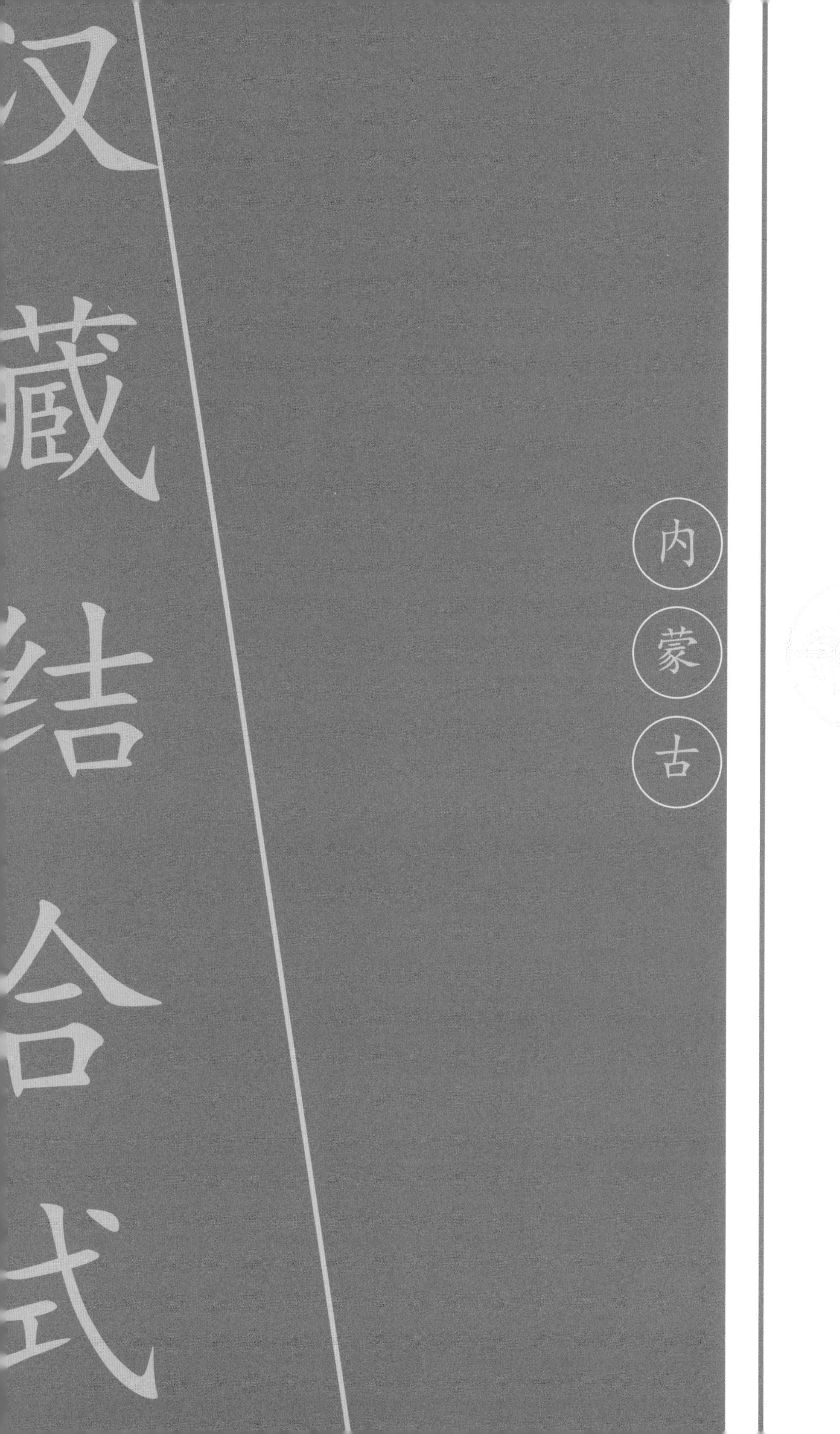

汉藏结合式
内蒙古

明清时期，藏传佛教中的一支格鲁派在整个蒙古地区得以广泛传播，引起了蒙古社会的深刻变革，并对其产生了深远的影响。

格鲁派亦称“新噶当派”，由噶当派分离而出所创，兴起于15世纪初叶，是藏传佛教最后兴起的一个大的教派，其创始人是宗喀巴（图2-1），名罗桑札巴，出生于青海省湟中县。宗喀巴17岁就到卫藏地区学经，原为噶当派僧人，因其显密兼具，历时十余年，系统研习了西藏各教派的教法理论，成为一名学识渊博、声望极高的僧人。后针对当时西藏各教派的僧纪废弛、寺院生活腐化现象，提倡以严守戒律为主的理论，倡导“宗教改革”，重振戒律，并在当时西藏农奴主的支持下，创立了格鲁派。“格鲁”为藏语，意为“善律”。因持律大德均戴黄帽，为了表示这种缘起，将僧帽染作黄色，与持律大德成为一致。因其僧人皆头戴黄帽，被呼为持黄帽派者。[①]“黄教”之称亦源于此（图2-2）。

第一节 时间轴上的内蒙古地区藏传佛教再度传播及寺院营建

藏传佛教在内蒙古地区的再度传播发展，从时间轴线上推演，历经明、清、民国三个历史时期，经历了从盛至衰的发展过程，其寺院营建活动的多寡也反映出了不同历史时期下的宗教传播状态。

一、明代晚期藏传佛教在内蒙古地区的传播发展及寺院营建

藏传佛教继元朝后在明晚期再度传入蒙古地区前，蒙古人生活在易于搬迁移动的毡房中，穹庐形似的圆形毡包成为蒙古人的流动房屋。

土默特地区因驻牧在此处的蒙古土默特部而因此得名。由于地理位置与明朝边界接壤，在明晚期有大量汉地流民越过边境进入土默特地区，垦田开荒，按中原样式修筑房舍，蒙古人将这些房舍、村落、汉人统称“板升”。此时的土默特部领主阿勒坦汗[②]出于政治目的，大量接受汉地流民，借其之力大力发展本地区经济，使得土默特地区板升成片，经济上强于蒙古他部。在经济繁盛之余，阿勒坦汗开始着力筹备引入藏传佛教事宜，力图通过宗教力量来实现其政治目的。

1566年（明嘉靖四十五年），阿勒坦汗的侄孙切尽黄台吉占领乌斯藏[③]后，实践了他对当地宗教领袖许下的“共此经教”的诺言，厚待藏传佛教喇嘛。由于他与阿勒坦汗关系密切，所以他对藏传佛教的

图2-1 宗喀巴像
（资料来源：网络）

图2-2 格鲁派
（资料来源：网络）

① 土观·罗桑却吉尼玛．土观宗派源流．刘立千译注．拉萨：西藏人民出版社，1985：121.
② 阿勒坦汗（1507-1582年），元太祖十七世孙，是蒙古右翼土默特万户的首领。
③ 明代称西藏为“乌斯藏”。

明代晚期蒙古各部所建部分寺庙[①] 表 2-1

寺庙名	所在地区	初建年代
大召（弘慈寺 / 无量寺）	土默特部落游牧地	万历七年（1579 年）
席力图召（延寿寺）	土默特部落游牧地	万历十三年（1585 年）
喇嘛洞西召（广化寺）	土默特部落游牧地	万历元年至万历四十八年（1573 ～ 1620 年）
乌素图西召（庆缘寺）	土默特部落游牧地	万历三十四年（1606 年）
美岱召（灵觉寺 / 寿灵寺）	土默特部落游牧地	万历三十四年（1606 年）
小召（崇福寺）	土默特部落游牧地	天启三年（1623 年）
拉希却灵庙（浩钦召）	鄂尔多斯部落游牧地	万历十五年（1587 年）
王爱召（伊克召、广慧寺）	鄂尔多斯部落游牧地	万历四十一年（1613 年）
沙日召	鄂尔多斯部落游牧地	万历年间
准格尔召（宝堂寺）	鄂尔多斯部落游牧地	天启三年（1623 年）
萨齐庙	四子部落游牧地	崇祯五年（1632 年）
塔布忽洞庙（五井庙）	四子部落游牧地	崇祯五年（1632 年）
格根庙（红召）	四子部落游牧地	万历二十七年（1599 年）

信奉，在一定程度上对阿勒坦汗造成影响。而真正使阿勒坦汗皈依藏传佛教的是藏僧阿兴喇嘛。据《阿拉坦汗传》记载：1571 年（明隆庆五年），阿兴喇嘛来到土默特部，向阿勒坦汗详细讲解了格鲁派的教义、教规、佛教“三宝”（佛、法、僧）的含意、关于“六字真言”的法力以及藏传佛教关于轮回转生的世界观，阿勒坦汗遂产生皈依之心，因此，他召集右翼三万户领主共同议定皈依藏传佛教，抛弃原有萨满教并派使臣进藏迎请格鲁派宗教领袖索南嘉措与之会晤。1575 年（明万历三年），驻扎在青海的阿勒坦汗之子丙兔台吉，遵旨在青海湖西北察卜齐雅勒（蒙古语意为“切开的断崖”）的地方兴建一座佛寺。寺成后，明廷赐名为“仰华寺”。1578 年（明万历六年）索南嘉措与阿勒坦汗会晤于仰华寺，举行了隆重的蒙古右翼入教受戒仪式，就此掀开了藏传佛教再度传入蒙古地区的历史大幕。

索南嘉措遵宗喀巴之规，要求阿勒坦汗许下诺言，尽快在蒙古地区建寺、供佛像、请经，并派东科尔二世呼图克图随阿勒坦汗一同返回土默特地区，筹建传教事宜。1579 年（明万历七年）阿勒坦汗在归化城南门外兴建了土默特部第二座藏传佛教寺院，并呈请明廷对其建寺进行帮扶，这也是土默特地区建立的第一座格鲁派寺庙，寺中以八宝装饰佛像，标志着藏传佛教格鲁派在蒙古地区传播的开始。寺成后，明廷赐寺名“弘慈寺”。蒙古语称“伊克召”，汉译为“大的寺庙”（图 2-3）。

此后，土默特蒙古贵族积极推动藏传佛教在该地区的传播发展，积极兴建寺庙，明朝晚期（北元时期）土默特地区出现了第一次建庙高潮，兴建的寺院主要有 6 座，分别是大召（弘慈寺）、席力图召、

图 2-3　20 世纪 80 年代大召的山门
（资料来源：网络）

① 表 2-1 注：召庙信息依据乌兰察布文史资料第十一辑《乌兰察布史略》、乌云博士论文《清至民国时期土默特地区藏传佛教若干问题研究》、城城硕士论文《近代内蒙古西三盟藏传佛教研究》提供资料整理而成。

小召、乌素图西召、美岱召（灵觉寺）、喇嘛洞西召，这6座寺庙中有4座格鲁派寺庙，2座噶玛噶举派寺庙。虽然后期2座噶玛噶举派寺庙也改宗格鲁派，但说明在明朝晚期，藏传佛教再度传入蒙古地区时，并非格鲁派一家，在乡野山林间仍有其他教派的僧人在此传教，并且早于格鲁派。

土默特部的建寺礼佛活动深深影响了蒙古其他部落，这些蒙古部众也开始在本部落驻地兴建藏传佛教寺庙。最为知名的是一同参与青海仰华寺会晤的蒙古右翼鄂尔多斯部兴建了准格尔召。据《准格尔召庙志》记载，准格尔召始建于1622年（明天启二年），次年主体建筑经堂、佛殿竣工，藏语名为“甘丹夏珠达尔杰林寺”，蒙古语名为“额尔德尼·宝利图苏莫”，明朝赐名“秘宝寺”。

1581年（明万历九年）漠北喀尔喀土谢图汗阿巴岱从一些来自漠南蒙古的商人那里获悉土默特部从西藏迎佛的消息，派遣阿拉格、塔尔罕二人前往土默特部，希望迎请西藏高僧至喀尔喀部传教。阿勒坦汗遂派高僧喇嘛随来使返回喀尔喀助其弘兴佛法。1586年（明万历十四年）在蒙古窝阔台汗兴建的帝国都城哈拉和林城遗址上兴建了喀尔喀蒙古第一座藏传佛教寺庙额尔德尼召，藏佛佛教由此在喀尔喀地区复兴。

这一时期，内蒙古部落所建部分寺庙信息见表2-1。

二、清代早期藏传佛教在内蒙古地区的传播发展及寺庙营建

清代早期指清朝的创业时期，即努尔哈赤、皇太极、顺治这一段时期（1616～1661年）。

清入关前，藏传佛教已由蒙古传入满洲，后金统治者信奉皈依，向外界传达了保护藏传佛教的声音。努尔哈赤为与明朝争夺东北地区，对蒙古各部采取“北婚蒙古，万里连亲”[①]的结好政策，对蒙古族信奉的藏传佛教采取尊崇和扶植的政策，保护和修建多座藏传佛教寺庙，1615年（明万历四十三年）在赫图阿拉城附近兴建7座藏传佛教寺院。

皇太极执政时期更是把在蒙古推行藏传佛教作为一项政治手段，对于蒙古已有的藏传佛教寺庙立法保护。1632年（明崇祯五年，后金天聪六年），皇太极追击蒙古左翼察哈尔林丹汗至呼和浩特，颁布法令：“凡大军所至……勿毁庙宇，勿取庙中一切器皿，违者死！勿扰害庙内僧人，勿擅取其财物，仍开载僧众数目具报。若系窜匿庙中人口及隐寄牲畜，听尔等俘获，不许屯住庙中，违者治罪！”[②]皇太极亲住大召，并且将旨意悬于寺门，高调宣布保护这座召庙，以此表明其对蒙古藏传佛教的支持态度，这一态度得到了蒙古藏传佛教界的回应。不久，呼和浩特的内齐托音呼图克图一世带领察罕佃齐呼图克图亲自到盛京归附后金，接着呼和浩特乌素图西召的察哈尔佃齐呼图克图也到盛京，向皇太极献了各种贵重礼物，以表归附之心。后金对此大肆嘉奖，将呼和浩特宗教上层紧紧拉拢到自己一边，减弱了当地广大蒙古信教群众的反抗斗志，对蒙古各部也产生了很大的政治影响。

1634年（明崇祯七年，后金天聪八年），皇太极平定了林丹汗，察哈尔墨尔根喇嘛载护法“嘛哈噶喇”金佛来献，此佛为元世祖忽必烈时，帝师八思巴喇嘛用千金所铸，奉祀于五台山。元亡后，移于沙漠蒙古（萨思遐地方），沙尔巴呼图克图喇嘛又将它转移到察哈尔。墨尔根遂携来归于清。这一事件，使皇太极进一步认识到蒙古的思想支柱为藏传佛教，于是进一步采取扶植措施，于1638年（明崇祯十一年，清崇德三年），在盛京西三里外，建立实胜寺，供奉金佛，以彰其心。

1640年（明崇祯十三年，清崇德五年）皇太极令对大召进行扩建，并赐满、蒙古、汉三种文字的寺额，汉文作“无量寺”。同时令工部造“皇帝万寿无疆”金牌，交于大召供奉。

1644年（明崇祯十七年，清顺治元年）顺治帝

① 《光海君日记》朝鲜，卷一百二十八．

② 《清实录·太宗文皇帝实录》卷十一，天聪六年四月乙未，中华书局，1985年．

清代早期蒙古各部所建部分寺庙[①] 表 2-2

寺庙名	所在地区	初建年代
喇嘛洞东召（崇禧寺）	土默特部落游牧地	顺治年间
朋苏克召（崇寿寺）	土默特部落游牧地	顺治年间
什报气召（慈寿寺）	土默特部落游牧地	顺治年间
班第达召	鄂尔多斯部落游牧地	顺治十一年（1654 年）
慧丰寺	科尔沁部落游牧地	顺治五年（1648 年）
崇化禧宁寺	郭尔罗斯部落游牧地	顺治年间
豪沁召	鄂尔多斯部落游牧地	顺治年间
阿贵图召（乌喇特东公旗旗庙）	乌喇特部落游牧地	顺治年间

即位，迁入北京。当时蒙古地区处于不稳定状态，为此亟须利用藏传佛教来安定局面，因此顺治帝敦请五世达赖喇嘛来京。1652 年（清顺治九年），应清廷邀请，五世达赖喇嘛罗桑嘉措从西藏进京，途中路过呼和浩特，特意到大召、席力图召烧香讲法，更加提高了二召的政治、宗教地位，使蒙古、西藏地区的僧俗封建主进一步了解到清朝对藏传佛教的扶植政策。清顺治年间土默特地区又兴建三座寺庙，分别为喇嘛洞东召（崇禧寺）、朋苏克召（崇寿寺）、什报气召（慈寿寺），同时在其他部落也陆续有寺庙兴建，部分寺庙信息见表 2-2。

三、清代中期藏传佛教在内蒙古地区的传播发展及寺庙营建

清代中期指康熙、雍正、乾隆、嘉庆这一段时期（1661 ～ 1820 年）。

清康熙年间，康熙帝与五世达赖喇嘛之间发生了利害冲突。清廷为了分化瓦解格鲁派势力，提出“众建而分其势”的策略，除了支持西藏地区顾实汗的直系后裔和喀尔喀蒙古的哲布尊丹巴呼图克图之外，还在北京、热河、多伦、呼和浩特等地各大寺院设置了行政管理机构——喇嘛印务处。同时，为了制造社会影响，在土默特地区有意识地掀起第二次建庙高潮，陆续增建了四大寺院。

清雍正、乾隆年间在前朝建庙的基础上，对整个土默特地区兴建的寺庙做了一次大规模的整治，除新建三座寺庙外，对前朝兴建的老旧寺庙进行了修缮，并同时赐寺名，赏赐匾额，此举大大激发了蒙古贵族、高层喇嘛以及广大蒙古民众的信教热情。

随着其他蒙古诸部陆续归顺清朝政府，清廷将蒙古分为“外藩”和“内属”两部分，内蒙古、新疆、青海、宁夏的厄鲁特蒙古为“外藩”，设札萨克，直属理藩院。归化城土默特、察哈尔、呼伦贝尔等境内蒙古为“内属”，设总管、直属都统、将军等。“外藩”蒙古被编一百零九旗（内蒙古四十九旗），“内属”蒙古被编为二十七旗。清廷在各盟旗大力扶植藏传佛教，各盟旗间竞相建寺，蒙古王公作为寺庙施主，广施大量土地、金银、牲畜，在本部驻地兴建了大量寺庙，形成“盟有盟庙，旗有旗庙”，不出名的小庙更是数不胜数的盛大局面，内蒙古六盟四十九旗加上西套蒙古二旗在清代中期建寺数以千座，部分寺庙信息见表 2-3。

① 表 2-2 注：召庙信息依据高青钢硕士论文《近代内蒙古东三盟藏传佛教研究》、城城硕士论文《近代内蒙古西三盟藏传佛教研究》、乌兰察布文史资料第十一辑《乌兰察布史略》、乌云博士论文《清至民国时期土默特地区藏传佛教若干问题研究》提供资料整理而成。

清代中期内蒙古各盟旗及西套蒙古二旗部分寺庙[①]　表 2-3

寺庙名	所在盟	所在旗	初建年代
班第达召（尊胜寺）		土默特都统旗	康熙元年（1662 年）
拉布齐召（弘庆寺）		土默特都统旗	康熙三年（1664 年）
乃莫齐召（隆寿寺）		土默特都统旗	康熙八年（1669 年）
太平召（宁祺寺）		土默特都统旗	康熙六十一年（1722 年）
仁佑寺		土默特都统旗	雍正十年（1732 年）
乌素图东召（广寿寺）		土默特都统旗	康熙二十九年（1690 年）
察罕哈达召（永安寺）		土默特都统旗	康熙四十二年（1703 年）
希拉穆仁召（普会寺）		土默特都统旗	乾隆三十四年（1769 年）
巧尔齐召（延禧寺）		土默特都统旗	康熙四十九年（1710 年）
慈灯寺		土默特都统旗	雍正五年（1727 年）
荟安寺（岱海庙）		土默特都统旗	乾隆三十八年（1773 年）
吉特库召（萨拉齐召）		土默特都统旗	康熙三十六年（1697 年）
里素召（增福寺）		土默特都统旗	康熙三十五年（1696 年）
拉哈兰巴召（法禧寺）		土默特都统旗	雍正三年（1725 年）
绥福寺（公尼召）	伊克昭盟	郡王旗	乾隆四十年（1775 年）
套海召（新召）	伊克昭盟	郡王旗	乾隆十七年（1752 年）
札萨克召	伊克昭盟	札萨克旗	乾隆三十年（1765 年）
广福寺	伊克昭盟	准格尔旗	乾隆三十七年（1772 年）
展旦召	伊克昭盟	达拉特旗	康熙年间
乌审召	伊克昭盟	乌审旗	康熙末年
沙尔里克召	伊克昭盟	乌审旗	乾隆年间
哈力古图庙	伊克昭盟	乌审旗	康熙五十四年（1715 年）
伊克乌苏庙	伊克昭盟	鄂托克旗	顺治九年（1652 年）
额尔和图庙	伊克昭盟	鄂托克旗	雍正十一年（1733 年）
哈力哈图庙	伊克昭盟	鄂托克旗	雍正六年（1728 年）
灵光寺（贝勒庙）	伊克昭盟	杭锦旗	雍正十年（1732 年）
宝善寺（加格热格庙）	伊克昭盟	杭锦旗	雍正十三年（1735 年）
广慧寺（西拉召）	伊克昭盟	杭锦旗	康熙三十六年（1697 年）
法禧寺（昆都仑召）	乌兰察布盟	乌喇特中旗	雍正七年（1729 年）
广觉寺（五当召）	乌兰察布盟	乌喇特右旗	乾隆十四年（1749 年）
广法寺（梅日更召）	乌兰察布盟	乌喇特右旗	康熙十六年（1677 年）
满达尔庙（满都拉庙）	乌兰察布盟	四子部落旗	康熙三十九年（1700 年）

① 表 2-3 注：召庙信息依据高青钢硕士论文《近代内蒙古东三盟藏传佛教研究》、城城硕士论文《近代内蒙古西三盟藏传佛教研究》、乌兰察布文史资料第十一辑《乌兰察布史略》、乌云博士论文《清至民国时期土默特地区藏传佛教若干问题研究》、彩虹《清代阿拉善和硕特旗藏传佛教历史研究》提供资料整理而成。

续表

寺庙名	所在盟	所在旗	初建年代
宝鲁岱庙	乌兰察布盟	四子部落旗	康熙三十三年（1694 年）
艾日嘎庙	乌兰察布盟	四子部落旗	康熙五十六年（1717 年）
白乃庙	乌兰察布盟	四子部落旗	雍正四年（1726 年）
却尔吉庙	乌兰察布盟	四子部落旗	雍正十年（1732 年）
都呼莫庙	乌兰察布盟	四子部落旗	雍正十年（1732 年）
哈布乞勒召（哈布其拉庙）	乌兰察布盟	四子部落旗	乾隆二年（1737 年）
达喇嘛庙（赛音忽达嘎庙）	乌兰察布盟	四子部落旗	乾隆五年（1740 年）
补力太庙	乌兰察布盟	四子部落旗	乾隆二十二年（1757 年）
普和寺（希拉木仑庙）	乌兰察布盟	四子部落旗	乾隆二十三年（1758 年）
锡日哈达庙	乌兰察布盟	四子部落旗	乾隆二十三年（1758 年）
力图庙	乌兰察布盟	四子部落旗	嘉庆十五年（1810 年）
广福寺（百灵庙）	乌兰察布盟	喀尔喀右翼旗	康熙四十一年（1702 年）
其那尔图庙（永庆寺）	乌兰察布盟	喀尔喀右翼旗	康熙四十六年（1707 年）
托因喇嘛庙	乌兰察布盟	喀尔喀右翼旗	乾隆二十三年（1758 年）
西查干哈达庙	乌兰察布盟	喀尔喀右翼旗	嘉庆十二年（1807 年）
格少庙（吉存寺）	乌兰察布盟	喀尔喀右翼旗	乾隆二十九年（1764 年）
沙日楚鲁庙	乌兰察布盟	茂明安旗	乾隆十三年（1748 年）
敖日格勒庙	乌兰察布盟	茂明安旗	康熙十年（1671 年）
达嘎庙（茂明安旗旗庙）	乌兰察布盟	茂明安旗	嘉庆五年（1800 年）
梅日更召（乌喇特西公旗旗庙）	乌兰察布盟	乌喇特西公旗	康熙十六年（1677 年）
昆都仑召（乌喇特中公旗旗庙）	乌兰察布盟	乌喇特中公旗	雍正七年（1729 年）
哈太庙（韩太召）	乌兰察布盟	乌喇特中公旗	乾隆三十八年（1773 年）
陶赖呼勒庙（广法寺）	乌兰察布盟	乌喇特东公旗	乾隆四十八年（1783 年）
希拉穆仁召（普会寺）	乌兰察布盟	席力图旗（喇嘛旗）	乾隆三十四年（1769 年）
崇善寺（贝子庙）	锡林郭勒盟	阿巴哈纳尔左旗	乾隆八年（1743 年）
福佑寺（查干敖包庙）	锡林郭勒盟	苏尼特左旗	康熙五十三年（1714 年）
施善寺（杨迪庙）	锡林郭勒盟	阿巴噶左旗	乾隆年间
普祥寺（海音哈尔瓦）	锡林郭勒盟	阿巴哈纳尔右旗	雍正四年（1726 年）
敖包噶图庙	锡林郭勒盟	乌珠穆沁右旗	雍正元年（1723 年）
乌兰哈噶拉噶庙	锡林郭勒盟	乌珠穆沁右旗	乾隆元年（1736 年）
喇嘛库伦庙	锡林郭勒盟	乌珠穆沁右旗	乾隆四十八年（1783 年）
新庙	锡林郭勒盟	乌珠穆沁右旗	乾隆十年（1745 年）
音札干庙	锡林郭勒盟	乌珠穆沁右旗	康熙六年（1667 年）
广宗寺（噶齐勒庙）	锡林郭勒盟	乌珠穆沁左旗	雍正十年（1732 年）
堪布庙	锡林郭勒盟	浩齐特右旗	乾隆年间
梵通寺（格根庙）	哲里木盟	科尔沁右翼前旗	乾隆四十九年（1784 年）
普慧寺（王爷庙）	哲里木盟	科尔沁右翼前旗	康熙三十年（1691 年）

续表

寺庙名	所在盟	所在旗	初建年代
特布斯格庙	哲里木盟	科尔沁右翼前旗	康熙年间
遐福寺（巴音和硕庙）	哲里木盟	科尔沁右翼中旗	乾隆年间
白音花庙	哲里木盟	科尔沁右翼中旗	康熙年间
和硕庙	哲里木盟	科尔沁右翼后旗	康熙年间
黑帝庙	哲里木盟	科尔沁右翼后旗	康熙四十二年（1703 年）
集宁寺（莫力庙）	哲里木盟	科尔沁左翼中旗	乾隆五十年（1785 年）
寿安寺	哲里木盟	科尔沁左翼中旗	康熙年间
双和尔庙（双福寺）	哲里木盟	科尔沁左翼后旗	康熙十九年（1680 年）
广福寺（敖特齐庙）	哲里木盟	科尔沁左翼后旗	雍正八年（1730 年）
乾达门庙（翊化寺）	哲里木盟	扎赉特旗	乾隆五十一年（1786 年）
全禧平安寺	哲里木盟	扎赉特旗	康熙二十三年（1684 年）
富裕正洁寺	哲里木盟	杜尔伯特旗	康熙二十三年（1684 年）
嵩龄寺	哲里木盟	郭尔罗斯后旗	乾隆五年（1740 年）
宝善寺（巴拉奇如德）	昭乌达盟	阿鲁科尔沁旗	康熙四年（1665 年）
广佑寺（根佩庙）	昭乌达盟	阿鲁科尔沁旗	嘉庆二十一年（1816 年）
修安寺	昭乌达盟	阿鲁科尔沁旗	康熙二年（1663 年）
汗庙	昭乌达盟	阿鲁科尔沁旗	16 世纪初
善福寺（格力布尔召）	昭乌达盟	巴林左旗	乾隆三十五年（1770 年）
昭慧寺（宗喀巴庙）	昭乌达盟	巴林左旗	康熙四十年（1701 年）
荟福寺	昭乌达盟	巴林右旗	康熙四十五年（1706 年）
禅化寺	昭乌达盟	巴林右旗	乾隆二十一年（1756 年）
重庆寺	昭乌达盟	巴林右旗	康熙四十九年（1710 年）
普佑寺	昭乌达盟	巴林右旗	康熙五十六年（1717 年）
笃庆寺	昭乌达盟	翁牛特右旗	康熙年间
梵宗寺	昭乌达盟	翁牛特左旗	乾隆八年（1743 年）
化源寺	昭乌达盟	翁牛特左旗	嘉庆十三年（1808 年）
荟祥寺	昭乌达盟	克什克腾旗	康熙年间
普安寺	昭乌达盟	克什克腾旗	乾隆年间
庆宁寺	昭乌达盟	克什克腾旗	乾隆二十五年（1760 年）
宏慈寺	昭乌达盟	敖汉旗	乾隆四十六年（1781 年）
安乐寺	昭乌达盟	奈曼旗	嘉庆十八年（1813 年）
瑞应寺	卓索图盟	土默特左旗	康熙八年（1669 年）
阿拉坦锡勒图庙	卓索图盟	土默特左旗	康熙二十二年（1683 年）
岗干庙	卓索图盟	土默特左旗	康熙四十年（1776年 ）
灵悦寺	卓索图盟	喀喇沁右旗	康熙年间
山云寺	卓索图盟	喀喇沁中旗	康熙年间
法轮寺	卓索图盟	喀喇沁中旗	乾隆十年（1745 年）

续表

寺庙名	所在盟	所在旗	初建年代
汇善寺	卓索图盟	喀喇沁左旗	乾隆四十八年（1783 年）
延福寺		阿拉善和硕特旗	雍正九年（1731 年）
广宗寺（南寺）		阿拉善和硕特旗	乾隆二十一年（1756 年）
福因寺（北寺）		阿拉善和硕特旗	嘉庆九年（1804 年）

清乾隆中叶以后，随着国力的强大，边疆地区稳定，清廷对边疆地区的民族政策由之前的偏之于恩转向偏之于威。与此同时，清廷逐渐意识到藏传佛教势力的强大会威胁其对边境的统治，因而颁发了许多喇嘛政令，对其加以严格限制，并削弱了呼图克图、葛根等上层喇嘛的权利。

从清嘉庆开始，清政府逐渐采取了疏离的政策，致使蒙古各地的藏传佛教寺庙因失去政府的庇护，逐渐走向衰落。以归化城土默特旗为例，嘉庆年间削夺归化城喇嘛印务处的权力，蒙古地区的寺院经济呈现日渐衰退趋势，除大召、席力图召情况相对好些外，其他寺庙无力修缮，殿堂坍塌、破败情况严重，小庙更是荒废无人，已不可能有新建的寺庙。

四、清代晚期藏传佛教在内蒙古地区的传播发展及寺庙营建

清代晚期指道光、咸丰、同治、光绪、宣统这一段时期（1820 ～ 1911 年）。

由于政治时局的变化，国力的下降，清道光时期对藏传佛教的政策作出重大改变，由前朝诸帝的尊崇、礼遇变为冷淡和疏远。1824 年（清道光四年），道光帝以呼图克图年幼为借口，拒绝漠北哲布尊丹巴五世呼图克图觐见的要求。1840 年（清道光二十年）以后，清政府在两次鸦片战争、甲午战争、八国联军入侵一系列战争中惨败，被迫屈寻求和，相继签订了一系列不平等条约，被迫割地、赔款、开放通商口岸，中国逐渐沦为半封建半殖民地社会的国家。在北部边疆，日、俄陆续瓜分了中国东北和蒙古，进行殖民统治。

蒙古王公中一些开明人士对藏传佛教对蒙古社会的危害提出一定的批判，代表了一部分蒙古人思想意识的转变。纵观这一时期藏传佛教在蒙古地区的传播发展，已不像清中期那样铁板一块，已在某些区域出现了松动迹象，但这些迹象首先是从蒙古上层贵族而来，与西方先进文化思想的接触不无关系。

在蒙古普通民众心目中，藏传佛教仍然占有一定的地位，求佛保佑心理仍然存在。各地的寺庙在这一时期发展并不均衡，由于清廷对蒙古藏传佛教态度的转变，一些寺庙因各种原因处于荒废状态，但仍有一些在政治方面与清廷有紧密联系、宗教地位崇高的寺庙因其财力雄厚，这一时期寺庙殿堂建筑屡有增修。

以土默特旗为例，席力图召于 1859 年（清咸丰九年）席力图呼图克图九世重修席力图召，增高殿基数尺；1887 年（清光绪十三年）席力图召发生火灾，庙仓、殿堂大毁；1891 年（清光绪十七年）重修席力图召。在重建过程中，对其原有寺院建筑布局进行了规整，使席力图召在建筑布局上更加完善了轴线意识，重新修建的席力图召也更加雄伟壮丽。1892 年（清光绪十八年）途径归化城的俄国人 A • M • 波兹涅德耶夫在其所著的《蒙古及蒙古人》一书中有关于此次修缮后席力图召的描述，“现在无论是从召内喇嘛的数量，还是从召内建筑物的数量来说，它都无可争辩地是呼和浩特所有召庙中最大的一座。”[①]

① （俄）A • M • 波兹涅德耶夫．蒙古及蒙古人 [M]．刘汉明等译．呼和浩特：内蒙古人民出版社，1983:79.

与此同时，A·M·波兹涅德耶夫也描述了他所看到破败寺庙的景象。关于小召（崇福寺），他这样写道："巴噶召的喇嘛总共有六十人，但在呼和浩特住的并不很多。他们大部分分散在草原和农村，留在呼和浩特的那些人也不住在召内，而是住城里自己的房子或租用的房子，因为召内喇嘛住的房子都已经坍塌了。在这种生活条件下，这些喇嘛一点也不像一般宗教团体的僧侣，这是不言而喻的"①。关于慈灯寺，"现在这个召已完全荒废了：庙里一个喇嘛也没有，佛殿也都倾圮。这庙原有三个院子，每个院子有三个佛殿"②。朋苏克召也"完全倒塌和荒废"。去参观时，"没有遇到一个喇嘛"③。弘庆寺里"只有一个因吸食鸦片过多而几乎失去知觉的喇嘛在看守着这座召内唯一的一座半倒塌的佛殿"④。

A·M·波兹涅德耶夫在1892年（清光绪十八年）看到的呼和浩特寺庙的景象，是清朝晚期内蒙古地区寺庙状况的一个缩影。

席力图召由于享有掌印札萨克达喇嘛一职，执权在握，各方面优于其他寺庙，因此得以在清晚期还可以进行较大规模的修缮。同比之下，小召虽然在清康熙年间达到发展高峰，但后来小召及其属庙（即五塔寺，清廷赐名"慈灯寺"）无人顾及，逐渐衰败。弘庆寺由五世达赖喇嘛随从宁宁呼图克图于清康熙年间建造。

这一时期，除了列强的入侵，国内也相继爆发了声势浩大的起义运动，这些运动导致蒙古地区很多寺庙坍塌损毁，但仍有一些寺庙在此期间进行兴建，并非整体停滞状态。在《鄂尔多斯寺院》中记载，在清道光年间杭锦旗建尼告卡伊勒特齐庙（静慧寺），清咸丰年间建号日刚召，清同治年间建察哈尔都刚庙、者衮萨拉嘎庙、脑日齐陶亥庙，清光绪年间建呼日特布庙、伊和苏布日嘎庙、阿格庙、乌乐吉图呼日叶庙。又如哲里木盟奈曼旗的包日和硕庙，其在1877年（清光绪三年）8月仍建属庙一座——胡芦苏台庙，与清中期兴建的三座不同时期的属庙统一举办庙会，说明这一时期蒙古各旗仍有建庙事宜，但寺院规模不似从前，部分寺庙信息见表2-4。

五、民国时期藏传佛教在内蒙古地区的传播发展及寺庙营建

1912年中华民国建立，时代的更替使内蒙古藏传佛教在这一时期体现出两方面的特征。

一方面，清朝虽然被推翻，但继任政府出于边疆地区安定的考虑，基本沿袭了清政府对蒙古贵族

清代晚期内蒙古各盟旗及西套蒙古二旗部分寺庙⑤　　表2-4

寺庙名	所在盟	所在旗	初建年代
希连庙	乌兰察布盟	四子部落旗	道光二年（1822年）
巴荣索庙	乌兰察布盟	四子部落旗	道光二十八年（1848年）
萨如勒庙	乌兰察布盟	四子部落旗	咸丰二年（1852年）
浩腾高勒庙	乌兰察布盟	四子部落旗	光绪三年（1877年）
王府庙	乌兰察布盟	四子部落旗	光绪三十四年（1908年）

① (俄) A·M·波兹涅德耶夫. 蒙古及蒙古人 [M]. 刘汉明等译. 呼和浩特：内蒙古人民出版社，1983:74.

② 同上书，87页

③ 同上书，84页

④ 同上书，85页

⑤ 表2-4注：召庙信息依据乌兰察布文史资料第十一辑《乌兰察布史略》、城城硕士论文《近代内蒙古西三盟藏传佛教研究》提供资料整理而成。

续表

寺庙名	所在盟	所在旗	初建年代
朝格齐庙	乌兰察布盟	喀尔喀右翼旗	同治五年（1866 年）
哈沙图庙（宣经寺）	乌兰察布盟	喀尔喀右翼旗	光绪九年（1883 年）
东查干哈达庙	乌兰察布盟	喀尔喀右翼旗	咸丰五年（1855 年）
满都拉庙（普庆寺）	乌兰察布盟	喀尔喀右翼旗	道光三年（1823 年）
塔本毛都庙	乌兰察布盟	喀尔喀右翼旗	光绪三十二年（1906 年）
吉木斯太庙	乌兰察布盟	喀尔喀右翼旗	同治十一年（1872 年）
巴音花庙	乌兰察布盟	喀尔喀右翼旗	同治七年（1868 年）
满都拉庙	乌兰察布盟	茂明安旗	道光二十一年（1841 年）
吉格斯台庙	乌兰察布盟	茂明安旗	道光九年（1829 年）
库联庙	乌兰察布盟	茂明安旗	光绪九年（1883 年）
萨木岱庙	乌兰察布盟	乌喇特中公旗	道光二十二年（1842 年）
阿日呼都格庙	乌兰察布盟	乌喇特中公旗	同治二年（1863 年）
沙格巴庙	乌兰察布盟	乌喇特中公旗	同治二年（1863 年）
温根特格庙	乌兰察布盟	乌喇特中公旗	道光二十年（1840 年）
巴音保日庙（巴彦补勒召）	乌兰察布盟	乌喇特中公旗	同治二年（1863 年）

及蒙古藏传佛教的优待政策。政府继续扶持、利用藏传佛教维护自己的统治，上层僧侣集团在内蒙古地区社会政治生活中仍然扮演重要角色，大多数蒙古民众依旧在不同程度上信奉藏传佛教。

1911 年（清宣统三年），宣统皇帝退位，清朝结束，袁世凯组建民国临时共和政府，另外，又根据与南方革命党达成的协议，出任中华民国临时大总统，为应对外蒙古的“独立”事件，采取了继续保留蒙古王公制度，优待蒙古王公的政策。

与此同时，袁世凯上台后，除了对蒙古贵族实行优待政策，对蒙古的藏传佛教也极尽拉拢之能事，颁布了优待藏传佛教的条例：蒙古各地之呼图克图喇嘛等，其原来之封号依旧。内蒙古地区的教首第十九世章嘉呼图克图，被迎至北京，封为大国师，加了“弘济光明昭因禅化”的名号，破格授一颗八十八两重的金印，把清朝的“理藩院”改为“蒙藏院”。将内蒙古各庙有名号的喇嘛都登记在册，封了二百四十余名呼图克图，同时把原来旧印收回，颁发新印，并对一些寺庙进行政府赐名。

1927 年（民国 16 年）蒋介石在南京成立国民党政府后，承袭了袁世凯的对蒙政策。在行政院下设“蒙藏委员会”，内蒙古喇嘛教教首章嘉活佛也被安排为蒙藏委员会委员，还在北京设立了“喇嘛事务所”，专门管理寺庙事务，并出台了“蒙古藏传佛教寺庙的监督条例”。

民国时期，虽然在地区寺庙整体兴建规模及频率上远不及清朝，但并不是没有发展，一些地位等级较高的寺庙仍会根据需要兴建殿堂，完善寺院功能，在民国时期迎来寺院发展的高峰期。如锡林郭勒盟东苏旗的查干敖包庙，在清末民初之际，才得以发展到顶峰时期，1900 年（清光绪二十六年）建满巴札仓，1912 年（民国元年）建喇嘛林大殿。1930 年（民国 19 年）为迎请班禅博格多，专门修建了西拉卜楞，还将寺院大修了一次。锡林郭勒盟的贝子庙，在五世葛根阿布干海德布·普如来拉布吉掌任时期，1905 年（清光绪三十一年）兴建朱德巴札仓，1914 年（民国 3 年）兴建满巴札仓，这一时期贝子庙喇嘛人数达 1200 多人，为贝子庙极盛时期。

这一历史时期，由于战乱，内蒙古地区各地大量寺庙常有损毁，有的寺庙就此荒废；有的寺庙毁掉后迁址重建，对于地区级别较高的寺庙，多在原址上修复，延续着寺庙往日的辉煌，如乌兰察布盟的百灵庙，民国年间经历两次焚毁和修复，第一次在哲布尊丹巴称帝后，蒙古军与北洋军的交战中，朱德巴殿、门巴殿被毁，后又有甘珠尔庙、麦达尔庙被毁。后在第十一代札萨克达尔罕旗王云端旺楚克主持下，从1914年（民国3年）至1927年（民国16年），经历14年时间逐步进行了修复。第二次在抗日战争期间，在国民党傅作义部队与德王蒙古军的交战中，寺庙严重受损，后在该庙昌斯德巴拉珠尔喇嘛主持下，从1939年（民国28年）至1940年（民国29年）间进行了修复。但总体来说，这一时期的寺庙毁坏荒废多于修建，继续延续了清晚期的状态。

另一方面，民国时期社会政治的变迁，使得民族民主思想进入内蒙古地区，逐渐出现新式知识分子群体，连同一些蒙古王公贵族甚至包括僧侣阶层在内，普遍认识到藏传佛教的负面影响对蒙古民族发展造成的巨大阻碍作用，对藏传佛教进行限制与改革，已成为社会僧俗阶层的共识。至民国后期，蒙古人对藏传佛教进行了一系列的限制与改革。

总而言之，这一时期呈现出寺院倾圮、喇嘛人数持续减少、寺院经济衰退、喇嘛生活水平和社会威望下降等趋势。但与此同时，小型寺庙营造活动仍用继续，部分寺庙信息见表2-5。

第二节 地理轴上的内蒙古地区藏传佛教传播及寺院营建

藏传佛教在内蒙古地区的传播发展，站在今日

民国时期内蒙古地区各盟旗部分寺庙[①] 表2-5

寺庙名	所在盟	所在旗	初建年代
宝日罕图庙	乌兰察布盟	茂明安旗	民国十三年（1924年）
阿敦楚鲁庙	乌兰察布盟	茂明安旗	民国九年（1920年）
达丽额和庙	乌兰察布盟	茂明安旗	民国十年（1921年）
查干高勒庙	乌兰察布盟	乌拉特中公旗	民国二十二年（1933年）
乌力吉图庙	乌兰察布盟	乌拉特中公旗	民国三十一年（1942年）
乌力吉图阿贵庙	哲里木盟	科尔沁左翼中旗	民国年间
老爷庙	哲里木盟	科尔沁左翼中旗	民国年间
巴音花阿贵庙	哲里木盟	科尔沁左翼中旗	民国年间
阿主庙	哲里木盟	科尔沁左翼中旗	民国年间
陶克陶胡西拉庙	哲里木盟	科尔沁左翼中旗	民国年间
宝音德格吉勒呼庙	哲里木盟	科尔沁左翼中旗	民国年间
城五家子庙（汤泉寺）	哲里木盟	科尔沁左翼后旗	民国年间
胡日根庙（永慕寺）	哲里木盟	科尔沁左翼后旗	民国年间
衙门庙（寿开寺）	哲里木盟	奈曼旗	民国十五年（1926年）
天行寺	卓索图盟	喀喇沁中旗	民国十一年（1922年）
讲堂庙	卓索图盟	喀喇沁中旗	民国六年（1917年）

① 表2-5注：召庙信息依据高青钢硕士论文《近代内蒙古东三盟藏传佛教研究》、城城硕士论文《近代内蒙古西三盟藏传佛教研究》、乌兰察布文史资料第十一辑《乌兰察布史略》提供资料整理而成。

续表

寺庙名	所在盟	所在旗	初建年代
安和寺	卓索图盟	喀喇沁中旗	民国元年（1912 年）
西醒寺	卓索图盟	喀喇沁中旗	民国十年（1921 年）
岗根庙	昭乌达盟	阿鲁科尔沁旗	民国二年（1913 年）
塔庙	昭乌达盟	阿鲁科尔沁旗	民国二年（1913 年）
雅玛图庙	昭乌达盟	阿鲁科尔沁旗	民国三年（1914 年）
阿力玛图庙	昭乌达盟	阿鲁科尔沁旗	民国三年（1914 年）
甘珠尔庙（德庆寺）	昭乌达盟	克什克腾旗	民国四年（1915 年）
荟宁寺	昭乌达盟	克什克腾旗	民国五年（1916 年）
青龙寺	昭乌达盟	克什克腾旗	民国六年（1917 年）
积骨庙	昭乌达盟	克什克腾旗	民国八年（1919 年）
大木拉庙	昭乌达盟	敖汉旗	民国二年（1913 年）
福友寺	昭乌达盟	敖汉旗	民国七年（1918 年）
优生寺	昭乌达盟	敖汉旗	民国十二年（1923 年）
忠善寺	昭乌达盟	敖汉旗	民国十四年（1925 年）
雅吉庙	昭乌达盟	敖汉旗	民国二十八年（1939 年）
哈达图庙	昭乌达盟	翁牛特左旗	民国元年（1912 年）
寿兴寺	昭乌达盟	翁牛特右旗	民国六年（1917 年）

内蒙古自治区行政区域划分角度，按照地理轴线横向划分，可以大致划分为东、中、西部地区（表 2-6），但这种划分实质上并非准确，只是宽泛地简单区分，并且与历史上清朝政府统治下的内蒙古地区辖属范围有很大差异。

从表 2-5 可以看出，今日内蒙古自治区行政区域划分以内蒙古自治区首府呼和浩特为中心，与邻近的乌兰察布市、锡林郭勒盟定义为中部地区；包头市、鄂尔多斯市、巴彦淖尔市定义为中西部地区；乌海市定义为西南部地区；赤峰市、通辽市定义为东南部地区；呼伦贝尔市、兴安盟定义为东北部地区；阿拉善盟定义为西部地区。下文依据其方位，进行了归纳，其中中部地区包含呼和浩特、乌兰察布市、锡林郭勒盟、包头市、鄂尔多斯市、巴彦淖尔市、乌海市。东部地区包含赤峰市、通辽市、呼伦贝尔市、兴安盟。西部仍为阿拉善盟。从内蒙古东、中、西三个地理方位进行地区间藏传佛教发展及寺院营建方面的阐述。

一、内蒙古东部地区

内蒙古东部地区概括为赤峰市、通辽市、呼伦贝尔市、兴安盟。

赤峰市前身为昭乌达盟，由清代的敖汉旗、翁牛特左翼旗、翁牛特右翼旗、奈曼旗、巴林左翼旗、巴林右翼旗、扎鲁特左翼旗、扎鲁特右翼旗、阿鲁科尔沁旗、克什克腾旗和喀尔喀左翼旗会盟于昭乌达而成。现辖区还包括前卓索图盟的一些地方，市辖区内曾有 270 余座藏传佛教寺庙。

通辽市前身为哲里木盟，由清时的科尔沁左翼前旗(宾图王旗)、科尔沁左翼中旗(达尔罕王旗)、科尔沁左翼后旗(博王旗)、科尔沁右翼前旗(札萨克图王旗)、科尔沁右翼中旗(图什业图旗)、科尔沁右翼后旗(苏鄂公旗)、郭尔罗斯前旗、郭尔罗斯后旗、杜尔伯特旗、扎赉特旗等10旗会盟于哲里木

内蒙古自治区12个地级行政区划分单位[①] 表2-6

盟市	自治区所处位置	面积（平方公里）	下辖区域
呼和浩特市	中部	17,224	回民区、新城区、玉泉区、赛罕区、土默特左旗、托克托县、和林格尔县、武川县、清水河县
包头市	中西部	27,768	昆都仑区、东河区、青山区、石拐区、九原区、白云鄂博矿区、土默特右旗、固阳县、达尔罕茂明安联合旗
乌海市	西南部	2,350	海勃湾区、海南区、乌达区
赤峰市	东南部	90,021	红山区、元宝山区、松山区、阿鲁科尔沁旗、巴林左旗、巴林右旗、林西县、克什克腾旗、翁牛特旗、喀喇沁旗、宁城县、敖汉旗
通辽市	东南部	59,535	科尔沁区、霍林郭勒市、科尔沁左翼中旗、科尔沁左翼后旗、开鲁县、库伦旗、奈曼旗、扎鲁特旗
鄂尔多斯市	中西部	87,000	东胜区、达拉特旗、准格尔旗、鄂托克前旗、鄂托克旗、杭锦旗、乌审旗、伊金霍洛旗
呼伦贝尔市	东北部	263,953	海拉尔区、满洲里市（代管扎赉诺尔区）、牙克石市、扎兰屯市、额尔古纳市、根河市、阿荣旗、鄂伦春自治旗、莫力达瓦达斡尔族自治旗、鄂温克族自治旗、陈巴尔虎旗、新巴尔虎左旗、新巴尔虎右旗
巴彦淖尔市	中西部	64,000	临河区、五原县、磴口县、乌拉特前旗、乌拉特中旗、乌拉特后旗、杭锦后旗
乌兰察布市	中部	54,491	集宁区、丰镇市、卓资县、化德县、商都县、兴和县、凉城县、察哈尔右翼前旗、察哈尔右翼中旗、察哈尔右翼后旗、四子王旗
兴安盟	东北部	59,806	乌兰浩特市、阿尔山市、科尔沁右翼前旗、科尔沁右翼中旗、扎赉特旗、突泉县
锡林郭勒盟	中部	202,580	锡林浩特市、二连浩特市、阿巴嘎旗、苏尼特左旗、苏尼特右旗、东乌珠穆沁旗、西乌珠穆沁旗、太仆寺旗、镶黄旗、正镶白旗、正蓝旗、多伦县
阿拉善盟	西部	270,000	阿拉善左旗、阿拉善右旗、额济纳旗

而成。现辖区由清时的哲里木盟、卓索图盟、昭乌达盟一些地区组成。据兴安盟民族宗教处调查及有关资料记载，新中国成立初期科尔沁右翼中、后、前旗和扎赉特旗共计寺庙31座；据哲里木盟民族宗教处调查及有关史料记载，新中国成立初期科尔沁左翼中旗50座，科尔沁左翼后旗76座，原属于科尔沁左翼中旗的通辽市区11座；划归辽宁省的科尔沁左翼前旗地区有寺庙10余座[②]；据《黑龙江蒙古部落史》，清代的杜尔伯特旗境内有寺庙12座[③]；据《调查郭尔罗斯后旗报告书》记载，清末该旗有寺庙12座；郭尔罗斯前旗有5座寺庙[④]。通辽市辖区内曾有240余座藏传佛教寺庙，现存10余座已恢复重建或尚有建筑遗存的寺庙。

呼伦贝尔市清时归黑龙江将军节制。

① 表2-6注：表中数据来源于：360百科：内蒙古自治区词条搜索。
② 德勒格．内蒙古喇嘛教史[M]. 呼和浩特：内蒙古人民出版社．1998:458.
③ 波．少布，何日莫奇．黑龙江蒙古部落史[M]. 哈尔滨：哈尔滨出版社，2001：263.
④ 叶大匡：《调查郭尔罗斯后期报告书》，宣统二年抄本。

兴安盟于1946年（民国35年）由哲里木盟分出，现辖区由清时哲里木盟科尔沁右翼三旗及扎赉特旗部分地方组成。市辖区内曾有30余座藏传佛教寺庙，现存5余座已恢复重建或尚有建筑遗存的寺庙。

二、内蒙古中部地区

内蒙古中部地区概括为呼和浩特市、包头市、鄂尔多斯市、乌兰察布市、锡林郭勒盟、巴彦淖尔市、乌海市。

呼和浩特市现辖区由清时归化、绥远二城，天聪年间设立的土默特二都统旗及雍正至乾隆年间设置的归化城厅、绥远城厅、萨拉齐厅、清水河厅、和林格尔厅、托克托城厅等诸厅组成。

清代，都统旗属内蒙古，其基层组织为佐领，亦称总管旗。从明晚期至清康雍乾时期，该地区曾掀起三次建庙高潮，建造、修缮、扩建了大量寺院。被称为“召城”，其中有在理藩院注册并受喇嘛印务处管理的15大寺院。被称为“七大召，八小召”[①]。“七大召”分别为大召（无量寺）、席力图召（延寿寺）、小召（崇福寺）、朋苏克召（崇寿寺）、乃莫齐召（隆寿寺）、拉布齐召（弘庆寺）、班第达召（尊胜寺）。“八小召”分别为东喇嘛洞召（崇禧寺）、西喇嘛洞召（广化寺）、乌素图西召（庆缘寺）、美岱召（寿灵寺）、太平召（宁祺寺）、什报气召（慈寿寺）、常黑赖召（章嘉召、广福寺）、巧尔齐召（延禧寺）。各召属庙有：席力图召有4座属庙，分别为乌素图东召（广寿寺）、察罕哈达召（永安寺）、希拉木伦召（普会寺）、巧尔齐召（延禧寺）；小召有3座属庙，分别为慈灯寺、荟安寺（岱海庙）、善缘寺；朋苏克召有1座属庙，名为吉特库召（萨拉齐召）；乌素图西召有2座属庙，分别为里素召（增福寺）、拉哈兰巴召（法禧寺），共计25座寺庙。

呼和浩特市辖区内曾有39座藏传佛教寺庙，现存10余座已恢复重建或尚有建筑遗存的寺庙。

包头市前身为土默特部落游牧之地，清朝建立后，1741年（清乾隆六年），萨拉齐建制，设协理通判，这是包头地区最早出现的行政建制。1809年（清嘉庆十四年）设包头镇。1870年（清同治九年）前后，包头修筑城墙，辟东、南、西、东北、西北5座城门，形成了近代包头的城市规模。

鄂尔多斯市前身为伊克昭盟，由清时的鄂尔多斯左翼前旗、鄂尔多斯左翼后旗、鄂尔多斯左翼中旗、鄂尔多斯右翼前旗、鄂尔多斯右翼后旗、鄂尔多斯右翼中旗和鄂尔多斯右翼前末旗会盟于伊克昭而成。鄂尔多斯地区在明晚期属蒙古鄂尔多斯部住牧地，为蒙古右翼三万户之一。1578年（明万历六年）鄂尔多斯部贵族随土默特部阿勒坦汗于青海仰华寺与藏传佛教格鲁派领袖索南嘉措会晤，率部皈依藏传佛教，是明代晚期藏传佛教再度传入蒙古的主要区域。入清后，纳入盟旗体制，七旗会盟，除了明晚期建造的少量寺庙，在清代兴建了大量寺庙。据《鄂尔多斯寺院》[②]记载：“准格尔旗27座，郡王旗36座，鄂托克旗75座，杭锦旗76座，达拉特旗60座，乌审旗32座，札萨克旗10座，共计300余座寺庙，其中有政府御赐匾额的寺庙据说有250余座。”

乌兰察布市前身为乌兰察布盟，由清时的四子部落旗、茂明安旗、乌喇特前旗、乌喇特后旗、乌喇特中旗和喀尔喀右翼旗会盟于乌兰察布而成。因与呼和浩特市相邻，该地区藏传佛教发展也较为兴盛。据民国年间不完全统计，乌兰察布盟仍有118座寺庙。

锡林郭勒盟由清时的乌珠穆沁左翼旗、乌珠穆沁右翼旗、浩齐特左翼旗、浩齐特右翼旗、苏尼特左翼旗、苏尼特右翼旗、阿巴嘎左翼旗、阿巴嘎右翼旗、阿巴哈纳尔左翼旗和阿巴哈纳尔右翼旗会盟

① 凡设有札萨克达喇嘛的寺庙被称大召，在札萨克达喇嘛之下是达喇嘛，即喇嘛之长，只设达喇嘛的寺庙被称小召。

② 萨．那尔松，特木尔巴根．鄂尔多斯寺院[M]．呼和浩特：内蒙古文化出版社，2000.

于锡林河北岸的“楚古拉干敖包”山上而成。1958年撤销察哈尔盟建制，所辖正蓝旗、镶白旗、正白旗、镶黄旗4旗划归锡林郭勒盟。清代锡林郭勒盟与伊克昭盟、乌兰察布盟称为“西三盟”，该地区藏传佛教发展也颇为兴盛，如同伊克昭盟、乌兰察布盟。据载，中华人民共和国成立前，锡林郭勒盟和察哈尔境内仍有273座寺庙。现存30座已恢复重建或尚有建筑遗存的寺庙。

三、内蒙古西部地区

内蒙古西部地区指现在阿拉善盟，由清时的西套蒙古阿拉善和硕特旗、额济纳旧土尔扈特旗组成。阿拉善和硕特旗未形成之前，其部落就与藏传佛教建立了联系。1697年（清康熙三十六年）清廷将阿拉善和硕特蒙古编佐设旗，全称“阿拉善和硕特厄鲁特旗”，简称“阿拉善和硕特旗”。建旗后，第二任阿拉善和硕特旗札萨克阿宝执政时期，开始大规模兴建寺庙，之后历任札萨克皆信奉藏传佛教。与其他盟旗不同，其辖地地广人稀，但所建寺庙之多、规模之大，在整个蒙古地区亦不多见。

从和硕特部迁居阿拉善至1949年间，该地区共建造37座寺庙，其中得到清廷御赐匾额的有8座，称为“八大寺”，分别为延福寺（俗称衙门寺）、广宗寺（俗称南寺）、福因寺（俗称北寺）、承庆寺、昭化寺、妙华寺、方宁寺、宗乘寺。

额济纳旗有三座寺庙，分别为东庙、西庙、哈尔哈庙，全旗喇嘛分属此三庙，各庙均有大喇嘛及二喇嘛等管理庙务。西庙后迁至重建，谓老庙为老西庙，新者为新西庙。

第三节 本章小结

从时间轴纵向发展看，藏传佛教自16世纪中叶后由蒙古右翼继元代之后再度引入蒙古地区，使蒙古人逐渐放弃萨满，开始建寺供佛，寺院营建工作也逐渐在一些部落展开。后金时期，满族人意识到藏传佛教对蒙古人精神驾驭的重要性，对占领地寺庙进行保护、修缮。入清后，从顺治帝起，更是将扶植蒙古地区的藏传佛教作为驾驭蒙古的国策执行，开始兴建寺庙。清康熙至嘉庆年间，蒙古地区的藏传佛教发展到鼎盛时期，蒙古地区大量的寺庙兴建于此时，尤其是清康熙、乾隆年间，多次掀起建寺高潮，政府通过敕建寺院来带动内蒙古地区的寺庙营建，并通过赏赐寺院匾额鼓励蒙古王公捐资建寺，使得蒙古地区寺院林立，僧众遍布。但至清嘉庆时期，随着清政府对蒙古地区宗教政策的改变，蒙古地区藏传佛教的发展开始走下坡路。清代晚期，由于内忧外患，清政府已无力顾及蒙古地区藏传佛教的发展，但由于此时的藏传佛教已成蒙古全民信仰，民间捐资建寺或寺院经济雄厚的大寺扩建寺院之事仍有进行。进入民国时期，由于民国各时期政府对于蒙古王公、高层喇嘛的认可、沿袭旧制，寺庙营建工作仍有继续，但不可否认的是，由于诸多历史原因，大量寺庙在战乱中或自然状态中损毁消失。综合分析，内蒙古地区藏传佛教的发展及寺院营建活动经历了从盛而衰的变化。

从地理轴横向发展看，以现有行政区域划分大致归纳后的内蒙古东、中、西部地区范围只能作为参考，更多应还原回清朝政府统治时期的盟旗辖地下。从清代各盟旗大约统计的寺庙数量可知，清代蒙古各部积极建寺，每旗皆有几十座寺庙，每盟皆有几百座寺庙，并且总体数量非常接近，基本在300余座寺庙左右，可以看出，清代蒙古各盟旗藏传佛教传播、寺庙营造发展状况基本平衡。

本章所提供的寺庙信息，只是收录、整理了一些前人所收集的寺庙信息，其准确性有的还待考证。

汉藏结合式

第三章

内蒙古地区藏传佛教寺院及殿堂营建特征

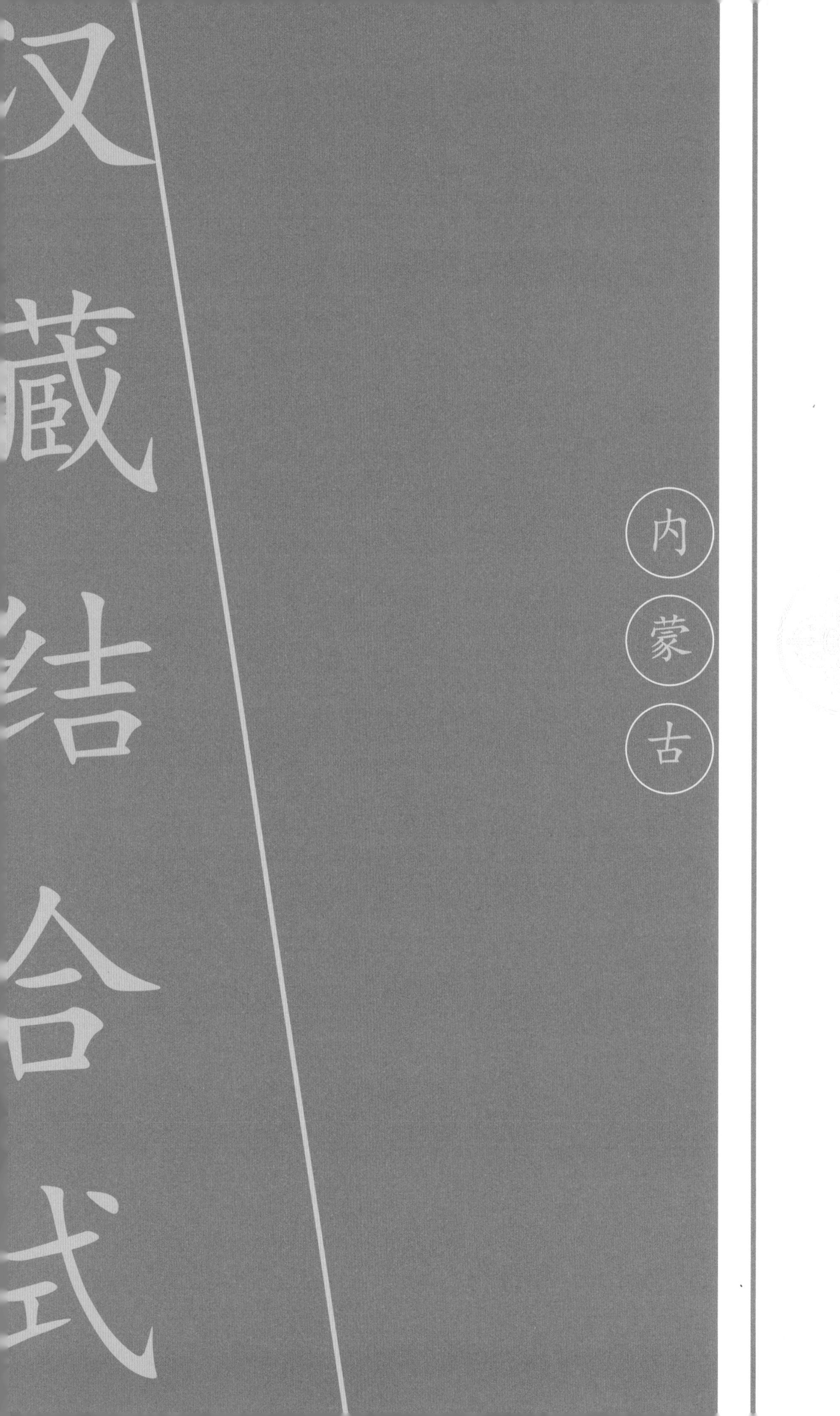
汉藏结合式
内蒙古

蒙古地区由于与西藏地区在政治、经济、文化以及地理环境方面存在一定差异，因此当一种外来宗教文化进入蒙古地区后，在发展自身的同时，面临着某些方面的妥协，这些妥协从另一个层面转化为对异域文化的强大包容和吸收，从而在蒙古地区产生了具有地域特色的藏传佛教寺院、殿堂特征。

第一节 寺院选址

选址对于寺院而言起着至关重要的作用。宗教因素、自然因素、社会因素皆属其考虑范围，蒙古的藏传佛教来自西藏本土藏传佛教之东传，其在寺院选址方面除了延续着西藏地区寺院选址的固有方式，同时由于地区间在地理环境、民族构成、社会经济等方面的差异，也体现出一定的地域特征。

由于西藏地区一直保持着政教合一的统治政策，因此其宗教建筑除了寺院建筑，还包括宫殿建筑、宗堡建筑，后者集合办公、佛事、仓储、监狱等多种功能，考虑其军事功能，建在山顶。

蒙古地区在社会因素方面不同于西藏，随着蒙古各部陆续归顺清廷，清廷设立盟旗制度，以此来管理蒙古诸部。虽然在宗教方面，清廷大力扶植蒙古地区的藏传佛教，鼓励蒙古人建寺礼佛，一些大型寺院在政治上同清廷保持着紧密的联系，但在清代的蒙古地区，政治与宗教远未形成如西藏方面的政教合一程度。因此，蒙古地区的寺院选址更侧重于自然环境的选择，寺院选址多为风景秀丽，依山傍水之地。蒙古各部在寺庙营建之初的选址上多依赖于藏传佛教的高僧喇嘛，这些高僧大德依据出现的奇景异象，采用堪舆之法，决定寺庙在何处修建。

在内蒙古地区的藏传佛教寺院选址中，最有影响力的应属六世达赖喇嘛在阿拉善地区进行的寺庙选址活动。清康熙年间，六世达赖喇嘛流落阿拉善地区，在阿拉善王爷的拥护下，遂开始在该地进行佛教传播，阿拉善地区早期佛教寺院的兴建多与六世达喇喇嘛有关，很多寺庙的选址为其亲自选定，如“超格图呼热庙”（昭化寺）和“毛恩吉林庙”（承庆寺），就连阿拉善地区最大的寺庙广宗寺的选址也为六世达赖喇嘛亲订，其选址过程并被赋予了神话色彩，虽然寺庙选址之说多赋予神话色彩，但寺院周边环境的好坏对寺院选址起着重要影响。

内蒙古地区幅员辽阔，地形地貌多元，在这样丰富的地理环境中，藏传佛教寺庙的选址也呈现出多元特征。

一、平川建寺

这类寺院往往建在平坦之地。西藏大昭寺就是平川建寺的典范。内蒙古地区的平川建寺选择草原城市的内部或周边平坦之地，因草原城市往往是政治、经济、文化的中心，因此该地段交通便利，市井喧哗。典型代表如内蒙古中部地区呼和浩特城外的大召（图 3-1）和西部地区阿拉善定远营城中的延福寺。大召位于阿勒坦汗所建呼和浩特城南门外，是藏传佛教再度传入蒙古地区的发源地。由于三世、四世、五世达赖喇嘛的住锡，宗教地位显著，清康熙年间又升为帝庙，掌管呼和浩特十五大寺院的喇嘛印务处也设在大召东仓，与清廷有着密切的关系。延福寺位于阿拉善定远营城中部偏南，阿拉善王府的西侧，属王府家庙，最初在原有汉式寺庙罗汉堂基础上扩建而来，因此又被称为“王府庙”、“王爷庙”、“衙门庙”。历代阿拉善王多次出资扩建，修缮。还有一些寺庙，初始建在平坦之地，后由于商贸活动，周边逐渐形成城镇，如乌兰察布盟的百灵庙镇即为百灵庙的存在而生成镇子。

内蒙古高原地面坦荡，一望无际，因此平川建寺的选址类型在内蒙古地区数量最多，最为普遍，中部、东部、西部地区皆有。

二、依山建寺

这类寺院主要是效仿甘青藏地区依山建寺的选址方式，一般都选依山傍水、风景秀丽的环境。如西藏的布达拉宫，建筑顺山势而起，与山体层层衔接，浑然一体。此外，西藏的哲蚌寺、色拉寺、甘丹寺、

图 3-1　呼和浩特市大召

扎什伦布寺皆属此种类型代表，这种选址建寺的方式是西藏寺庙建筑中最引人注目的一类。内蒙古地区的藏传佛教寺庙在建造之初多为仿效西藏寺庙之作，正如西藏寺庙在早期多仿印度、尼泊尔寺庙一样，因此依山建寺在内蒙古地区亦有出现，如内蒙古中部地区清代属土默特地区的五当召（图 3-2），即效仿西藏扎什伦布寺建造。

三、山坳建寺

这类寺院建在众山环抱较为平坦的坡缓之处，但较之依山式寺庙建筑和平川式寺庙建筑属后起之秀，历史虽短，数量不少。此类建筑以青海安多地区的塔尔寺、甘肃拉卜楞寺为典型代表。寺院一般都选址在依山傍水、山势风景秀丽、奇峰重叠的环境中，山前山后丛林郁郁。内蒙古地区如阿拉善地区的广宗寺（图 3-3）、福因寺，多属这种类型。

四、沙漠建寺

除上述选址外，还有一些寺庙选址类型由于受所处地理环境影响，呈现出与西藏地区不同的特征，例如沙漠建寺，这类寺庙建在人迹罕至的沙漠腹地或临近沙漠。此种选址类型更多集中出现在内蒙古西部地区，阿拉善地区即为典型代表，清代属西套蒙古，不设盟，独立设旗，其地理环境被描述为“半系高崖深谷，半系沙漠荒滩”。[①]

由于阿拉善地区沙漠荒滩面积较大，荒漠中建寺成为其一大地区特征。典型代表是建在巴丹吉林沙漠绿洲的巴丹吉林庙（图 3-4），其周围均为沙山，庙边有一个巨大的海子，岸边生长着高大的柳树和沙枣树。天气晴朗的日子里，景色宜人，有“沙漠仙境”、“漠中江南”的美誉。

承庆寺建在内蒙古孪井滩境内腾格里大漠深处，

① 阿拉善左旗档案馆馆藏档案，101-9-32，301 页

图 3-2　包头市五当召远景
（资料来源：网络）

图 3-3　阿拉善广宗寺远景旧影
（资料来源：《内蒙古古建筑》）

图 3-4　阿拉善巴丹吉林庙远景
（资料来源：《阿拉善文化遗产》）

周围分布有二十多处湖泊，其中一处湖水面积最大，水位最深，人们称之为“诺尔图”。除此外，昭化寺也可归属这种类型，由于其身处大漠的原因，“文革”中受到破坏较少，较好地保留了寺庙的原始状态和风貌。

内蒙古地势高平，地貌多样，其类型可分为平原、山地、丘陵、高原和沙漠，因此在寺院选址方面，也体现出不同的特征，内蒙古地区多以平川建寺、依山建寺、山坳建寺等类型为主，西部地区在此基础上又增加了沙漠建寺类型。

第二节　寺院、殿堂朝向

内蒙古地区的藏传佛教寺庙朝向受到西藏地区和中原汉地佛寺的朝向影响也呈现出多元特征。寺院内殿堂依据布局不同，殿堂出现不同朝向，寺院核心殿堂朝向受寺院朝向影响。

一、坐北朝南

这种寺院朝向明显受汉地佛寺影响。在西藏地区的宗教建筑也多坐北朝南，尽可能多地享受阳光，而未随印度寺院的多东向朝向。

图 3-5　拉萨大昭寺
（资料来源：《大昭寺》）

图 3-6　河北承德安远庙远景
（资料来源：《中国建筑艺术全集－佛教建筑（3）》）

明末漠南蒙古右翼土默特部阿勒坦汗建造的第一座格鲁派寺院大召的朝向为坐北朝南。其后以大召为建筑模板建造的明代土默特地区五座寺庙（席力图召、小召、乌素图西召、美岱召、喇嘛洞西召）以及鄂尔多斯地区建造的准格尔召、漠北喀尔喀地区的额尔德尼召，寺庙朝向均为坐北朝南。进入清代后，由于清廷的宗教扶植政策加之清廷为管理蒙古诸部而实行的盟旗制度，使蒙古诸部在各自的游牧地上广建寺庙，从目前遗存的大量寺庙可知，内蒙古地区大量的寺庙采用了坐北朝南的朝向，寺庙中各院落的正殿朝向与寺院一致。

二、坐西朝东

这种寺院朝向在西藏地区很常见，很多著名寺庙皆为坐西朝东，是受到印度寺院东向朝向的影响，在临近的不丹、锡金、拉达克等地，寺院朝向也多为东向。西藏地区的小昭寺、夏鲁寺及其主殿夏鲁拉康、桑耶寺及其乌策大殿、瞿昙寺、敏珠林寺及其主殿祖拉康皆为坐西朝东朝向。寺院及主要殿堂朝向为东在内蒙古地区的藏传佛教现存寺庙中并不多见，只在阿拉善的巴丹吉林庙、江其布那木德令庙出现，这种朝向寺庙在此类地区的出现，与六世达赖喇嘛在该地区的宗教传播影响不无关系。可以说，内蒙古西部地区的藏传佛教传播由于有了六世达赖喇嘛的直接介入，其西藏文化特征较中部、东部地区更加明显，更加纯正。

三、坐东朝西

这种寺院朝向在在西藏地区只有大昭寺一例。大昭寺（图3-5），又名“祖拉康”、“觉康”（藏语意为佛殿），位于拉萨老城区中心，是一座藏传佛教寺院，由第三十三代藏王松赞干布建造，是西藏最早的土木结构建筑，并且开创了藏式平川式的寺庙布局规式。大昭寺的朝向并未遵守中原汉地的唐代佛寺布局朝向，《全唐文》中虽未描述的寺庙布局，但据兴建于初唐的泉州开元寺建筑，应多为坐北朝南。

河北避暑山庄东北山麓台地上的安远庙（图3-6），建于1764年（清乾隆二十九年），仿照新疆伊犁河畔的固尔扎庙而建，其寺院朝向也为坐东朝西，中轴线直对避暑山庄。与外八庙的普溥仁寺、普宁寺、普乐寺、普陀宗乘之庙、须弥福寿之庙等寺庙遥相呼应，形成众星捧月格局，说明了其寺院朝向是为满足环抱向心效果所设计。

在内蒙古地区遗存的寺庙及主要殿堂中未见此种朝向，但在坐北朝南的寺庙中，主殿两侧的配殿以坐东朝西、坐西朝东朝向出现，其中不乏采用了汉藏结合式形式者，如内蒙古西部地区阿拉善延福寺，正殿采用汉藏结合式，坐北朝南，其两侧的配殿也采用汉藏结合式，分别为坐东朝西的吉祥天母庙、坐西朝东朝向的白哈五王殿。从内部供奉的主尊分别为吉祥天母、白哈尔五身神，知其为密宗护法神殿，从前述的汉藏结合式殿堂主要用于正殿和护法神殿，此处即不难理解，这种寺庙殿堂布局完全是受汉传寺庙布局影响的结果。

第三节 寺院风格类型

殿堂的风格特征决定着寺院的风格特征。按照事务发展从小到大的规律，规模宏大的寺院并非一朝建成，往往要经过几代甚至十几代寺院掌管者的不懈努力，才逐渐形成。在这一过程中，不断增建的殿堂风格，与原有的殿堂风格之间的关系，最终形成了整座寺院的风格基调，概括起来有汉式、藏式、蒙古式、木刻楞式、混合式。

一、汉式

汉式风格的寺院殿堂形制皆为汉式。在明清时期内蒙古地区藏传佛教的传播过程中，这种寺院风格自始至终贯穿全程。

明末蒙古人再度开始接受藏传佛教，建寺供佛，由于其不懂寺庙建造技艺，因此汉地匠人群体成为蒙古地区寺庙建造的主力军，依照汉地佛寺的形制建造蒙古地区藏传佛教寺庙。虽其中偶有汉藏结合式殿堂的出现，但基本仍以汉式建筑的建造技术完成，因此早期的汉藏结合式殿堂被人们认为仍是汉式建筑。如接受藏传佛教最早的蒙古土默特地区，大召最初设计建造为汉式形制寺院，只有正殿为汉藏结合式；席力图召前身最初只是一座汉式小庙；乌素图召最早历史的庆缘寺同大召一样；美岱召由城改寺，直接将城内的汉式宫殿改为佛殿；喇嘛洞西广化寺也是一座汉式小庙。同为蒙古右翼，与土默特部一同参与迎佛的鄂尔多斯地区的第一座藏传佛教寺院准格尔召也是汉式寺庙，以及漠北喀尔喀部所建第一座藏传佛教寺院额尔德尼召，也为汉式风格。这些都反映出明代蒙古地区的寺院风格是以汉式风格为主。

入清后，清廷大力宣扬和鼓动蒙古僧众建庙，一时间，蒙古各部在自己的游牧地上大兴土木，从邻近各处请来建寺匠人，这一时期的寺院风格趋于多样化，但汉式寺院形式一直存在，尤其在内蒙古东部地区，清康熙、雍正年间在多伦诺尔地区敕建汇宗寺、善因寺，喀尔喀地区敕建庆宁寺，皆为汉式宫殿形制，此举引起东部区蒙古诸部的争相效仿，在东部地区形成建造汉式风格藏传佛教寺庙的高潮，从目前内蒙古东部地区遗存寺庙的寺院建筑风格可清晰地看出这点。

二、藏式

入清后，随着五世达赖喇嘛执掌西藏最高宗教权力后，格鲁派在其传播地发展迅速，在蒙古地区，开始强调寺院建筑中的藏式特征，因此在清康熙、雍正、乾隆年间，蒙古地区出现了大量的纯藏式建筑寺院，至今保存较好的有建于清康熙年间的五当召、建于1758年（清乾隆二十三年）四子王旗的希拉木伦召（普和寺），蒙古贵族在建立自己家庙时也往往选择藏式建筑风格。如1908年（清光绪三十四年）四子王旗王爷府西侧建起藏式风格的家庙，现遗存两座殿堂。

三、蒙古式

蒙古式寺院是指由蒙古包和蒙古风格特色的殿堂组合成的寺院。由于蒙古人长期处于游牧生活，一切与生活相关的事宜皆在蒙古包中进行，在信奉藏传佛教后，最初仍是这种状态。早期的寺院是以大小不一的蒙古包组合而成。新疆、内蒙古早期建造的寺庙皆为蒙古包组合形式，随着部落的迁徙，不断在异地重新搭建寺庙。入清后，第一世哲布尊丹巴呼图克图从西藏返回漠北喀尔喀地区弘法，为建立蒙古寺院形制，同时仍要便于迁移的问题，设计了可用于迁移和扩建的木构大殿形式。寺庙其他用房更多仍采用蒙古包，形成了较最初更有特色的蒙古式寺院风格。

四、木刻楞式

木刻楞式寺庙建筑主要随1918年（民国7年）布里亚特人迁入呼伦贝尔地区后传入，出现时间较短，利用俄罗斯族典型木刻楞民居形式建造寺庙殿堂，形成的寺院群落。

五、混合式

混合式寺院是指寺院中存在两种或两种以上殿堂建筑形式，这在蒙古地区的藏传佛教寺庙中占有较大比例，出现有汉藏混合式、蒙汉混合式、蒙藏混合式，甚至蒙汉藏混合式。蒙古包作为可移动、拆卸搭建方便的灵活殿堂建筑形式，在很多蒙古地区的寺庙中都存在，体现出蒙古地域藏传佛教寺院建筑的独特特征，这其中，汉藏混合式寺院在蒙古地区出现较早，明末阿勒坦汗在蒙古地区建造的第一座格鲁派寺庙大召就是典型的一例，在寺院里同时出现了汉式建筑、汉藏结合式建筑，之后随着藏式建筑文化的强力介入，藏式建筑开始出现在寺庙中，这几种特征的殿堂建筑形式在寺院发展过程中，多有交集组合，形成了最为丰富、最有特点的寺院风格。

第四节　殿堂风格特征

内蒙古地区的藏传佛教寺庙在其伴随宗教传播发展的过程中，由于政治、经济、文化、宗教诸多原因影响，在蒙古草原上形成了形态众多的寺院殿堂形式，概括起来有汉式、汉藏结合式、藏式、蒙古式。

一、汉式

此种殿堂形式采用汉式大木作结构，早期殿堂沿用元明时期的宫殿、寺庙建造法式。1734 年（清雍正十二年）清工部颁布了《工程做法》，形成官式建造规制。后期内蒙古地区寺院的汉式殿堂多依据规制建造，尤其是敕建寺庙，但其中也存在地区做法。内蒙古东部地区的藏传佛教寺庙殿堂在建筑形式上以汉式风格居多，并多由政府拨款建造或维修，这点与中西部地区有较大不同。例如呼伦贝尔地区的甘珠尔庙，在被毁前有过四次较大规模的修葺，分别在 1801 年（清嘉庆六年）、1848 年（清道光二十八年）、1868 年（清同治七年）、1931 年（民国 20 年），每次由政府拨银 4000 ～ 5000 两。

二、藏式

此种殿堂形式采用藏式传统建筑营造工艺，完全仿造藏族地区的寺院平顶建筑形式建造，但在某些方面也存有变化。建筑多为砖木结构，也有一些地区出现如藏族地区的石木结构。土墙中有夯土墙和土坯墙两种，多外包青砖。一般夯土墙体有收分，土坯墙体无收分。墙体与梁柱同时承重，柱上放梁，柱头有斗，梁柱间有两层过渡的替木（上称弓木，下称元宝木），在梁上平铺椽子，梁椽端头伸入墙内，梁端伸入约半个墙身，椽端入墙约 30 厘米，柱多为藏式多楞柱，与梁、弓木、元宝木、坐斗之间以暗销相嵌。建筑装饰方面不如藏族地区的寺院建筑装饰繁缛。

三、汉藏结合式

此种殿堂形式采用汉族传统大木作结构，在建筑外貌上多以藏族地区寺庙中的汉藏结合式殿堂为摹本，在内部空间营造方面多忠实于藏族地区殿堂的“都刚法式”，在装饰方面融合多种文化。明末在内蒙古地区寺院中出现，以土默特地区为中心，逐渐向周边蒙古部落影响，此时的建筑中藏式特征的表现并不强烈。入清后，随着藏式殿堂形式从西藏方面的传入，在内蒙古西部、东部地区出现了藏式特征强烈的汉藏结合式殿堂，建筑构造方面也更倾向于藏式做法，如以藏式多楞柱代替了汉式圆柱，藏式的梁架结构代替了汉式的梁架结构，间数逐渐增多，出现了经堂、佛殿合一的建筑形态，汉式歇山屋顶完全是抬梁结构，屋面多覆青瓦，亦有琉璃屋面，但没有鎏金屋面出现。整体上形成了丰富多变的建筑形式，成为具有蒙古地域特色的宗教殿堂建筑形式。

四、蒙古式

此种殿堂形式主要指蒙古族传统的蒙古包建筑及后期创造出的蒙古特色的寺庙殿堂建筑。

蒙古包作为蒙古族传统建筑，具有多种职能。早期在未出现固定寺庙建筑前，蒙古包即用来迎接和安奉佛身，作为诵经、供佛之地，其使用灵活，可随部落的迁移，完成寺庙及殿堂的迁徙。后期固定寺庙出现后，蒙古包主要成为喇嘛用房或临时用房。

除传统蒙古包之外，第一世哲布尊丹巴呼图克图还创造出一种富有蒙古特色的寺庙殿堂形式。第一世哲布尊丹巴呼图克图，法号罗桑丹贝坚赞，其早年入觉囊派，后在四世班禅喇嘛、五世达赖喇嘛要求下改宗格鲁派，被西藏正式承认活佛地位，返回漠北蒙古后，仿西藏寺庙管理制度，在漠北蒙古建造佛寺，并亲自设计了第一座可随部落迁徙的、容纳几百人或一千人的木构蒙古式朝克沁大殿，还留下遗嘱，记录了如何扩建这种类型殿堂的方法，据载：这一类型建筑平面呈正方形，屋顶为四坡顶，四角设置胜利幢（札勒参）。顶部中央又建一四方台形顶，其上置鎏金宝瓶（甘吉尔），四周为天窗，用于室内采光，殿内柱子纵横排列，通常为 25 间，最大可扩至 81 间，柱子以榫卯连接，同时进行编号，方便进行拆卸重组，适于搬迁。建筑整体材料以木材为主，外饰白色，用红色、黑色加以装饰，殿身正中设三门，居中为大，用于格根进出，两侧为小，用于一般僧侣进出。

五、木刻楞式

此种殿堂形式主要出现在呼伦贝尔地区的木刻楞式寺院中。木刻楞是俄罗斯族一种传统民居建筑形式，其墙身采用粗长的圆木叠摞而成，或采用宽度不等的长条木板拼钉而成，屋顶多呈人字顶形式，在房檐、门檐、窗檐处多施予装饰纹样，寺院与民居的区别在于将屋顶涂以黄色，以示金顶，是一种简易的殿堂建筑形式。

第五节 本章小结

从寺院选址、寺院及殿堂朝向、寺院及殿堂风格方面可以看出，当藏传佛教自明代晚期第二次进入蒙古地区后，由于地理环境、生活习俗等多方面的原因，藏传佛教在蒙古各部传播过程中，作为物质载体的寺院在诸多方面呈现出丰富的多样性，既有对藏族地区、汉族地区寺院形式的直接输入，又有在二者基础上依据当地营造条件的自身发挥和大胆创造，创造出蒙古式的寺院建筑形式，同时传统建筑形式的蒙古包也灵活地出现在寺院建筑群落当中，甚至游牧于呼伦湖和贝尔湖区域的蒙古部落，在寺院殿堂建筑中还采用了俄罗斯民居形式。可以说，藏传佛教的传播推动了蒙古地域藏传佛教寺院建筑的发展。

汉藏结合式

第四章

内蒙古地区汉藏结合式寺庙殿堂始创及地理分布

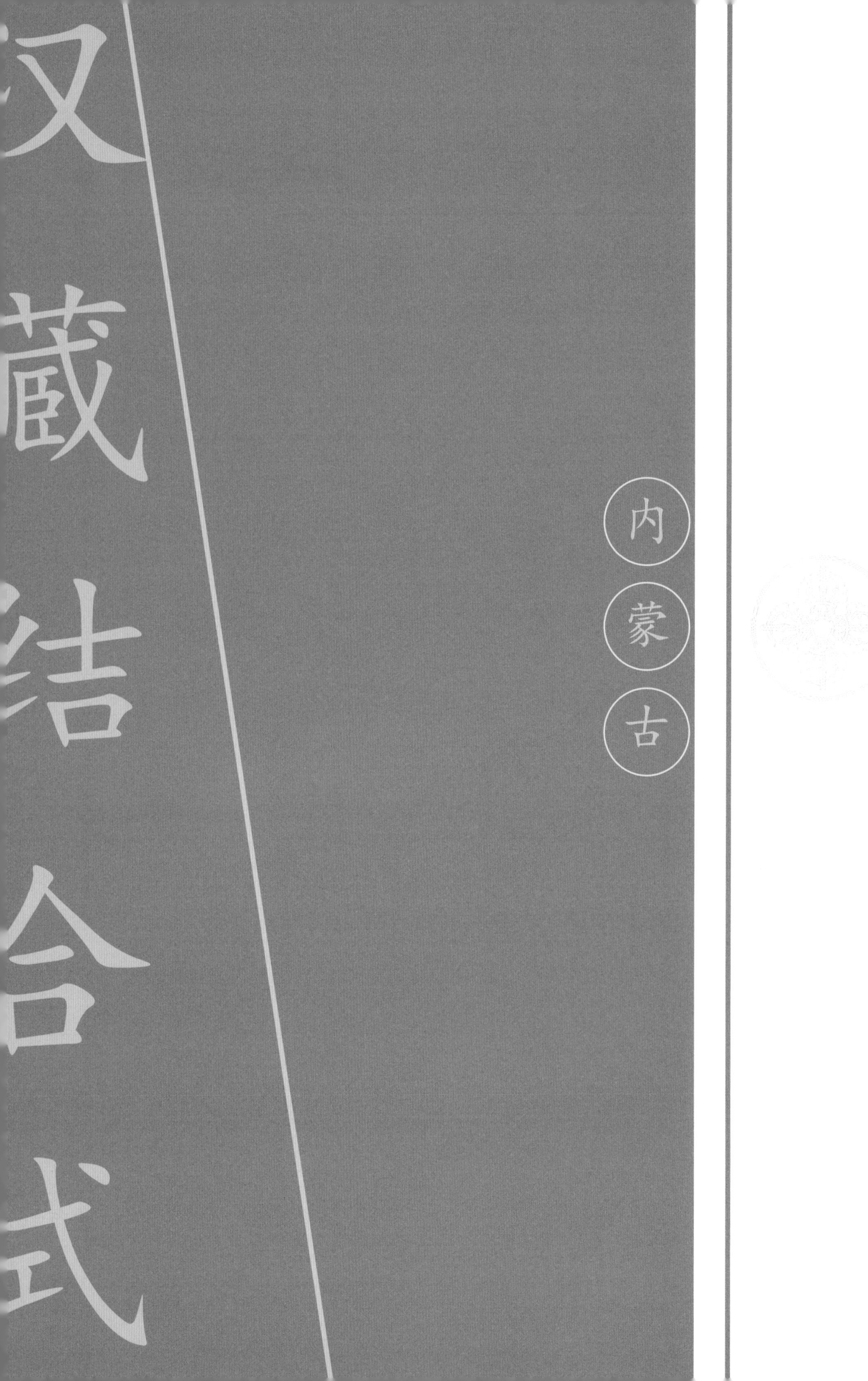
汉藏结合式
内蒙古

明末在蒙古土默特地区出现了第一座汉藏结合式寺庙殿堂。此后，在历经明末、清朝、民国近三百七十多年的历史里，由于藏传佛教的广泛传播，在蒙古地区兴建了两千余座寺庙。据记载，19世纪在内蒙古地区共有一千二百多座藏传佛教寺院，这其中有多少座汉藏结合式类型的殿堂建筑，已无法知晓。

目前，对于内蒙古汉藏结合式殿堂建筑的研究更多依赖于现有遗存的建筑实体，现存的汉藏结合式殿堂建筑成为研究此种建筑类型最好的研究对象，但同时不可否认的是有大量的汉藏结合式殿堂建筑随着寺庙的损毁一同消失在历史的尘埃中，只有极少数留下片段的文字记载或珍贵的黑白影像，使后人可以从中窥知其貌，了解一二。对于内蒙古汉藏结合式殿堂建筑地理分布特征的判断不应皆以现存的殿堂情况进行判定，同时有必要考虑已消失的该类型建筑情况。

第一节 内蒙古第一座汉藏结合式寺庙殿堂建筑

大召位于今内蒙古自治区呼和浩特市玉泉区大召前街，为北元时期蒙古右翼三万户之一的土默特部首领阿勒坦汗所建造。土默特部是16世纪后半叶蒙古最强大的政权集团，阿勒坦汗建立的以十二鄂托克为基本力量的政权不仅完全控制了蒙古右翼，并且足以与蒙古大汗所在的左翼抗衡，其率先与明朝建立了正常的政治、经济往来关系，几乎与此同时将西藏的佛教（主要指格鲁派）以蒙古官方名义继元朝后再度引入蒙古社会。

一、历史沿革

据载大召兴建于1579年（明万历七年），次年建成，是内蒙古地区建造的第一座格鲁派寺庙。建造起因源于1578年（明万历六年）阿勒坦汗与西藏格鲁派领袖索南嘉措在青海仰华寺的会晤，会议上蒙古右翼放弃之前信奉的萨满教，皈依西藏佛教，为表虔诚之心，阿勒坦汗承诺回土默特后要“生灵依庇昭释迦牟尼佛像用宝石金银庄严”。次年返回土默特后立即启动了建寺工作。

建寺工作的顺利展开得力于内外因两方面。内因源于阿勒坦汗对土默特地区的治理政策，使得该地区早于其他蒙古诸部就已有汉地流民在此垦田兴农，建造板升，地区汉化程度很高。外因源于1571年（明隆庆五年）“隆庆会谈”后蒙汉双方创造的和平局面，被封为顺义王的阿勒坦汗利用与明廷的友好关系，不失时机地向明廷乞请物力、人力，在建寺之前，阿勒坦汗于1575年（明万历三年）借助明廷之力仿失去的元大都建造了一座城池，明廷赐汉名“归化城”；同时阿勒坦汗以礼佛为名，多次向明廷请求经书、佛像，以及建寺的工匠、颜料，明廷方面为求边界安宁极力满足。大召的建造实则享有诸多方面的力量支持，存在着历史发展的必然，为当时蒙古其他各部所不能及。

1580年（明万历八年）寺院成，明廷赐汉名“弘慈寺”。蒙古名称为“察格拉什乌盖苏莫”[①]，藏语名称为“叭圪密得令”。蒙古人俗称“伊克召”，汉人则俗称 “大召”，皆为“大庙”之意。此外，民间还有多种对大召的称呼，如“格根汗庙”、“银佛寺”、“甘珠尔庙”等，皆与大召的寺院特色有关。入清后，经过清廷的扩修，重新赐汉名“无量寺”（图4-1）。虽明清两朝都有赐汉名，但民间极少提及，“大召”这一称呼一直沿用至今。

大召在蒙古藏传佛教的传播发展史上占有非常重要的地位，是一座在北元时期建立最早、地位最高、影响最大的格鲁派寺庙，其历史价值无可比拟。作为西藏佛教再度传入蒙古地区的标志性建筑群，其带有强烈的政治和宗教双重属性。

① 参见《无量寺等所有寺庙始创核查记》，乾隆五十三年（1787年）。

图 4-1　大召“无量寺”寺匾

图 4-2　大召西仓门

图 4-3　大召东仓门石匾“广成门”

图 4-4　大召西仓门石匾“广化门”

二、寺院布局

大召占地约为 3 万平方米，寺院坐北朝南，现今所呈现的布局基本为清康熙朝扩建后的风貌。寺院设东、中、西三路。中路建筑以南北中轴线布局，从山门伊始，沿轴线向北依次是天王殿、菩提过殿、正殿、九间楼（大藏经楼），中轴线两侧分设各东、西配殿。东、西两路建筑设东、西二仓庙，东、西仓门与中路山门呈一线，通过二门，北去各有一条长甬道将东、西二仓与中院分隔。东仓门上方石匾刻“广成门”；西仓门上方石匾刻“广化门”，均为蒙古、藏、汉三种文字书写（图 4-2 ～图 4-4）。

东、西仓内均有僧舍，东仓因院内有一座观音殿，因此又名菩萨庙，院内建筑无规律分布，掌管呼和浩特十五大寺庙的归化城喇嘛印务处就设于此院的东北隅；西仓因院内有一座护法殿，因此又名乃春庙（实为乃琼庙），院内建筑以乃春殿为核心殿堂，前设山门，后设五间楼，形成中轴线布局，两侧设东、西配房。大召最初并无后期轴线明确的各路建筑。中轴线的使用并非是对汉式佛寺形制的全程照搬，其中亦有蒙古人的建筑理念，蒙古人在建筑上对中轴线非常讲究，称其为“肚脐眼线”，强调其对称的重要性。寺中早期其他建筑依据《阿勒坦汗传》记载，1587 年（明万历十五年）在大召正殿西侧建造了阿勒坦汗舍利塔，塔由呼和（汉语为青色）斡尔朵覆盖[①]。1588 年（明万历十六年）三世达赖喇嘛在蒙古逝世，在大召正殿北侧建三世达赖喇嘛舍利塔。后阿勒坦汗之孙温布洪台吉[②]在正殿东侧、其父建造的三世佛殿中新置不动金刚像，并在南侧建造举行祈愿的佛殿[③]。满族人接手大召后对大召进行过两次修缮扩建，一为皇太极时期，一为康熙时期，依据学者研究，中路建筑中的山门、天王殿、九间

① 参见吉田顺一 等译. 阿勒坦汗传译注：191.

② 蒙文史籍中称为“苏都那木”、“温布皇台吉”，汉文史籍称为“素囊”。此人为博达希利与大成妣吉所生，博达希利为乌彦楚（汉籍中的三娘子）所生，故其为俺答汗之孙.

③ 参见吉田顺一 等译. 阿勒坦汗传译注：203-204.

楼皆为1640年（明崇祯十三年，崇德五年）后增建，即皇太极命土默特部都统古禄格·楚库尔修缮大召之时增建，同时，正殿、护法殿也扩修为汉藏结合式，大召的东、西二仓庙据记载为1697年（康熙三十六年）增建，这两次扩建使大召的中轴线南北加长，东西扩张出两路建筑，寺院规模形制发生了较大变化。从清康熙年间的那次修建后，大召的主要建筑物再未发生过大的变化，今日大召在寺院布局、殿堂设置上基本保持了清代时期原有概貌（图4-5）。

三、正殿外部设计及装饰

大召的核心建筑正殿位于中路建筑的第三进院落（图4-6），是蒙古地区第一座汉藏结合式殿堂建筑，但不同于藏地的汉藏结合式殿堂风格，具有浓郁的地域特征，由于其建筑本身更多体现出汉式建筑风貌，因此旧时人们仍将此类建筑风格称为“汉式”。正殿经历了四百多年战乱、政治运动的侵扰，保存完好，使后人有幸见证其早期的历史风貌，对研究内蒙古藏传佛教的传播发展有着重要意义。正

图4-6　大召正殿南立面

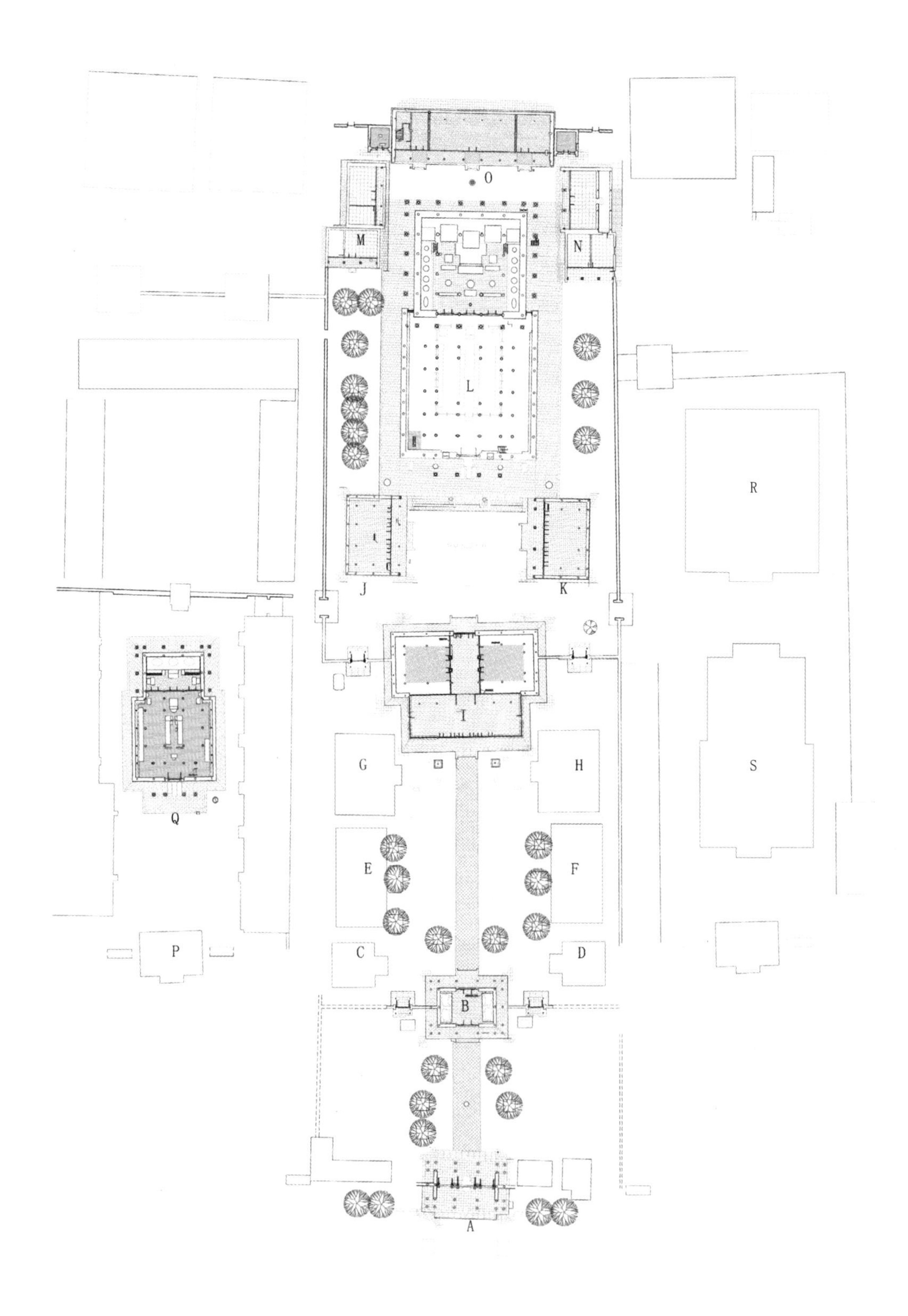

A. 山　门	D. 钟　楼	G. 普明殿	J. 密集佛殿	M. 西配房	P. 天王殿	S. 弥勒佛殿
B. 天王殿	E. 西厢房	H. 长寿佛殿	K. 盛乐佛殿	N. 东配房	Q. 乃春庙	
C. 鼓　楼	F. 东厢房	I. 菩提过殿	L. 大雄宝殿	O. 九间殿	R. 玉佛殿	

图 4-5　大召现今总平面图
（资料来源：《内蒙古藏传佛教建筑》）

殿坐北朝南，前后由门廊、经堂与佛殿三个部分组成。建筑为汉式大木作结构，其中经堂通面阔约 23 米，通进深约 24 米；佛殿通面阔约 23 米，通进深约 26 米，经堂与佛殿面积相当，门廊、经堂二层，佛殿一层，外设一圈回廊。

大殿坐落在东西长 25 米，南北长 60 米，高 0.75 米高的台基之上，台基四周平铺一圈白石阶沿石，中心漫铺方砖，斗板石以青砖贴覆，无角柱和间柱。南侧中设踏跺，踏跺两侧各立铁吼（铁狮子）一只，为阿勒坦汗之孙俄木布洪台吉于 1623 年（明天启三年）许愿所献，由大同北草场金火匠人陈二铸成，铁吼昂首挺胸，造型别致（图 4-7）。东侧铁吼高约 86 厘米，西侧铁吼高约 82 厘米。铁吼背部铸有铭文，东侧铁吼背部为蒙古文铭文，西侧铁吼为汉文铭文。汉文铭文内容如下：

天启三年九月吉日，大同北草场金火匠人陈二，一人成造，与□虎吃克，温布黄台吉许愿，住（铸）帖（铁）狮子一对，太子更林习林□□监造：古什还金宰生、迟库尔、白言恰吉、独按邦什恰、脑因恩克吃儿、我力白克、克邦什、汤谓恰、克帖气、奔把恰。[①]

图 4-7　大召正殿前铁吼

正殿整座建筑实则由三座单体建筑从南至北接合而成，彼此连接，形成一个整体。从功能分区上主要分为门廊、经堂、佛殿三部分，平面呈“凸”字形（图 4-8），从南向北沿轴线依次内推，形成空间高潮，终点为高大独立的佛殿空间，这从正殿的立面关系中可清晰看到（图 4-9、图 4-10）。由于三个建筑空间面积、高度均不相同，且呈递增之势，因此其屋顶也由三个大小不一的歇山顶从南至北依次递进上升，形成序列关系，其中佛殿最为高大，屋顶为重檐歇山，以彰显佛殿的核心地位。在各屋脊正中皆置有宝顶，两侧设龙吻，其造型柔曲硕长，屋顶山尖透空，无山花板，在木质博风板上安置有简洁的如意状悬鱼，体现出明代建筑特征。正殿初建时屋顶覆材应同于美岱召最早之西万佛殿屋顶，灰瓦覆顶，绿色琉璃剪边。1698 年（清康熙三十七年）时任归化城掌印札萨克达喇嘛的小召呼图克图内齐托音二世呈请朝廷应允动用自己的庙仓（即小召庙仓）财产修葺大召，并将正殿殿顶换铺“二龙戏珠”、“猫头滴水”的黄琉璃瓦，并供奉万岁金牌，使大召成为呼和浩特寺院唯一被允许使用黄琉璃瓦的寺庙，大召也因此改为“帝庙”。大召除作为佛事活动场所外，同时成为朔望朝拜之地[②]。

正殿外部的藏式建筑特征主要表现在经堂部分，围绕经堂东、南、西三面以夯土砌筑藏式墙体，墙体略有收分，外包青砖，在墙底处设有装饰砖雕气孔在藏式平屋顶上立有铜制鎏金经幢和苏勒锭。

① 铭文来自盖山林《草原寻梦》一书中提供的内容，与金启孮撰文的《呼市铁狮与大同金火匠》中文字内容有别。

② 按清制，当地官员于朔望日，必须身着朝服翎领齐集正殿举行朝拜仪式。

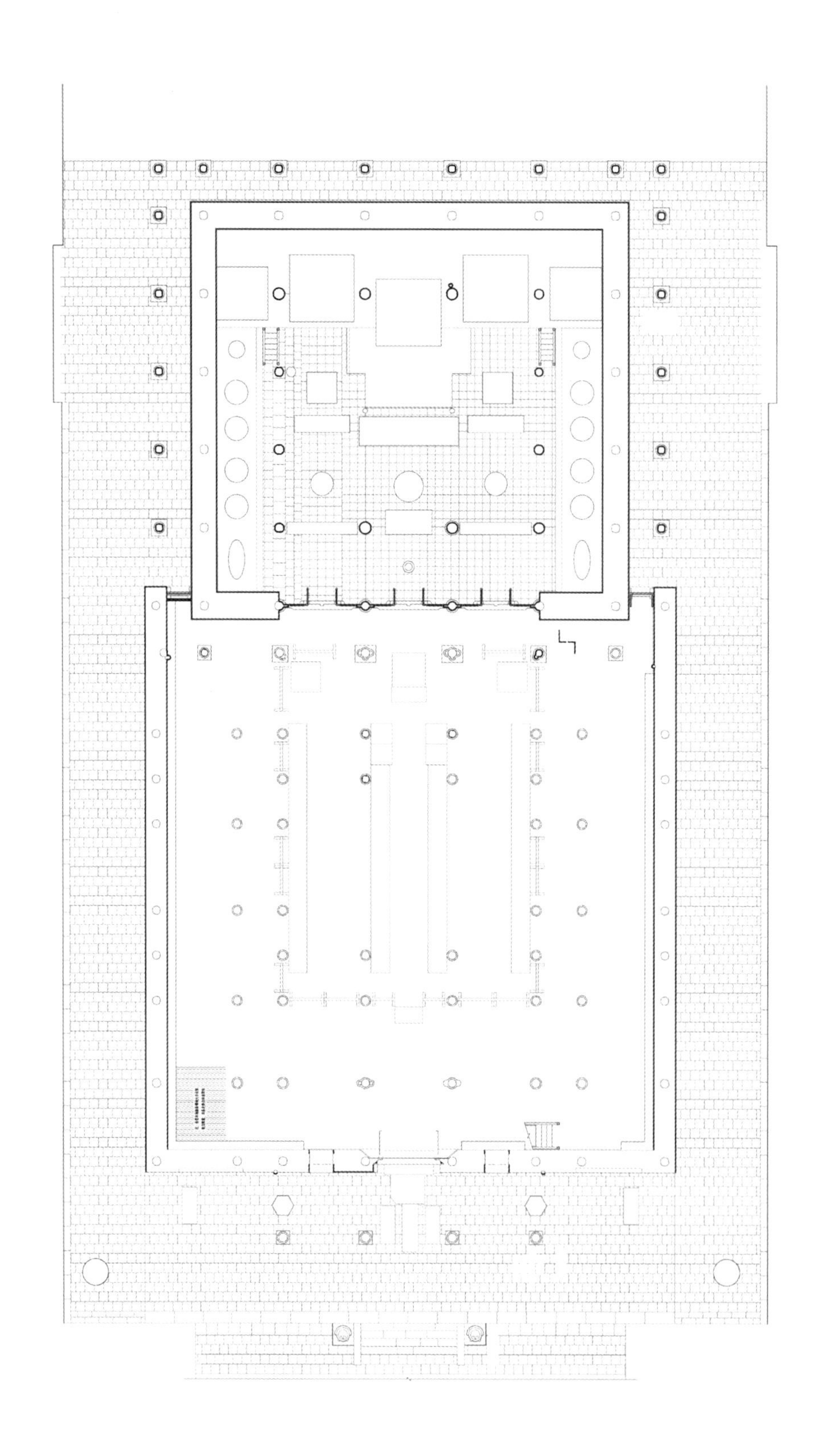

图 4-8　大召正殿一层平面图
（资料来源：《内蒙古藏传佛教建筑》）

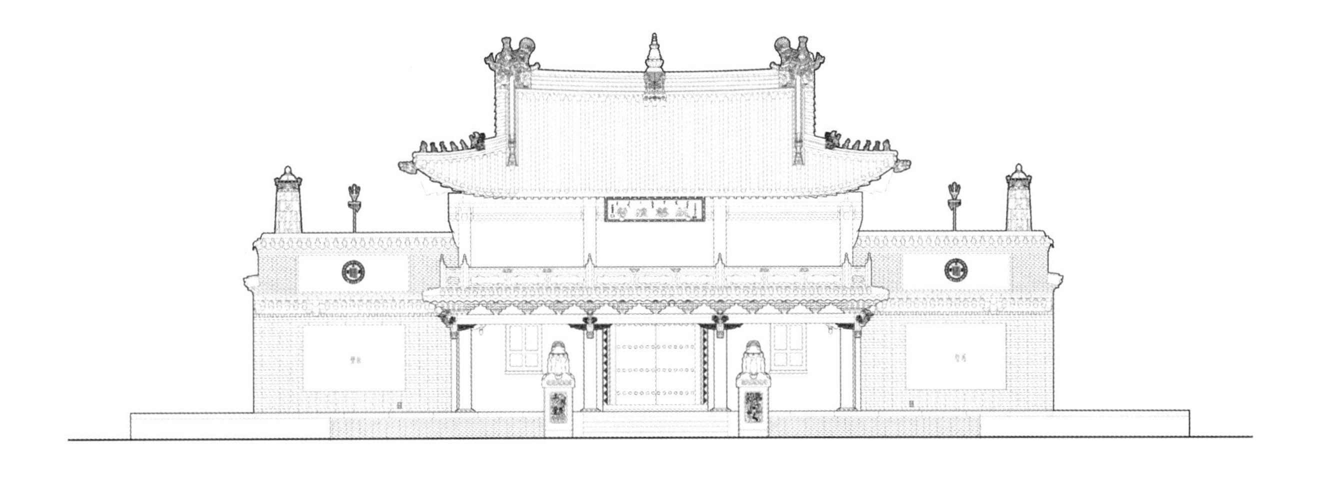

图 4-9　大召正殿南立面图
（资料来源：《内蒙古藏传佛教建筑》）

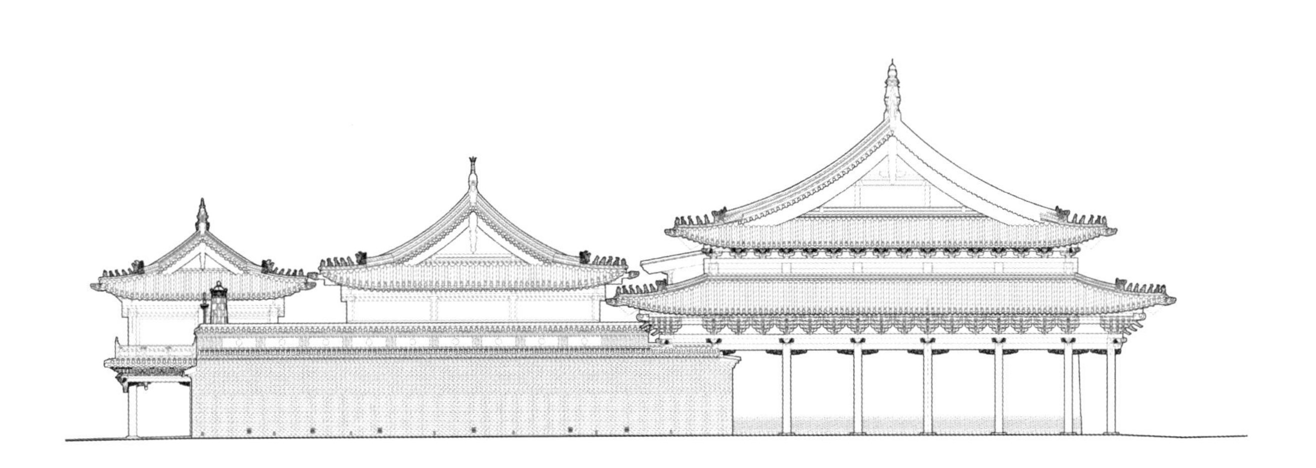

图 4-10　大召正殿东立面图
（资料来源：《内蒙古藏传佛教建筑》）

图 4-11　大召正殿西南向

经堂的东、西侧墙与南向正墙在装饰上显现出明显的差别。南向墙面装饰精致，采用黄色琉璃瓦作为女儿墙檐口装饰，形成上下两条黄色饰带，其间用月亮枋框出长方形装饰单元，内设边玛草，中饰以十相自在纹样为主题的精美圆形铜饰（图 4-11）。下侧墙体框出长方形单元，内饰壁画，东侧绘须弥山与四大部洲图，西侧绘六道轮回图，但从大召正殿旧时影像可知，早期正殿南向墙体两侧并无此二图，应是近代所绘（图 4-12）。相比之下，东、西墙面装饰相对南面简单，檐口部的琉璃瓦装饰发生变化，双层饰带的下层琉璃瓦变为绿色，并且向上移动，使边玛檐墙变得狭长，其间划分出九块长方形装饰单元，每块内饰边玛草，中饰素面铜镜。这种处理方式导致与南向墙面的双层琉璃饰带未形成装饰带上的完整对接延续。但大召的边玛檐墙装饰并未出现后世寺庙中出现的“以砖代草”现象，足见大召正殿的高等级地位。建筑南立面上设置了底层三面开放式，两层高的，外凸式门廊。门廊面阔三间，通面阔 13.4 米，进深 4 米，一层檐柱设有雀替连接，柱头、梁枋间设有七踩斗栱，雕刻有佛

图 4-12　大召正殿旧照
（资料来源：网络）

教八宝、十相自在等纹样。门廊二层墙壁均为槅扇窗，无实体墙面，出平座汉式栏杆，内为小型礼佛空间。经堂入口为藏式板门，门框饰有“堆经”等多层装饰带，板门两侧墙设藏式盲窗。与经堂相比，佛殿完全是汉式宫殿建筑形制，在墙外侧绕建围廊一匝，南面围廊与经堂后壁连建，并于东、西隅辟小门，通向外边围廊，用以信徒转经之用，这种“副阶周匝”的形制在入清后同类型的殿堂建筑中逐渐弱化直至消失。

四、正殿内部空间及装饰

大召正殿内部空间分为经堂和佛殿。

经堂主要功能为集会之所（图 4-13），内部空间具有藏式“都刚法式”①特征，但并不纯粹。其面阔七间，进深八间。通面阔约 23 米，通进深约 24 米，设有两层，高 14 米，中央有垂拔空间。一层东侧设有楼梯，梯段宽 0.9 米，可通二层，二楼为佛殿和禅室，曾供铜铸十八罗汉。经堂一层顶部采用彻上露明造，二层采用天花，每单元绘莲花图样，内写六字真言，顶部中央位置设一斗八藻井。

经堂殿内采用减柱法，有圆柱 40 根，形成内外两圈柱，在柱间形成“回”字形室内转经道。圆柱红漆无彩绘，包裹织有龙纹的柱毯。柱与梁枋交界处有宽大厚实的替木连接，雕饰有卷草纹样，或描绘为红底金纹或为绿地金纹，间隔有序。在枋与柱交界穿插露头处，枋头雕琢成龙头样式。龙身两侧伸出卷草纹制，分饰红绿蓝三色。梁枋彩画表现出清代特征，出现了各式旋花组合，应为后世修缮所致。经堂北壁西侧一铺壁画主尊绘十一面八臂观世音菩萨立像，北壁东侧一铺壁画主尊绘无量寿佛，绘制精美，皆为遗存旧物。一层东、西墙面原绘有取材自佛教《贤愚因缘经·降六师缘品》的大幅壁画，1985 年大召落架维修时抢救性揭取经堂壁画 34.96 平方米，入藏呼和浩特博物馆，现壁画为后人仿制重绘。壁画描绘了藏历正月初一至正月十五神变节供养佛祖的全部场景。从西墙北端开始描绘神变节第一天，依次向南共绘制 8 尊释迦牟尼佛，描绘了初一到初八供佛及神变内容。从东墙北端开始依次向南共绘制 7 尊释迦牟尼佛，描绘了初九到十五供佛及神变内容，南墙绘四大天王。

图 4-13　大召正殿经堂内景

整个经堂只有南侧一排高窗采光，从二层屋顶悬垂下绘有各种佛像的织物经幢在微弱光线的照射下，显得光影婆娑。地面铺设宽约 0.3 米，长约 2 米的宽大木板，沿墙放置各种经卷以及跳恰木所用的番像、服装、法器等。中心区域为喇嘛诵经、听经、做法事之地。正中北向设有呼图克图活佛位置，三世达赖、四世达赖曾在此坐床，以后便成空座，大召不再有活佛，意为皇帝龙位。宝座东、西两侧设本召札萨克喇嘛之位，往南是普通僧侣诵经就座之

① 所谓都刚法式，是西藏地区寺庙经堂空间建构的定型化做法，其具体形制是：在经堂矩形或方形平面中，柱网纵横排列；建筑一层中间凸起的方形部位为垂拔空间，且在东、南、西三向开高侧窗用以采光、通风；建筑二层平面呈“回”字形，中部凸起为经堂的垂拔，其周围绕有一圈天井，天井外侧建一圈房间。建筑外观为四周平顶，中部垂拔之上为坡屋顶，多采用歇山式，但也偶见藏式平顶（多在纯藏式殿堂中运用）。

处。诵经时，僧侣按职位等级依次而坐。经堂正上方并排悬挂释迦牟尼生前画像十二块，每块宽 0.45 米，高 0.61 米，以石色彩绘而成，具教化之功。

经堂与佛殿相连，除去两侧的东、西墙体，中心采用六扇六抹槅扇门分隔，上部格心为斜方格纹，下部裙板中心雕饰如意纹。

佛殿功能为礼佛、敬佛（图 4-14）。面阔、进深俱五间，通面阔约 23 米，通进深约 26 米，比经堂高出约 3 米。佛殿顶部亦采用天花，每单元绘佛教诸神，顶部中央位置设八角藻井，紧邻藻井两侧东、西单元分绘曼荼罗一幅，体量巨大。佛殿的天花较经堂绘制逾加精美，应为明时初建旧物。殿内亦采用减柱法，有圆柱 12 根，柱身彩绘纹样，普遍下绘山崖、海水、云纹、但主体纹样表现不同，中心位置的圆柱皆以龙纹表现，靠佛殿入口处龙纹为沥粉贴金。银佛前有两根盘龙柱，龙形为升龙，高约 10 米。两龙中间从顶部悬下一金属球，二龙腾空盘绕，抢夺宝珠，雕刻精细，外面用金粉涂抹，相传内部是黄泥、纸精、料浆制成，工艺精湛考究。东、西两侧圆柱整个柱身下绘有云纹、海水江崖、上绘荷花、牡丹，精巧华丽，不同于后世召庙中广见的多楞藏式柱，属早期蒙古地区格鲁派寺庙建造时的装饰特点。佛殿东、西、南、北四壁皆有壁画，北壁绘有五佛五智图，由于神像遮挡，完全不可见。东、西壁绘十六罗汉，南壁东侧绘十六罗汉的侍者居士羯摩扎拉，西侧绘布袋和尚，东、南、西三壁加之共十八罗汉。地面漫铺 0.3 米见方的青砖。佛殿内沿东、北、西三面设高台，北壁前坛奉三世佛，正中释迦牟尼像为梵式造像，银质包金，头戴花冠，眉眼纤细，银佛坐像高 2.55 米，莲花台高 0.33 米，宽 2 米，整体用白银 1.5 吨，由尼泊尔匠人打造而成，火焰背光为木底银花，头顶上为孔雀羽毛制成的孔雀伞，验证了阿勒坦汗“生灵依庇昭释迦牟尼佛像用宝石金银庄严”的诺言。其余诸像虽为泥塑，也皆为旧物，

图 4-14　大召正殿佛殿内景
（资料来源：网络）

工艺精细，神态生动。西侧为过去燃灯佛，东侧为未来弥勒佛，高 2.5 米，三世佛两端各一宗喀巴像，高 2.45 米。东、西高台奉白、绿两大度母，八大菩萨、两大护法。东侧从南向北依次奉马头明王、四菩萨、绿度母，西侧从南向北依次奉金刚手、四菩萨、白度母，其中度母高 1 米，菩萨高 2.48 米，护法高 2.25 米。其中八大菩萨皆头梳高髻戴花冠，造像面部宽平，躯体结构匀称，宽肩细腰，造型端庄大方。衣纹采取中原地区表现手法，优美流畅，质感颇强，具有明显的明代造像特征。银佛前置供桌供奉达赖四世、五世铜铸坐像，高 1.45 米；黄财神鎏金铜像，高 0.33 米；三块龙牌，用满文书写，中间为“上圣皇帝”，高 0.87 米、西侧为“皇帝万岁万岁”，高 1.17 米、东侧为“贵皇太后之位”，高 1.3 米。佛殿上方悬挂一枚圆珠形铜镜，直径 0.15 米，有“万人镜”之称。两边三对宫灯，两对珍珠八宝灯。殿中曾有铜质坛城一座，“文革”中丢失。从佛殿内部空间的布置可以看出，其存在西藏格鲁派早期寺院措钦大殿内部空间的一些特征，透露出西藏佛教向东传入蒙古地区时的直接性，但同时也不可避免地存在着地域艺术上的再创作。

大召大事记年表　　表 4-1

1579 年（明万历七年）	蒙古土默特部阿勒坦汗动工兴建大召
1580 年（明万历八年）	大召建成，明万历皇帝赐名为“弘慈寺”，因寺中供奉银质释迦牟尼佛像，所以当时以“银佛寺”而出名
1586 年（明万历十四年）	应阿勒坦汗之子僧格都棱汗邀请，三世达赖喇嘛索南嘉措来到呼和浩特，亲临大召，主持了银佛开光法会，从此大召成为漠南蒙古地区有名的寺院
1632 年（明崇祯五年）（后金天聪六年）	后金皇太极追击蒙古察哈尔部林丹汗到达呼和浩特，并住在大召，还亲自下令大召不得擅自拆毁，如有违背绝不清贷
1640 年（明崇祯十三年）（清崇德五年）	皇太极下令重修扩建大召，并赐大召满、蒙、汉三种文字的寺额，改原来的汉名“弘慈寺”为“无量寺”。同时令工部造“皇帝万寿无疆”金牌，交于大召供奉
1652 年（清顺治九年）	西藏五世达赖喇嘛赴京时曾路过呼和浩特，驻锡在大召，因此大召内至今还供有五世达赖喇嘛的铜像，这无疑在宗教上提高了大召的身价
1686 年（清康熙二十五年）	康熙帝敕令在北京、热河、多伦、沈阳和归化城分别设立了藏传佛教的宗教管理机构——喇嘛印务处。归化城喇嘛印务处设在大召
1698 年（清康熙三十七年）	康熙帝任命小召内齐托音呼图克图二世任归化城掌印札萨克达喇嘛，并将大召印玺交付给他。征得康熙帝同意，对大召正殿换盖黄瓦，修葺后大召被封为康熙“家庙”，并用黄金铸就“皇帝万岁”的龙牌供于大殿，还设了皇帝宝座，供呼和浩特僧俗两界顶礼膜拜。因无人能和皇帝平起平坐，从此大召不再设活佛，只设札萨克喇嘛

第二节 内蒙古地区现存汉藏结合式殿堂地理分布概况

从目前掌握的资料，内蒙古地区现存的汉藏结合式殿堂主要集中在内蒙古自治区的中部及中西部、西部地区，东部地区遗存较少。（表 4-2）

内蒙古地区现存汉藏结合式殿堂信息[①]　　表 4-2

寺庙名称	殿堂名称	现寺庙所属地	清代寺庙所属地	备注
大召	正殿	呼和浩特市	归化城土默特二旗	帝庙
大召	乃春殿	呼和浩特市	归化城土默特二旗	护法殿
席力图召	正殿	呼和浩特市	归化城土默特二旗	
席力图召	古佛殿	呼和浩特市	归化城土默特二旗	
乌素图召 庆缘寺	正殿	呼和浩特市	归化城土默特二旗	
乌素图召 法禧寺	正殿	呼和浩特市	归化城土默特二旗	药王庙，主供药师佛
乃莫齐召	正殿	呼和浩特市	归化城土默特二旗	药王庙，主供药师佛
察素齐召	经堂	呼和浩特市	归化城土默特二旗	
美岱召	正殿	包头市	归化城土默特二旗	
梅日更召	正殿	包头市	乌兰察布市乌拉特西公旗	旗庙
昆都仑召	小黄庙	包头市	乌兰察布市乌拉特中公旗	旗庙
包头召	正殿	包头市	归化城土默特右翼旗	蒙古包氏家庙
百灵庙	正殿	包头市	乌兰察布市喀尔喀右翼旗	
希拉木伦召	正殿	包头市	乌兰察布市喀尔喀右翼旗	席力图召属庙
准格尔召	正殿	鄂尔多斯市	鄂尔多斯左翼前旗（准格尔旗）	
准格尔召	观音殿	鄂尔多斯市	鄂尔多斯左翼前旗（准格尔旗）	
准格尔召	舍利殿	鄂尔多斯市	鄂尔多斯左翼前旗（准格尔旗）	
准格尔召	千佛殿	鄂尔多斯市	鄂尔多斯左翼前旗（准格尔旗）	
陶亥召	正殿	鄂尔多斯市	鄂尔多斯左翼中旗（郡王旗）	
延福寺	正殿	阿拉善盟左旗	阿拉善和硕特旗	
延福寺	吉祥天女殿	阿拉善盟左旗	阿拉善和硕特旗	护法殿
延福寺	白哈五王殿	阿拉善盟左旗	阿拉善和硕特旗	护法殿
昭化寺	正殿	阿拉善盟左旗	阿拉善和硕特旗	
巴丹吉林庙	正殿	阿拉善盟右旗	阿拉善和硕特旗	
达力克庙	正殿	阿拉善盟左旗	阿拉善和硕特旗	
江其布那木德令庙	正殿	阿拉善盟额济纳旗	额济纳旗	
江其布那木德令庙	古闹日格殿	阿拉善盟额济纳旗	额济纳旗	
江其布那木德令庙	农乃殿	阿拉善盟额济纳旗	额济纳旗	护法殿

① 表 4-2 注：资料来源：据张鹏举《内蒙古藏传佛教建筑》提供调研信息及实际调研信息汇集整理。

续表

寺庙名称	殿堂名称	现寺庙所属地	清代寺庙所属地	备注
德布斯尔庙	正殿	巴彦淖尔市	乌兰察布盟乌拉特西公旗	
毕鲁图庙	正殿	锡林郭勒盟	锡林郭勒盟苏尼特右旗	
新庙	时轮殿	锡林郭勒盟	锡林郭勒盟乌珠穆沁右旗	
西乌珠穆沁旗栋阔尔庙	栋阔尔殿	锡林郭勒盟	锡林郭勒盟乌珠穆沁右旗	王爷府家庙一部分，为九世班禅所建，后成藏经阁
兴源寺	正殿	通辽市	哲里木盟库伦旗	
万达日葛根庙	正殿	通辽市	土默特左翼部附属旗唐虎特喀尔喀旗	美岱召属庙

一、大召乃春殿

除了上述的大召正殿外，在大召西仓还遗存一座汉藏结合式的护法神殿（图 4-15、图 4-16），现保存完好。该殿原为汉式佛殿，后期扩修时，在佛殿前加建经堂，变为汉藏结合式。佛殿供奉藏传佛教中的白哈尔神、铁匠神、白梵天，为世间护法，建筑体量小于正殿，但建筑形式基本相同。

图 4-15　大召乃春殿

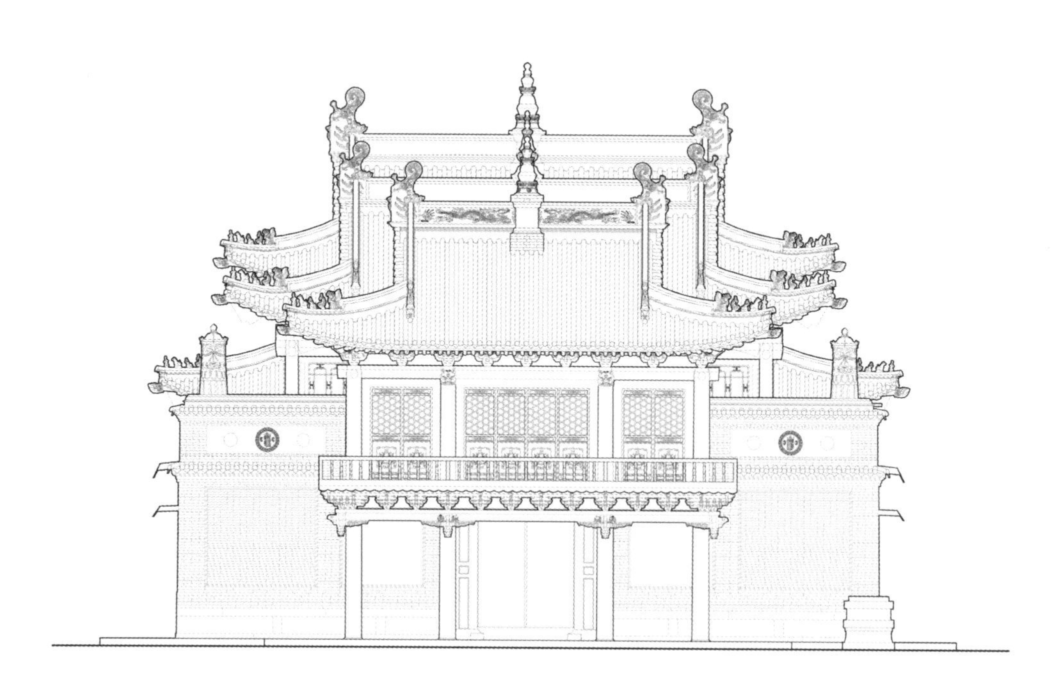

图 4-16　大召乃春殿南立面图
（资料来源：《内蒙古藏传佛教建筑》）

二、乌素图召庆缘寺正殿及法禧寺正殿

乌素图召位于呼和浩特市西北二十里大青山麓，全国重点文物保护单位。“乌素图”一词来自蒙古语，意为“有水的地方”，历史文献中将“乌素图”也写作“乌苏图”、“五速兔”。1606 年（明万历三十四年），察哈尔游方喇嘛萨木腾阿斯尔首先在此地建庙，是为乌素图召最早的庙宇。1690 年（清康熙二十九年），席力图召四世呼图克图为祝佑清帝圣寿无疆，也在乌素图建庙，为了加以区别，将前者称为“乌素图西召”，后者称为“乌素图东召”，乌素图东召后由康熙帝赐名“法成广寿寺”，以后简称“广寿寺”。在“以宗教柔顺蒙古”的政治目的下，清康熙至乾隆年间，清廷有意识地在蒙古地区掀起建寺高潮，鼓励僧众各阶层积极建庙，在这种政治热潮的驱使下，乌素图又陆续建造起了长寿寺、法禧寺、罗汉寺等寺庙，这些寺庙与先前建造的寺庙毗邻而聚，形成众寺攒聚的建筑群落，虽各有寺名，但统称“乌素图召”。至于乌素图召攒聚寺庙的数量，说法不一，一说为五座，一说为七座。现存相对完整的寺庙有三座，分别为庆缘寺、长寿寺、法禧寺，其中庆缘寺为乌素图召主寺，长寿寺、法禧寺均为其属庙。

1606 年（明万历三十四年），察哈尔佃齐呼图克图发起兴建寺庙计划（察哈尔迪彦齐呼图克图一世在乌素图那尔太山阳之地）。由蒙古人希古尔达尔罕、拜拉达尔罕，遴集蒙古匠人兴建一座寺庙。1782 年（清乾隆四十七年），第五世察哈尔佃齐对乌素图西召进行修葺，增建殿堂，呈报理藩院请求寺名，清廷赐满、蒙古、藏、汉四体文合璧“庆缘寺”寺额。庆缘寺早期为噶举派寺庙，后期改宗，成为格鲁派寺庙。现遗存正殿建筑形式为汉藏结合式（图 4-17）。

法禧寺，蒙古语称“拉哈兰巴召”或“玛然巴召”。据载该庙建于 1725 年（清雍正三年）。1897 年（清光绪二十三年）成书的《归化城厅志》第十三卷载：“法禧寺，在庆缘寺东北，系寺属医生绰而济罗布桑旺札勒建，乾隆五十年赐名。”在成文于 1901 年（清光绪二十七年）《庆缘寺察哈尔佃齐呼图克图莅席洞礼诵经年班及其建寺之考察报告》中记载："庆缘寺属下弟子喇哈兰巴绰尔济旺吉勒，为祝佑圣躬康豫在该寺旁又建一寺。清乾隆五十年（1785年）季春，呈请理藩院上奏乞赐寺名。赐法禧寺，享满、蒙古、藏、汉文寺额悬之。"法禧寺虽为属庙，但因其正殿建筑精巧别致，被公认为是乌素图召建筑群中最富有特色的一座寺庙，现遗存正殿建筑形式为汉藏结合式（图4-18）。

图4-18　乌素图召法禧寺正殿
（资料来源：网络）

三、席力图召古佛殿及大经堂

席力图召位于呼和浩特市玉泉区大南街，全国重点文物保护单位。由明代的一座旧庙改建而来，关于这座旧庙的由来，据载为明末阿勒坦汗长子僧格都棱汗为迎接三世达赖喇嘛驻锡土默特部兴建的一座庙宇。

1582年（明万历十年），阿勒坦汗逝世，僧格继任顺义王封号，仍沿袭礼佛之俗，在其父阿勒坦汗所建大召东侧百余步建庙。据载，初建规模不大，为一座汉式两进院落的寺庙，即大致为现在席力图召西侧古佛殿院落，视为席力图召前身，古佛殿前殿后经改建成为汉藏结合式殿堂（图4-19、图4-21）。

清康熙年间，席力图呼图克图四世对席力图召进行扩建，建造了大经堂和佛殿等建筑，现遗存大经堂为汉藏结合式建筑（图4-20、图4-22）。

图4-17　乌素图召庆缘寺正殿

图 4-19　席力图召古佛殿

图 4-20　席力图召大经堂

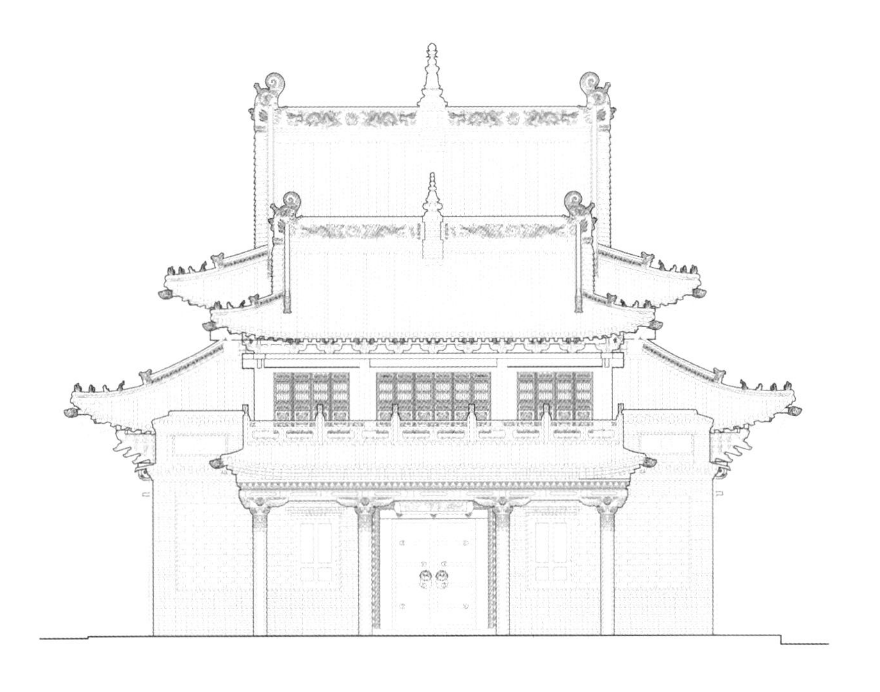

图 4-21　席力图召古佛殿南立面图
（资料来源：《内蒙古藏传佛教建筑》）

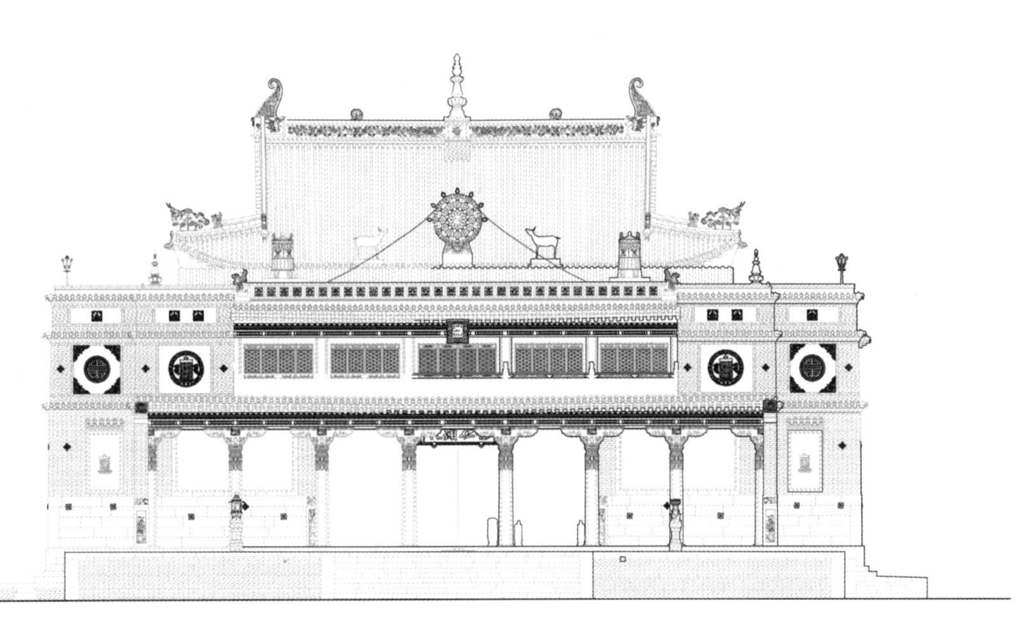

图 4-22　席力图召大经堂南立面图
（资料来源：《内蒙古藏传佛教建筑》）

四、乃莫齐召正殿

乃莫齐召位于呼和浩特市玉泉区大南街街道办事处小西街社区乃莫齐召夹道巷 13 号，内蒙古自治区级重点文物保护单位。“乃莫齐”为蒙古语“医生”之意。1669 年（清康熙八年）由淖尔济喇嘛主持兴建。1695 年（清康熙三十四年）寺院进行第二次维修，竣工后，清廷赐汉名“隆寿寺”，并赐蒙古、满、汉三种文字书写寺额。1805 年（清嘉庆十年）寺庙遭火灾，后重修。1876 年（清光绪二年）札萨克喇嘛诺儿丕力募捐续修。寺院坐北朝南，采用三路中轴线纵向布局。寺院中路五进，从山门依次向北为白塔、天王殿、过亭、大经堂和九间殿。左右为东、西二仓。“文革”期间，乃莫齐召遭到严重破坏，仅存正殿一座，其正殿建筑形式为汉藏结合式（图 4-23）。

五、察素齐召经堂

察素齐召位于呼和浩特市土默特左旗察素齐镇人民路南端西侧，内蒙古自治区级重点文物保护单位。据载寺庙建于清嘉庆年间，清道光年间扩建，清廷赐名“增祺寺”。蒙古语为“察素齐召”。因经堂前有一座白塔，俗称“白塔寺”。中华人民共和国成立以后，召内的建筑仍保存完整，有正殿三间，藏式平顶二层楼 6 间，藏式独贡二层，经堂五间，东厢房五间，西厢房三间，白塔一座以及天王殿三间，整座寺院坐北朝南，布局采用传统的中轴线对称布局。“文革”中，寺庙被毁，仅存天王殿及经堂。2012 年，土默特左旗文化体育局进行白塔寺公园建设项目，察素齐召被包含其中，寺院得以复建，殿堂得以修缮。现遗存经堂为一座汉藏结合式风格建筑（图 4-24）。

图 4-23 乃莫齐召正殿

图 4-24 察素齐召经堂及佛殿

六、美岱召正殿

美岱召位于土默特右旗美岱召镇，是内蒙古自治区保存最完整的明清城堡式古建筑群。全国重点文物保护单位。明代称灵觉寺，清朝赐名寿灵寺，又称灵照寺，因代表达赖四世的麦达里活佛在此坐床，俗称美岱召。美岱召是明末蒙古土默特部领主阿勒坦汗修建的政治中心，后来成为藏传佛教在蒙古地区的弘法中心。以其城墙与寺庙结合的布局特点，精美的明清壁画以及泰和门明万历三十四年石刻而著称。

美岱召始建于 1557 年（明嘉靖三十六年），之后 1565 年（明嘉靖四十四年）、1566 年（明嘉靖四十五年）又扩建琉璃殿及城门、角楼等，称大板升城；1572 年（明隆庆六年）开始建宗教建筑，1575 年（明万历三年）建成，明远赐名“福化城”。

美岱召古建筑群由一座略呈方形的城堡和城内十个单体建筑构成。主体建筑沿中轴线布局，中轴线上的建筑由南向北有泰和门、大殿、琉璃殿（殿南左右有观音殿、罗汉堂），西侧有乃琼庙、佛爷府、西万佛殿、八角庙，东侧有太后庙、达赖庙。“文革”期间，各殿堂曾作为战备粮库，一些殿堂建筑得以保存，现遗存正殿为一座汉藏结合式殿堂（图 4-25、图 4-26），保存较好。

图 4-25　美岱召正殿

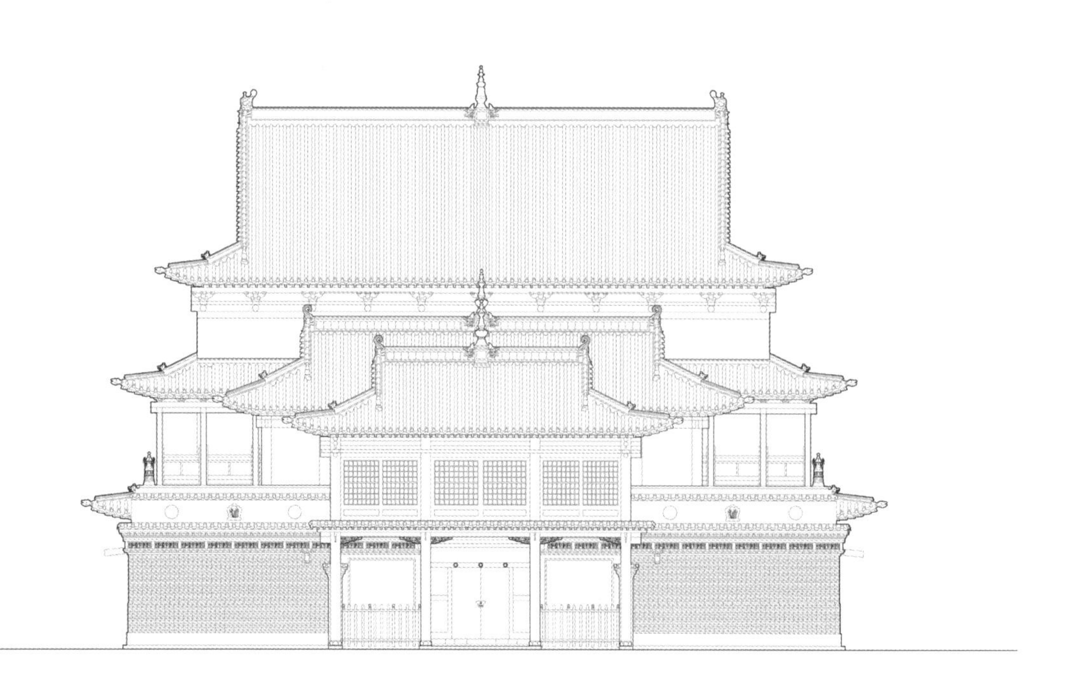

图 4-26　美岱召正殿南立面图
（资料来源：《内蒙古藏传佛教建筑》）

七、 梅日更召正殿

梅日更召位于包头市九原区阿嘎如泰苏木梅日更沟口西侧，内蒙古自治区重点保护单位。原是清代乌兰察布盟（今乌兰察布市）乌拉特西公旗旗庙，历史上曾两次迁建。“梅日更”汉译为“聪明、智慧”之意。

梅日更召始建于1677年（清康熙十六年），清廷赐名“广法寺”，以翻译藏文经典，并以蒙语诵经著称，是内蒙古西部地区的一座学问寺。寺院原有殿堂四座，经堂七处，藏经塔五座。寺院极盛时期喇嘛达500余人，其中带有度牒的喇嘛百余人。中华人民共和国成立初期，梅日更召占地面积2.4万平方米，建筑面积4520平方米，共有五座殿堂，大独宫“麦达尔”殿内的加来佛像身高八丈一尺。梅日更召于1919（民国8年）及1934年（民国23年）曾两次遭到焚烧和抢劫，“文革”中又一次遭到严重破坏，只存几间殿堂。现建筑群分东、西两部分，西侧为寺庙主体建筑群，东侧为七仓二甲巴建筑群。现存正殿为一座汉藏结合式殿堂（图4-27、图4-28），保存较好。

图4-27 梅日更召正殿

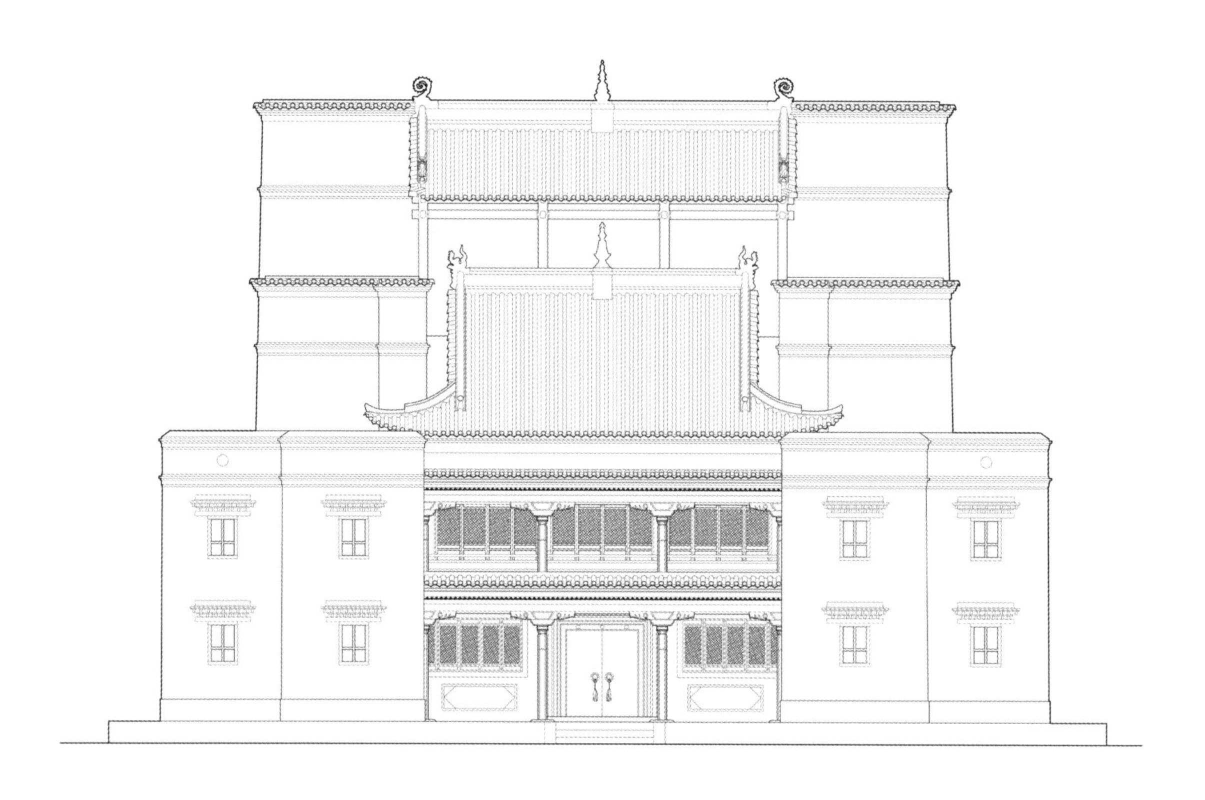

图 4-28　梅日更召正殿南立面图
（资料来源：《内蒙古藏传佛教建筑》）

八、昆都仑召小黄庙

昆都仑召位于包头市昆都仑区北郊卜汗图嘎查昆都仑沟口西侧，内蒙古自治区重点保护单位。原是乌拉特中公旗旗庙，因寺庙位于昆都仑河西岸，俗称昆都仑召，蒙古语称“脑木巴彦思古楞图苏莫”或“吉日嘎朗图苏莫”，其前身为“介布仁”小庙，位置在今召内小黄庙以北，建筑时间约 1689 年（清康熙二十八年），此后不久，从青海贡布拉布楞（塔尔寺）来了两位弘法的藏族喇嘛。其中一位叫甲木苏桑布，在中公旗王爷朝依甲苏木的资助下，于 1729 年（清雍正七年）兴建了小黄庙。后甲木苏桑布成为昆都仑召第一任活佛，在清乾隆帝的支持下，对昆都仑召实施扩建，清廷赐汉名“法禧寺”。历经 20 多年的建设，昆都仑召初具规模。至 1949 年前，昆都仑召建成殿宇楼阁 23 座，喇嘛住房、甲巴（后勤处） 60 余栋，白塔 4 座，占地 160 多亩（约 10.67 公顷）。召内僧众最多时有上千人，有度牒者 120 人。现遗存小黄庙为一座汉藏结合式殿堂（图 4-29、图 4-30），保存较好。

图 4-29 昆都仑召小黄庙
（资料来源：《内蒙古藏传佛教建筑》）

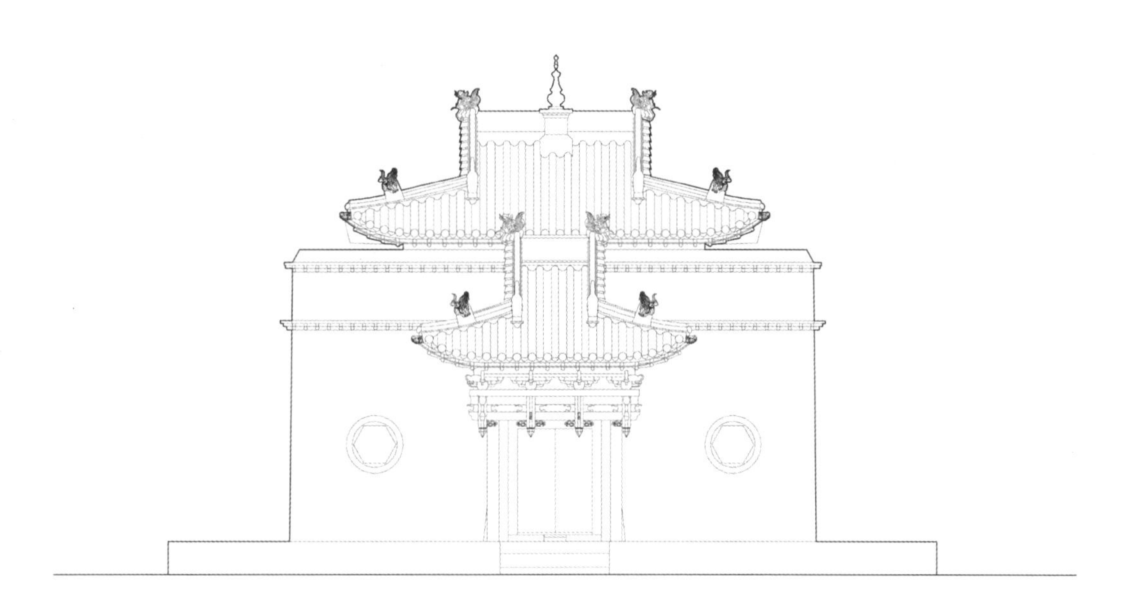

图 4-30 昆都仑召小黄庙南立面图
（资料来源：《内蒙古藏传佛教建筑》）

九、包头召正殿

包头召位于包头市东河区召拐子街，约建于清康熙年间，汉名“福徵寺”，蒙古语“布特苏莫”，俗称“包头召”，是包头嘎查村的第一座寺庙，其建造年代正是包头形成村落的初期。该庙坐北朝南，地势南低北高，俗称召梁，是土默特右翼旗第六甲、蒙古族巴氏家族的家庙，是其家族拜天祭祖之所，殿堂内供奉佛祖释迦牟尼和藏传佛教祖师宗喀巴的塑像，还有巴氏家族先人的灵位，是包头旧城内唯一的一座蒙古族寺庙。

“文革”期间，遭到严重破坏，原本近 2 万平方米的规模仅存不到十分之一。改革开放后，又将一些旧建筑拆除，仅剩一座正殿。现遗存正殿为一座汉藏结合式殿堂建筑（图 4-31、图 4-32）。据上海大公报记者采访报道、20 世纪 40 年代日本学者长尾雅人在福徵寺考察记载，其大殿实质是一座护法神殿，当年以护法神像为主供像，符合家庙祈求平安的特点，现殿内供奉三世佛。

图 4-31 包头召正殿

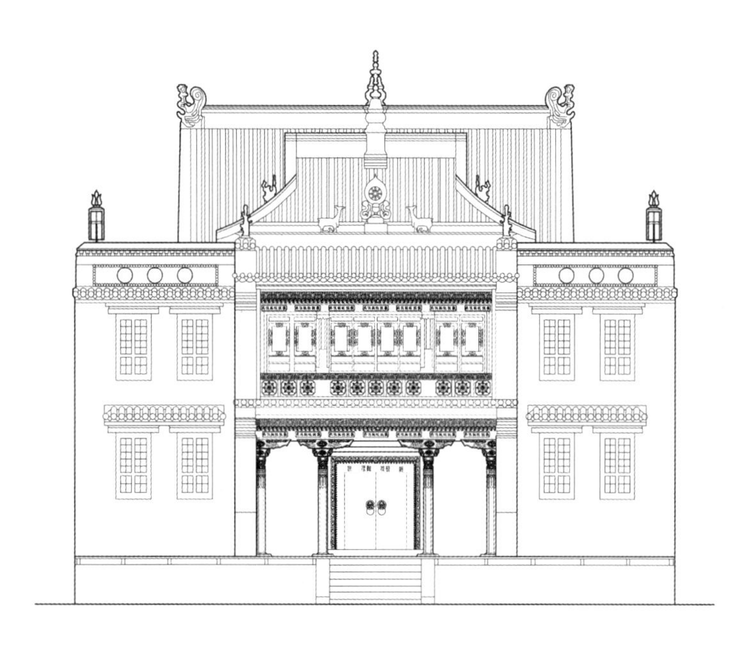

图 4-32 包头召正殿南立面图

十、百灵庙正殿

百灵庙位于包头市达尔罕茂明安联合旗百灵庙镇广场北，内蒙古自治区重点保护单位。清康熙年间，受清廷政策影响，漠南蒙古诸部大兴藏传佛教，兴建佛寺。喀尔喀右翼旗第二任札萨克和硕达尔罕诺乃亲王率先皈依藏传佛教。于 1697 年（清康熙三十六年）亲往五台山拜佛朝圣请经，并赴多伦诺尔、归化城等地和活佛喇嘛高僧共议建庙事宜；同时派人到西藏、青海、山西、大库伦等地考察，观访庙宇建筑样式，筹储建筑材料，遍访能工巧匠，为建庙做好细致的准备工作，最终由多伦甘珠尔瓦葛根进行寺庙选址，并由归化城席力图召四世呼图克图那旺罗卜森拉布坦指导设计庙型和规模，1702 年（清康熙四十一年），正式动工。从宁武、乌喇特部、五当召、大库伦等地托运木材，从山西应州（今山西应县）、归化城请来建筑艺人，采用汉、藏两种方式，用时三年零两个月，建成了以朝克沁殿为核心的寺庙，是为旗庙。清廷赐汉名“广福寺”，并赐满、蒙古、藏、汉四种文字寺额，并盖有圣祖玉玺，同时赠送朱墨《甘珠尔经》贺礼。寺庙蒙古语名为：宝音巴达拉古鲁格其苏莫。因该庙建于巴吐哈拉嘎地方，所以蒙古人亦称它为“巴吐哈拉嘎庙”。

1708 年（清康熙四十七年），王位传至诺乃亲王第八子詹达固密，由亲王降袭为札萨克多罗达尔罕贝勒，喀尔喀右翼旗改称喀尔喀右翼达尔罕贝勒旗（简称达尔罕旗）。广福寺也被当地蒙古人称为“贝勒因庙”，意为贝勒的庙。汉人称“贝勒因”为“白林”，一度曾写作“白林庙”。后蒙古上层人士认为“白林”二字意义不吉祥，改取汉文“百灵”二字。从此蒙古人所称的“贝勒因庙”，遂用汉字定型化为“百灵庙”。此后百余年间，广福寺陆续修建，形成了五大仓（学部），至 1876 年（清光绪二年），广福寺已有喇嘛 1226 名。1912 年，由于外蒙古军的入侵，广福寺部分殿堂毁于战火。1915 年（民国 4 年）开始，在北洋政府的资助下，云端旺楚克亲王主持整修被战火毁坏的广福寺，历经 14 年而成。现遗存正殿为一座汉藏结合式殿堂建筑（图 4-33、图 4-34）。

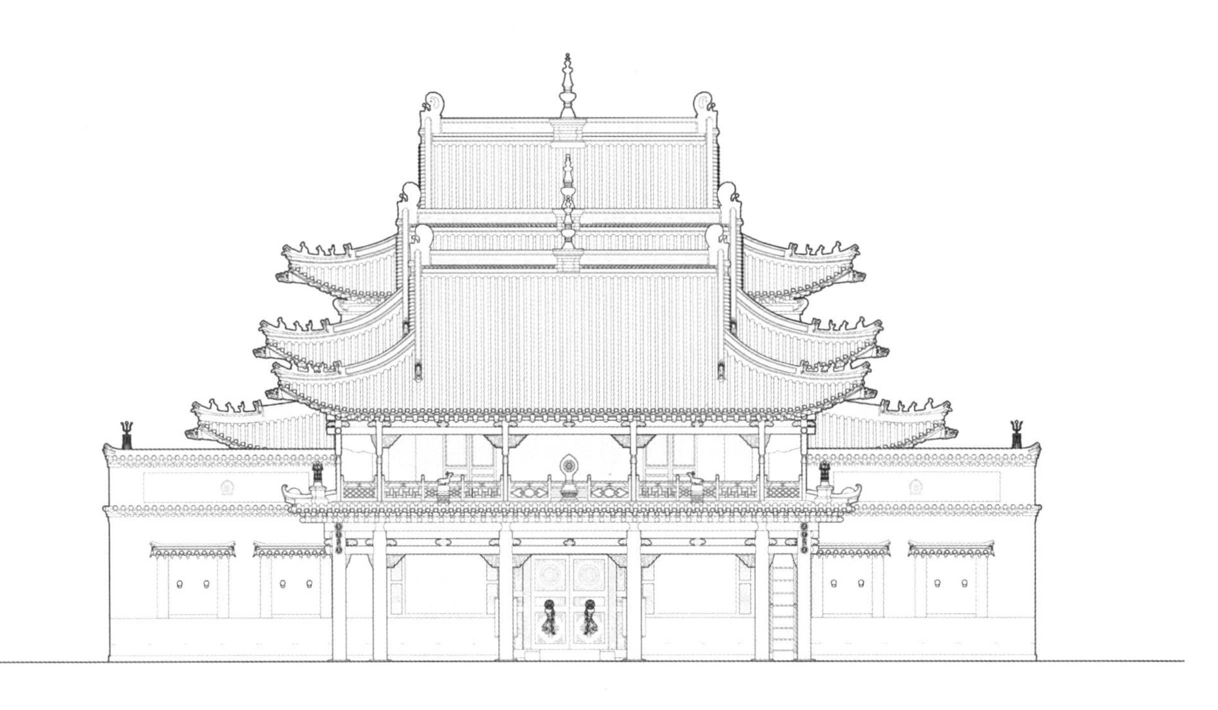

图 4-33　百灵庙正殿南立面图
（资料来源：《内蒙古藏传佛教建筑》）

图 4-34　百灵庙正殿
（资料来源：《内蒙古藏传佛教建筑》）

十一、希拉木伦召正殿

希拉木伦召位于内蒙古自治区包头市达尔罕茂明安联合旗希拉木伦苏木（乡）政府所在地，希拉木伦河流经庙北。内蒙古自治区重点文物保护单位。希拉木伦，蒙古语，意为黄色之水，因河畔建寺，寺庙命名为“希拉木伦召”，希拉木伦河又称“召河”。

1751 年（清乾隆十六年）清廷诏准喀尔喀蒙古斯钦王旗额附舍楞亲王之子仁钦道尔吉为席力图召六世呼图克图，法名：阿嘎旺罗布桑达瓦。其从喀尔喀蒙古来漠南时，携带了大量财物、牲畜及侍从，为了安置这些俗徒和牲畜，清廷将希拉木伦河流域广阔草场划拨给六世席力图呼图克图，作为驻牧生息之地。1762 年（清乾隆二十七年），六世席力图呼图克图被提升为掌印札萨克达喇嘛，成为掌握土默特地区宗教最高权力者。为叩谢皇恩，祝佑圣躬康豫，六世席力图呼图克图动用自己私产，在大青山北自己的牧场希拉木伦河畔兴建了一座寺庙，即希拉木伦召。1769 年（清乾隆三十四年）寺庙竣工，乾隆帝赐名“普会寺”及满、蒙古、汉、藏四种文字寺额，蒙古语名为“豪特拉内勒古勒克齐苏莫”。遵照归化城将军衙署的指示，其所在的土默特旗给希拉木伦召划明了地界，其东邻四子部落旗，北靠喀尔喀右翼旗，西北与茂明安旗接壤，西与乌拉特三公旗毗邻，南延伸至大青山北麓，总面积达 3200 平方公里。寺庙由席力图召管理并由主庙委派达喇嘛管理该庙，后成为历代席力图呼图克图修身养性的避暑胜地，因其寺院建造等级较高，与主庙关系密切，世人亦将其与主庙呼应，称其为“后席力图召”或“北席力图召”。“文革”期间毁坏严重，仅大殿遗存，其大殿据说效仿西藏扎什伦布寺所建，是一座汉藏结合式建筑（图 4-35）。

图 4-35　希拉木伦召（普会寺）正殿

十二、准格尔召正殿、千佛殿、舍利殿、观音殿

准格尔召位于准格尔旗准格尔召镇准格尔召村，是鄂尔多斯地区现存最大的藏传佛教寺庙建筑群，全国重点文物保护单位。

准格尔召，藏语名为“甘丹夏珠达尔杰林寺”，蒙古语名“额尔德尼·宝利日图苏莫”。明廷赐名“秘宝寺”，清廷赐名“宝堂寺”。据《准格尔召庙志》记载，准格尔召始建于 1622 年（明天启二年）。次年，主体建筑经堂、佛殿竣工。历经 380 余年，不断扩建修缮，规模逐步广大。

准格尔召原有独立殿堂 36 座，“文革”期间寺庙遭严重损毁，仅存正殿、释迦牟尼殿等 10 余座空殿堂。1980 年起，重点修缮大雄宝殿等 4 座殿宇，设为准格尔旗佛教活动点之一。现遗存正殿、观音殿、舍利独宫、五道庙、千佛殿、六臂护法殿、大常署、二常署、佛爷商、诺颜商十处，其中正殿、舍利殿、千佛殿皆是汉藏结合式建筑（图 4-36 ～图 4-39），但建筑形式各不相同。

图 4-36　准格尔召正殿
（资料来源：《内蒙古藏传佛教建筑》）

图 4-37　准格尔召千佛殿（闻思学院）

图 4-38　准格尔召舍利殿

图 4-39　准格尔召观音殿

十三、陶亥召正殿

陶亥召位于鄂尔多斯市伊金霍洛旗纳林陶亥镇新庙村蒙社，建于环山盆地的一台地上，寺庙背靠黄土高坡，东邻牛孛牛川。内蒙古自治区重点文物保护单位。陶亥召汉译为“河佛湾庙”，建于1714年（清康熙五十三年），藏名全称“热喜朋苏圪岭”。据记载，早年在七概沟河畔住着一位名叫热喜台吉的将军，他闻知五世达赖到了北京，便前去叩拜，达赖示意他回去建造一座召庙。热喜台吉回来后，四处宣传达赖喇嘛的意思，多方筹集资金，并请一位喇嘛选定在桲牛川三界塔建庙，初称“热喜台吉庙”。该庙初建时只有一个独宫，几间住所和少量的念经设备。到1741年（清乾隆六年），该庙被马化龙部焚毁。此后，庙徒们四处化斋，筹建新庙，并由郡王旗名哈根布都河勒格其的人去青海向仓布佛爷请示重建新庙一事。仓布佛爷指定在距旧庙约4公里的黄羊塔布哈河西岸名叫敖古脑陶亥的地方建庙，庙建成后称陶亥召，俗称新庙。该庙为藏、汉建筑风格相结合的建筑群。

陶亥召曾经规模宏大，原有正殿49间，为三层起脊楼房。正殿东西各有3间独宫，也是起脊楼房，内供奉石母娘娘等神像。正殿后面分别为25间和3间大的马王庙，还建有桑克庆殿、大小佛塔、喇嘛住宅200多间。20世纪六七十年代，该庙部分建筑物被拆除，保存下来的有正殿一座，桑克庆殿一座，两个独宫，部分喇嘛住宅。2001年，经僧侣筹措和民众布施修建了一座白塔。2006～2008年，由内蒙古自治区宗教局、伊金霍洛旗人民政府以及新庙附近的厂矿共同筹措资金，对寺庙进行了修缮。现遗存正殿为一座汉藏结合式殿堂建筑（图4-40）。

图4-40　陶亥召正殿

十四、延福寺正殿、吉祥天女殿、白哈五王殿

延福寺藏语名“格吉楞”，俗称“衙门庙”，位于巴彦浩特旧定远营城里，过去是“旗衙门”的所在，故有此名。又以其切近王府，和王府的关系极密，形似王爷的“家庙”，故又有“内庙”之称，一般人也呼之为“王爷庙”。该寺为阿拉善三大寺院系统和八大寺之一。内蒙古自治区级重点文物保护单位。

该寺从 1742 年（清乾隆七年）开始修建大殿，以后陆续完成周围的建筑。1760 年（清乾隆二十五年），乾隆为该寺赐名“延福寺”，并赐用满、藏、蒙古、汉四种文字书写的金字匾。寺院整个建筑群共建有大经堂、菩萨殿、四大天王殿、转经楼、钟鼓楼、如来殿、阿拉善神殿、药师殿、密宗殿等大小殿堂 10 多座，共 200 多间，计 800 多平方米。1919 年前后为鼎盛时期，喇嘛达 500 人，1949 年中华人民共和国成立时仍有喇嘛 200 多名。该寺同其他格鲁教派寺庙一样，设有神学院，共分四大部，每部有一座专用殿堂。寺内正殿、吉祥天女殿、白哈五王殿皆是汉藏结合式建筑（图 4-41 ～图 4-43），但建筑形式不同。

图 4-41　延福寺正殿
（资料来源：《内蒙古藏传佛教建筑》）

图 4-42　延福寺吉祥天女殿

图 4-43　延福寺白哈五王殿

十五、昭化寺正殿

昭化寺位于阿拉善左旗嘉尔噶勒赛汉镇鄂门高勒嘎查东北约 0.69 公里。内蒙古自治区重点文物保护单位。在腾格里沙漠左缘，为阿拉善“八大寺”之一。

1731 年（清雍正九年）协礼台吉班茨尔扎布为首的施主上奏阿拉善王阿宝老爷，请求建寺，获准后，1734 年（清雍正十二年）开始建寺，先建六间大雄宝殿，葛根拉布隆三间，庙仓苦干间，初具规模。随着经殿的建成，成为众所周知的寺院，蒙古语称“朝格图呼热庙”（藏文为“巴拉钦拉布林”）。1738 年（清乾隆三年），阿宝与公主夫人布施一百五十两白银以及在班茨尔扎布等施主的大力资助下，将正殿扩建成双层二十五间，观音、轮经等诸多经殿均扩建为三十六间，僧房也进行增建。当年，赴藏深造十二年的阿旺多尔济返回故乡，带回诸多珍贵的佛像、挂像、法事用具等，摆满各经殿。从此，该寺又命名为“盼德嘉木苏林”。次年，在该寺举行了规模宏大的祝愿法会，迎请六世达赖仓央嘉措就座于八狮法座，主持法事五画夜。1742 年（清乾隆七年），兴建起平层十五间的阿格巴殿，命名为“特格沁苍哈林”。1746 年（清乾隆十一年）五月八日，六世达赖喇嘛在承庆寺圆寂，次年将六世肉身移到该寺高尔拉木湖水边立塔供奉。按阿旺多尔济的意愿，经旗札萨克的同意，1756 年（清乾隆二十一年）开始建造广宗寺（南寺），并将朝格图呼热的盼德嘉木苏林寺全盘搬至现广宗寺寺址，只留下少数僧徒看守寺院。这少数僧徒经十几年的艰辛努力，广收佛徒，香火重旺，逐步得到了发展。1771 年（清乾隆三十六年），在众多虔诚佛徒的大力资助下，兴建了汉式观音殿，后来根据温都尔葛根的遗言，该寺的席热喇嘛由广宗寺派任。1869 年（清同治八年）寺院遭到破坏，损坏严重。1903 年（清光绪二十九年）二月二十六日，清廷理藩院御赐以满、藏、蒙古、汉四种文字书写的“昭化寺”匾额，从此，席热喇嘛由本寺派任，当时喇嘛人数达 300 余名。1935 年（民国 24 年），将正殿又扩建为 49 间，1947 年（民国 36 年），将原有九间大的藏红殿扩建为 12 间。民国 37 ～ 38 年间，又将寺院翻修一番，直至“文革”期间。

“文革”期间寺庙惨遭破坏，只有被头道湖粮站征用的正殿和阿格巴殿得以保存下来。其正殿是一座汉藏结合式建筑（图 4-44）。20 世纪 80 年代，原寺喇嘛却达尔满吉主持重修了这座寺庙。

图 4-44　昭化寺正殿
（资料来源：《阿拉善文化遗产》）

十六、达里克庙正殿

达里克庙位于阿拉善左旗巴彦诺日公苏木阿日呼都格嘎查南约100公里处，坐落在布图音乌拉西段，三面环山，东南方为开阔地。内蒙古自治区重点文物保护单位。“达里克”系蒙语，意为“度母”。寺庙始建于1819年（清嘉庆二十四年），清道光、咸丰年间曾两次扩建。1869年（清同治八年）受马化龙部波及遭到损坏。1874年（清同治十三年）修复，当时共有殿宇5座，佛塔共有8座，呈一字形横向排列，坐落于广袤的戈壁之中。塔内藏有多种佛像及经卷，象征诸佛智慧，永驻塔中。寺庙盛时有喇嘛250余人，为阿拉善“八大寺”之一，同时是福因寺（北寺）的属庙。

“文革”期间寺庙又遭破坏，仅存大经堂和格根府。现遗存正殿是一座汉藏结合式建筑（图4-45），20世纪80年代后修复。

图4-45 达里克庙正殿
（资料来源：《阿拉善文化遗产》）

十七、巴丹吉林庙正殿

巴丹吉林庙位于阿拉善右旗雅布赖镇巴丹吉林嘎查西约 0.5 公里的沙漠绿洲上，全国重点文物保护单位。“巴丹吉林苏莫”系蒙语，“巴丹 ”为人名，“吉林”意为“湖泊”。因很早以前有一个名叫“巴丹”的人在此居住而得名。该庙建于 1791 年（清乾隆五十六年），寺庙坐西朝东，规模不大，占地仅 273.7 公顷，由经堂、拉卜楞、时轮法王塔、僧房和院墙组成。由于深处大漠、人迹罕至，一直保持着原貌。因为有庙，所以当地的蒙古族牧民把这个沙漠绿洲称为“苏敏吉林”，意为“有庙的海子”，简称“庙海子”，寺院鼎盛时期曾有 60 多名喇嘛。现遗存正殿是一座汉藏结合式建筑（图 4-46）。

图 4-46　巴丹吉林庙正殿
（资料来源：《内蒙古藏传佛教建筑》）

十八、江其布那木德令庙正殿、古闹日格殿、农乃殿

江其布那木德令庙位于额济纳旗东风镇宝日乌拉嘎查东北约6公里，坐落在穆仁高勒河东岸一望无际的砾石梁上。内蒙古自治区重点文物保护单位。1882年（清光绪八年），由达西却灵庙（俗称"东庙"）分离出来的喇嘛在当乌淖尔附近（今孟格图嘎查）兴建了一座寺庙，额济纳旗第八代札萨克丹津为其颁赐"超度菩提庙"的称号，俗称"老西庙"。

1893年（清光绪十九年）新疆马岱达西之子格勒格丹毕加拉僧为坐床喇嘛。1937年（民国26年）寺庙被民国军事专员公署占用，庙址被迫南迁察茨（老西庙南20公里处）。1944年（民国33年），喇嘛们又用聚敛的数万资财在呼和陶来（今巴彦宝格德苏木西南35公里处）兴建起新的庙宇，俗称"新西庙"，承袭了老西庙原有的建筑风格。

寺院是额济纳旗最大的藏传佛教寺庙，鼎盛时期有喇嘛70余人。寺庙由古闹日格殿、农乃殿、朝克沁殿、千佛经殿和拉卜隆5座主要建筑和数间僧房组成。现存朝克沁殿、农乃殿、古闹日格殿3座殿堂为汉藏结合式（图4-47～图4-49）。

图4-47　江其布那木德令庙农乃殿
（资料来源：《阿拉善文化遗产》）

图4-48　江其布那木德令庙朝克沁殿
（资料来源：《阿拉善文化遗产》）

图 4-49　江其布那木德令庙古闹日格殿
（资料来源：《阿拉善文化遗产》）

十九、毕鲁图庙正殿

毕鲁图庙位于朱日和镇巴彦郭勒嘎查毕鲁图敖包后山（原称包日敖包）南麓 400 米处。内蒙古自治区级重点文物保护单位。相传，三名藏僧为了传扬佛法，从西藏来到这里，分别建造了苏尼特右旗的查干敖包庙、毕鲁图庙和四子王旗的宝恩庙。而毕鲁图庙是由三名藏僧之一的哈日毛日图于 1708 年（清康熙四十七年）所建，是苏尼特右旗的第一座庙宇。整个建筑为平顶风格，寺庙由正殿（图 4-50）、道格希德殿、珠日殿、丹朱日殿、伊苏殿和 12 个馆组成。九世班禅曾于 1931 年（民国 20 年）临顾毕鲁图庙，并赐毕鲁图庙十二世格根“莫日根干布”称号，同时札萨克郡王还赐他红珊瑚顶珠。

二十、德布斯尔庙正殿

德布斯尔庙位于乌拉特前旗白彦花镇德布斯格嘎查，内蒙古自治区重点文物保护单位。为原乌兰察布市乌拉特西公旗寺庙，系该旗哈日诺特氏苏木的寺庙。1855 年（清咸丰五年），清廷赐满、蒙古、汉、藏四种文字的“寿华寺”匾额。该庙以蒙语诵经而著称。据 1811 年（清嘉庆十六年）著《乌拉特寺庙名录》记载，乌拉特西公旗公爷庙（迁址前的梅日更庙）喇嘛罗布桑却日格以自己的财产建寺于西拉点布斯格之地。寺庙始建年为 1701 年（清康熙四十年），历史上曾有多名上层喇嘛在该庙定居。“文革”中，寺庙严重受损，仅存正殿一座（图 4-51），建筑风格为汉藏结合式。

图 4-50　毕鲁图庙正殿
（资料来源：《内蒙古藏传佛教建筑》）

图 4-51　德布斯尔庙正殿
（资料来源：《内蒙古藏传佛教建筑》）

二十一、新庙时轮殿

新庙为原锡林郭勒盟乌珠穆沁右翼旗寺庙，系该旗旗属六大寺院之一。该寺第三世活佛时期，清廷御赐“密宗广普寺”匾额。约于 1738 年（清乾隆三年），乌珠穆沁右翼旗嘎沁苏木信众搭建蒙古包，请固始若格巴贾拉森诵“大般若波罗蜜多经”，并于 1745 年（清乾隆十年），在江古图之地新建寺庙。寺庙先后迁址四次，最初建于江古图，后迁至宝日乐吉、道特巴音呼硕。寺庙在道特巴音呼硕时香火旺盛，清廷赐匾于寺庙，封堪布称号于活佛，寺庙成为乌珠穆沁右翼旗旗属六大寺院，以东堪布庙之称闻名遐迩。“丙辰之乱”中，该寺严重受损。1918 年（民国 7 年），寺庙北迁至博里延洪格尔，即现今地方，第四次新建殿宇，“新庙”之称由此而来。

寺庙风格为汉藏混合式，该庙在第四次重建有 80 间大殿、显宗殿、密宗殿、时轮殿、医药殿 5 座、双层殿堂以及喜金刚殿、斋戒殿、天王殿及配殿等殿宇及一座献给九世班禅的汉式拉布隆，并有 10 余座庙仓。“文革”期间，寺庙受损严重，只剩一座时轮殿，其风格为汉藏结合式（图 4-52）。

图 4-52　新庙时轮殿
（资料来源：《内蒙古藏传佛教建筑》）

二十二、东克尔庙东克尔殿

西乌珠穆沁旗东克尔庙位于内蒙古自治区锡林郭勒盟西乌珠穆沁旗巴拉嘎尔高勒镇中心。内蒙古自治区重点文物保护单位。

东克尔庙（又译“栋阔尔庙”），又名“乌珠穆沁王盖庙”、“王盖庙”，始建于1916年（民国5年）。1930年（民国19年），乌珠穆沁右旗亲王索诺木喇布坦为邀请九世班禅来此地咏《洞阔尔》经而建九世班禅行宫。九世班禅行宫只是整座庙宇的组成部分之一，东克尔庙的建筑融合了蒙、藏艺术风格。东克尔庙的大殿占地面积398平方米。现存的九世班禅行宫又叫“东克尔殿”（图4-53），风格为汉藏结合式。该殿东西长17.1米、南北宽23.3米。占地面积398平方米。平面呈长方形，无耳房，无都纲法式，经堂与佛殿共设。

二十三、万达日葛根庙正殿

万达日葛根庙位于库伦旗库伦镇西南44公里，属地为扣河子镇格尔林村，是东北地区仅有的三大葛根庙之一，又称迈德尔格根庙，全国重点文物保护单位。始建于清雍正年间，清廷赐名“寿因寺”，

图4-53　东克尔庙东克尔殿
（资料来源：《锡林郭勒文化遗产》）

其原址因经常受河水威胁，十世迈德尔呼图克宝音楚古拉在旧址北面800米处重建，即现在的寿因寺。寿因寺由正殿、时教金刚殿、天王殿、钟鼓楼等9座殿堂组成，寺外还有葛根殿、都伊喇扎仓、庙仓和3座舍利塔，“文革”期间惨遭破坏，现仅存正殿一座，其建筑形式为汉藏结合式（图4-54）。

二十四、兴源寺正殿

库伦三大寺位于库伦旗驻地库伦镇中部，全国重点文物保护单位。库伦是17世纪建立的古城，城内依北高南低的斜坡分建三大寺：兴源寺、福缘寺、象教寺。兴源寺是旗政教中心，福缘寺为财政中心，象教寺为喇嘛住所，三者组成了一个庞大的带有政治意向的寺院系统，因此库伦旗是清代内蒙古唯一实行政教合一的喇嘛旗。

兴源寺位于库伦旗中街以北，是锡勒图库伦主庙。因其建造年代最早，规模最大，居库伦三大寺之首。寺庙始建于1649年（清顺治六年），次年竣工，顺治皇帝赐额“兴源寺”。后于1710年（清康熙四十九年）在其左右增建厢殿一座。1719年（清康熙五十八年），进行一次大规模的扩建。在原正殿的前面，沿着中轴线修建面阔九间，进深九间，通称“九九八十一间”的正殿、天王殿和山门殿。两侧又对称地修建配殿和钟鼓楼。这次扩建和增建，用六年时间才竣工。其后历任札萨克达喇嘛屡有局部和小规模的修葺。1899年（清光绪二十五年），寺院进行较大规模地改建和增建，主要是重建正殿。在建筑结构上采取汉藏结合式，为二层建筑。并在兴源寺和与兴源寺相邻的象教寺（建于1670年）四周筑起高大的围墙，使兴源寺和象教寺连成一片，形成占面积2.5万平方米规模宏大的建筑群，工程历时三年，到1901年（清光绪二十七年）竣工。中华人民共和国成立后，兴源寺一度成为库伦旗党政机关办公的地方。“文革”中兴源寺遭到严重的破坏，

图4-54　万达日葛根庙正殿
（资料来源：《内蒙古藏传佛教建筑》）

图 4-55　兴源寺正殿

只存正殿（图 4-55），其建筑形式为汉藏结合式，是内蒙古东部地区具有代表性的汉藏结合式建筑。1986 年，库伦旗人民政府对兴源寺进行修缮，使寺庙焕然一新。1988 年、2001 年进行局部修缮。2011 年对三大寺进行修缮。

第三节　内蒙古地区被毁的部分汉藏结合式殿堂地理分布

从目前掌握的内蒙古地区消失的汉藏结合式殿堂建筑资料来看，这种建筑类型在内蒙古东部地区也曾出现，西部地区数量也不少。与现存汉藏结合式殿堂建筑地理分布数量印象有所不同，这一点值得研究关注（表 4-3）。

一、席力图召乃春殿

据内蒙古文史资料《内蒙古喇嘛教纪例》中关于席力图召的记述，在白塔的北面原有一座乃琼庙，即护法神殿，所建年代不祥，“其建筑结构和现存的古佛殿基本相同。乃春庙有前殿和后殿。前殿设经堂和佛堂，经堂供喇嘛们打坐诵经，佛堂三面是一个大山架，上面塑有各种飞禽走兽，山架当中塑有三世佛。两侧共有护法神。殿内壁画绘制宗喀巴全传历史故事及护法神等后殿，也称丹珠尔殿，为 5 间大的面积，中（3 间连同）主供释迦牟尼像、八大药师像，两侧陈放一套铜版印制的《丹朱尔》经，西间为舍利殿，供有舍利塔。东面供奉三世佛和八大弟子像。”[①]

① 《内蒙古喇嘛教纪例》，p47-48 页。

内蒙古地区消失的汉藏结合式殿堂信息　表 4-3

寺庙名称	殿堂名称	现寺庙所属地	清代寺庙所属地	备注
席力图召	乃琼殿	呼和浩特市	归化城土默特二旗	护法殿
小召	正殿	呼和浩特市	归化城土默特二旗	
弘庆召	正殿	呼和浩特市	归化城土默特二旗	
巧尔齐召	正殿	呼和浩特市	归化城土默特二旗	席力图召属庙
荟安寺	正殿	乌兰察布市	朔平府宁远厅	小召属庙
千里庙	正殿	巴彦淖尔市乌拉特中旗	乌兰察布市乌拉特西公旗	梅日更召属庙
莫力庙	正殿	通辽市	哲里木盟科尔沁左翼中旗	
双福寺	正殿	通辽市	哲里木盟科尔沁左翼后旗	
甘珠尔庙	桑吉德莫洛姆庙殿	呼伦贝尔市	呼伦贝尔新巴尔虎左旗	
喇嘛库伦庙	方形配殿	锡林郭勒盟	锡林郭勒盟东乌珠穆沁旗	
恩格尔毛敦庙	正殿	锡林郭勒盟	锡林郭勒盟苏尼特右旗	
根丕庙	正殿	赤峰市	昭乌达盟阿鲁科尔沁旗	
广宗寺	不详	阿拉善盟	阿拉善和硕特旗	
福因寺	麦得儿庙正殿	阿拉善盟	阿拉善和硕特旗	
福因寺	切林召正殿	阿拉善盟	阿拉善和硕特旗	
达西劫灵庙	不详	阿拉善盟	额济纳旗	
慧丰寺	正殿	通辽市	哲里木盟科尔沁左翼中旗	

“文革”期间，因管理不善，发生大火，殿被毁。因古佛殿尚存，可知其殿堂是一座汉藏结合式建筑。另可知，其前殿的佛殿三壁有佛教壁塑，经堂墙壁绘有宗喀巴全传历史故事，这与《蒙古学问寺》里，长尾雅人提到在席力图召的殿堂墙壁上绘有巨大的宗喀巴坐像五十五幅相印证，证明在席力图召殿堂经堂墙壁上曾绘有完整的宗喀巴故事，但未明确殿堂名称。乃春庙后殿陈放《丹珠尔》经，与古佛殿后殿陈放《甘珠尔》经应是一种有意识的呼应，建筑间存在轴线对应关系，推断是在席力图呼图克图四世扩建席力图召时为对应西侧旧有殿堂所建。

二、小召正殿

小召位于今呼和浩特玉泉区小召前街。最早建于明朝末年，大约时间在 1602 ～ 1624 年（明万历三十年至明天启四年）之间，是土默特部阿勒坦汗之孙俄木布洪台吉[①]所建的寺庙，由于大召为阿勒坦汗所建，故当地人将俄木布洪台吉所建的寺庙称为小召，蒙古语称作“巴噶召”，汉译为“小”的意思。

据历史记载，小召在初建时规模并不大，是一座与大召无别的寺院，到清初顺治年间，寺庙已经颓坏破落。据蒙古文《托音一世传》载，清初顺治年间内齐托音一世被流放呼和浩特，曾在小召前搭毡帐居住，由于看到小召残破，与当时的土默特都统古禄格·楚库尔相见时，建议其修葺小召，于是古禄格·楚库尔派拉布台扎兰章京修缮小召，但并未大规模修缮。此时的小召根本不能与相隔不远的大召、席力图召在地位、规模上相提并论。

① 第四代顺义王博硕克图汗长子，明朝称博硕克图汗为卜石兔。

图 4-56　小召正殿
（资料来源：网络）

1679 年（清康熙十八年），出生在科尔沁部哈萨尔后代其尔台吉家的内齐托音二世在小召坐床。是年秋天，托音二世进京朝见康熙帝，因孝庄文皇后和孝惠章皇后都是科尔沁人，所以内齐托音二世又被引见给两位皇后，被赐予哈达、佛珠。1688 年（清康熙二十七年），厄鲁特蒙古准噶尔部的噶尔丹博硕克图汗因追喀尔喀蒙古的土谢图汗进兵内蒙古，当时任呼和浩特掌印札萨克达喇嘛是朋苏召的伊拉古克三呼图克图，但其叛降了噶尔丹，使清朝在军事及宣传上处于被动地位。此时内齐托音二世立刻向康熙帝以示效忠，康熙帝对其委以重任，1695 年（清康熙三十四年），命其入藏联络班禅五世，了解西藏内部情况，并追随康熙帝于军中，积极为康熙帝出谋划策，进行宗教宣传，为清军的胜利做出了贡献。康熙帝为嘉奖托音二世，在 1696 年（清康熙三十五年）10 月胜利回京路过呼和浩特时，入住小召，在归京前把甲胄、弓箭、腰刀等随身之物留作小召纪念，小召以此为莫大荣光，每年正月十五在召内展示此批物品。呼和浩特本地人称为“小召晾甲日”，同年，小召进行了一次修缮，清政府赐名“崇福寺”。

1698 年（清康熙三十七年），清廷任命内齐托音二世为呼和浩特掌印札萨克达喇嘛，掌管呼和浩特地区的宗教事务，小召地位一跃成为呼和浩特众寺庙之上，除了得到本地人的布施外，康熙皇帝还特别批准内蒙古东部科尔沁十旗作为托音呼图克图的化缘地点，托音二世赴科尔沁一次，就得到布施银五万两，驼、牛三千头，貂裘、马鞍、金珠、哈达等不计其数。1700 年（清康熙三十九年），内齐托音二世在小召正殿前两侧建两座碑亭，立满、汉、蒙古、藏四种文字平定噶尔丹纪功碑。

小召在当时呼和浩特寺庙中的地位曾一度凌驾于大召之上，其有三座属庙，即慈灯寺、荟安寺、善缘寺，但这种显赫地位维持时间并不长久，在内齐托音二世死后，逐渐失势。清后期，由于小召呼图克图常驻东蒙，清朝任命席力图召呼图克图为呼和浩特札萨克掌印达喇嘛。至清嘉庆年间，呼和浩特寺庙的权力中心已经转移到席力图召。

小召权力丧失，召遂败落，后期受到严重破坏，清光绪年间及“文革”时两次失火，殿宇被拆除，只剩下一座牌楼。从旧时影像可知，其正殿为汉藏结合式（图 4-56）。

三、弘庆召正殿

弘庆召位于今呼和浩特市玉泉区长和廊街道办事处南柴火市社区北巷。1667 年（清康熙六年）由宁宁呼图克图所建，清廷赐名“弘庆寺”，位列呼和浩特“七大召”。寺院坐北朝南，有两进院落及东西跨院，占地面积 1 万多平方米。1965 年拆除，现仅存南向殿堂一座，东西配殿及山门。2006 年对弘庆召进行抢救性考古挖掘。从旧时影像可知，其正殿为汉藏结合式（图 4-57）。

四、巧尔齐召正殿

巧尔齐召为席力图召的属庙，席力图召长期掌控呼和浩特掌印札萨克达喇嘛一职，但后期七世、八世呼图克图早夭，于是清政府任巧尔齐召的却尔吉呼图克图为呼和浩特掌印札萨克达喇嘛，并准巧尔齐召与主庙席力图召有同样举行“祈祷国运”的诵经权，同时赐名“延禧寺”，提高了巧尔齐召的宗教地位。

图 4-57　弘庆召正殿
（资料来源：《呼和浩特现存寺庙考》）

图 4-58　巧尔齐召正殿
（资料来源：《内蒙古古建筑》）

图 4-59　荟安寺正殿
（资料来源：《中国西藏文化大图集》）

1964 年 10 月 22 日，内蒙古自治区人民委员会公布内蒙古自治区第一批重点文物保护单位名单，乌审旗嘎拉图庙、呼和浩特市巧尔齐召等 24 处入选。后来，随着呼和浩特旧城拆迁改造，巧尔齐召被拆除。从旧时影像可知，其正殿为汉藏结合式（图 4-58）。

五、荟安寺正殿

荟安寺，蒙古名叫浩特劳·吉尔格朗图苏默，也称岱海召、岱噶庙，是呼和浩特崇福寺（小召）的属庙。1652 年（清顺治九年）三月，五世达赖喇嘛应顺治帝邀请，从拉萨出发，经青海、宁夏、呼和浩特，带随员 3000 人抵代噶（今凉城），等候顺治帝的召觐，附近民众前来拜佛听经。十二月，顺治帝在南苑接见了五世达赖，在京的六十余天中，五世达赖受到热情款待，并得到大量赏赐。次年二月，五世达赖一行自京返至代噶。四月间，清礼部尚书觉罗郎丘和理藩院侍郎席达礼率官员至代噶，代表清王朝正式册封达赖五世为“西天大善自在佛所领天下释教普通瓦赤喇达赖喇嘛”，授金册金印。自此后，册封达赖喇嘛就成了国家定制。册封后，五世达赖带着皇帝的册封金书和金印立刻离开岱噶庙回藏，从此正式确定了达赖喇嘛在西藏的地位。1773 年（清乾隆三十八年），岱海召扩建完工，乾隆御赐满、蒙古、汉三体匾额“荟安寺”一块。之后，六世班禅在乾隆 70 寿诞时也曾来到岱噶庙驻扎，随时准备等候召觐，乾隆帝得讯马上派六阿哥亲自来岱海湖畔迎接六世班禅进京会面。从旧时影像可见其正殿风格为汉藏结合式（图 4-59）。

六、莫力庙正殿

莫力庙是哲里木盟（今通辽市）科尔沁左翼中旗闲散王公卓哩克图亲王所属的一座大寺，是科尔沁部各旗喇嘛庙的本山。蒙古语称为鞥济固伦胡力雅克其苏莫，该庙始建于 1785 年（清乾隆五十年），原址最初位于今开鲁县境内，后迁至今科尔沁左翼后旗境内，再后来在 1826 年（清道光六年）又迁至通辽的莫瑞村，即今内蒙古自治区通辽市科尔沁区莫力庙苏木。“莫力”即“莫瑞”的转音，故自此俗称“莫力庙”。《蒙古地志》载：该庙“由副寺十二，僧房五百余构成，有喇嘛二千五百余，为东蒙古罕见之大庙，住有活佛。”

莫力庙兴建之初，选定庙址后，本旗卓哩克图亲王将兴建方案上报到哲里木盟（今通辽市）盟长土谢图亲王处，由土谢图亲王呈报清朝理藩院批准，

图 4-60　莫力庙正殿
（资料来源：《亚细亚大观》）

随后动工。经过 36 年的修建，到 1820 年（清嘉庆二十五年）全部完工。理藩院为该寺颁发一块九龙金匾，上用满文、蒙古文、藏文、汉文四种文字写着“集宁寺”的庙名。同时，还划拨给该寺 100 户百姓，称为该寺的伙夫、香火使。该年中秋节，寺院举行了开光典礼，哲里木盟（今通辽市）十旗的王公、官吏、活佛、喇嘛、信众共同参加了典礼。在典礼上正式悬挂了理藩院所赐的“集宁寺”金匾，并由该庙葛根鲁布僧丹巴拉布杰拉然巴讲经，授长寿佛灌顶。该庙的东、西两侧，临时搭建了许多毡包帐篷，形成长达几华里的五条街。当时莫力庙在东蒙古地区成了可同拉萨、塔尔寺、拉卜楞寺、五台山媲美的佛教圣地。“文革”中，该庙被夷为平地。从旧时影像可知，其正殿为一座汉藏结合式正殿（图 4-60）。

七、双福寺正殿

双福寺位于双合尔山脚下，蒙古语为特古斯巴雅斯古楞图苏莫，是哲里木盟（今通辽市）科尔沁左翼后旗最早建造的寺庙之一。

1680 年（清康熙十九年），科左后旗第二任札萨克即彰吉伦长子布达礼在双合尔山西南格德尔古草古克附近建了一座三间大的庙，并把自家供奉的释迦牟尼佛像和手抄的《甘珠尔经》请到该庙内供奉，该庙是科左后旗第一座喇嘛寺院。1690 年（清康熙二十九年），第三任札萨克即布达礼长子札噶尔在双合尔山东南石砬子南修建二层楼式的寺庙一座，名为大康最盛寺，因其倚石砬子，当地百姓称哈丹苏莫。1692 年（清康熙三十一年），第四任札萨克即札噶尔长子岱布在双合尔山西边的大巴彦查干淖尔东北又建一座四方大庙。至此，围着双合尔山已经有了三座小庙，双合尔山不仅是科左后旗的政治中心，又成为宗教活动的中心。

1723 年（清雍正元年），呼和浩特大召寺活佛萨木瓦喇嘛到科左后旗传经作法。他向第五任札萨克罗卜藏喇什（岱布弟，岱布死后袭其职爵）建

图 4-61　1956 年双福寺正殿
（资料来源：《神奇的双合尔山》）

议：在双合尔山巅上建一座白塔，并藏活佛之舍利；1734 年（清雍正十二年）依北海白塔的形状，在双合尔山巅建了一座白塔。1736 年（清乾隆元年），科左后旗札萨克决定将四方大庙移址到双合尔山南麓，札萨克迁址吉尔嘎朗。新建寺庙清廷赐名“双福寺”，因其建在双合尔山脚下，人们常习惯称双合尔庙。庙建成后有正殿、东西配殿及后殿，并有围墙。正面有门厅，院内有钟鼓楼和四大天王庙。后几经扩建，双合尔庙拥有 356 间房舍的大庙，成为科左后旗规模最大的寺庙，鼎盛时期喇嘛人数达到 1300 多名。“文革”中，该庙建筑全部被拆，材料用作他用。从旧时影像中，可以看出其主庙正殿为一座汉藏结合式殿堂（图 4-61），门廊二层檐下施以斗栱。

八、根丕庙正殿

根丕庙位于赤峰市阿鲁科尔沁旗北部巴彦包力格苏木境内，清代为昭乌达盟寺庙，其背靠群山腹临平川，始建于 1815 年（清嘉庆二十年），杨松活佛第二世巡游各地，路过这里，看到此地山势险峻、地势平坦、森林密布、水草肥美，便选定此地建庙。寺成，清廷赐名“广佑寺”，寺院昌盛时喇嘛数有 320 名。

根丕庙在“文革”期间曾被捣毁，从旧时影像可见其正殿为汉藏结合式（图 4-62）。现存的庙宇是 1981 年修复的，其规模只是过去的一部分。

九、千里庙正殿

千里庙，位于内蒙古自治区巴彦淖尔市乌拉特中旗，清代原是乌兰察布盟（今乌兰察布市）乌拉特西公旗旗庙梅日更召属庙，寺庙初建于 1743 年（清乾隆八年），该庙的第一世活佛为芒来，是乌拉特西公旗旗庙梅日更召的经师。年轻时曾到塔尔寺、拉卜楞寺、拉萨等地。同年，他率两位弟子西游，来到如今呼鲁斯太苏木境内前达门三峰山南麓的草原，见到一个叫“陶日木昆迪”的地方，该地方圆数里，比周边地势高很多，东侧不远处有一条小河，想在此地建一座庙，回梅日更召后，向活佛汇报了建庙事宜，获准建庙，得西公旗管旗章京乌兰陶桑支持并资助，请来工匠，在陶日木昆迪动工，建起三座大殿及活佛住所、喇嘛住所。梅日更召从青海请来吉祥天母神像作为该寺主供神，芒来为第一世活佛。梅日更召的莫日根活佛为该庙取名“广乐寺”，因该庙原址周边水草丰美，蒙古语将水草丰美之地称为“车力”，年久便叫成“千里庙”。

1825 年（清道光五年）夏，洪水冲毁了该庙的一些房屋。该庙喇嘛决定迁址，最后选定如今的吉日格朗图台地。喇嘛们将旧庙拆除，将拆下的旧砖瓦、木料运至吉日格朗图，次年春动工，用两年建起五座大殿及喇嘛住所。清道光年间新建的千里庙建筑风格为汉藏结合式。

笔者曾采访到幼时出家千里庙的孟克朝鲁老人，1955 年春天至 1958 年秋天，其在千里庙当了三年喇嘛，擅长绘画，凭记忆绘制了千里庙正殿建筑的大体形态，从图中不难看出这座汉藏结合式殿堂门廊为卷棚歇山式，经堂、佛殿皆为藏式平顶上建汉式歇山顶（图 4-63）。

图 4-62　根丕庙正殿
（资料来源：《阿鲁科尔沁三百年》）

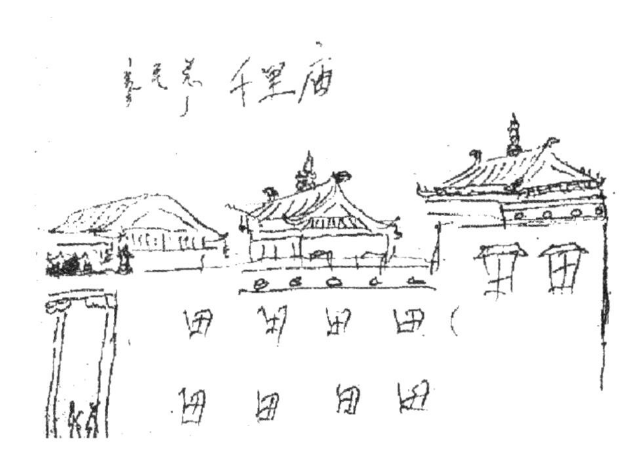

图 4-63　千里庙正殿
（资料来源：孟克朝鲁老人绘制）

图 4-64　甘珠尔庙—桑吉德莫洛姆庙（后面那座），前为占巴庙
（资料来源：网络）

十、甘珠尔庙桑吉德莫洛姆殿

甘珠尔庙距新巴尔虎左旗所在地阿木古郎镇西北 20 公里。清乾隆年间，新巴尔虎左右两翼总管楞登仁、都嘎尔二人，根据本部虽有 400 多名喇嘛但居无定所以及重大佛事活动难以集中举办为由，与呼伦贝尔副都统衔总管萨垒共同上报朝廷，请求建寺。获清廷批准后，择地新巴尔虎左翼的“宝彦布勒都”，于 1773 年（清乾隆四十年）破土动工。1784 年（清乾隆四十九年），寺成，清廷赐汉名“寿宁寺”，兴建之初，寺庙面积仅为 1000 平方米左右，后经清嘉庆、道光、咸丰等朝代的不断扩建，成为呼伦贝尔地区建筑年代最早、规模最大、影响最深的寺庙。据载，甘珠尔庙内外占地面积约 2 公顷，共建成 11 座庙宇、4 座庙仓，总建筑面积达 2500 平方米。主要有索克钦殿、占巴庙、汗庙、却伊拉庙、格色尔庙、农乃庙和朝克沁仓、农乃仓、婆格仓、却伊拉仓及葛根住宅及僧房 100 多间及蒙古包多顶。由于兴建之初，作为诵经的蒙古包中曾保藏过《甘珠尔经》，又因庙中珍藏《甘珠尔经》之早、之多原因，当地僧俗称为“甘珠尔庙”。因寺庙外墙都涂以暗红色，甘珠尔庙又有“巴尔虎乌兰（红色）甘珠尔庙”之称。呼伦贝尔境内所有藏传佛教寺庙均为其属庙，不仅为新巴尔虎左右两翼的寺庙，同时是呼伦贝尔地区藏传佛教寺庙的总本山，而其自身据说是青海拉卜楞寺的属庙。

“文革”期间，该庙建筑全部被拆，材料用作他用。甘珠尔庙建筑主要以汉式风格建筑为主，只有一座殿堂建筑为汉藏结合式——桑吉德莫洛姆殿（图 4-64），位于占巴庙后，于 1930 年（民国 19 年）新巴尔虎右翼镶红旗达喇嘛毕力德（扎）自愿捐资修建。该庙又称“闯隆庙”或“东和尔庙”，“东和尔”又称“洞阔尔”，即“时轮金刚”之意。庙内供奉时轮金刚，属密宗殿堂。

十一、喇嘛库伦庙方形配殿

喇嘛库伦庙位于锡林郭勒盟东乌珠穆沁旗乌里

图 4-65　东乌珠穆沁旗喇嘛库伦庙方形配殿
（资料来源：《内蒙古古建筑》）

雅斯太镇，又名集惠寺、施集庙，始建于 1783 年（清乾隆四十八年），是蒙古地区喇嘛教“三大库伦”之一[1]。“库伦”为蒙语，寺庙院墙的意思。喇嘛库伦庙的创始人是罗桑贡措热西活佛，当时率二十名弟子从尊称“上师庙”的乌兰哈拉嘎庙来到道劳德山，搭建起几座蒙古包，并在蒙古包四周垒筑围墙，众僧在蒙古包内集会诵经，“喇嘛库伦”因此得名。

喇嘛库伦庙是大昭寺传密宗的大乘、密宗、医学、阴阳等四学的中心寺院，鼎盛时期有 1500 多名僧徒，下设四个寺院、三个和林、二十五个庙仓、五大院、二十多座殿堂庙房。1796 年（清嘉庆元年），清廷赐名“集惠寺”金字匾额和 51 名度牒喇嘛编制。

1930 ～ 1931 年，九世班禅曾二次莅临该庙。1956 年以后，喇嘛库伦庙曾一度作为东乌珠穆沁旗政府的办公所在地，成为东乌珠穆沁旗的政治经济文化中心，“文革”期间寺庙全部被毁。1992 年在原址上新建寺庙，2004 年东乌旗发生地震，喇嘛库伦庙损坏严重，后实施修缮工程，于 2006 年 10 月全部竣工。

本张图片选自张驭寰编写的《内蒙古古建筑》一书中，图片名称为喇嘛库伦庙方形配殿，没有记录殿堂的具体名称，但从图片上看，其建筑风格为汉藏结合式（图 4-65）。

十二、恩格尔毛敦庙正殿

恩格尔毛敦庙位于锡林郭勒盟苏尼特右旗额仁淖尔苏木以北 4 公里处脑木图敖包脚下。据说，从前，在脑木图敖包一带有个叫代青诺彦的富人，为他们放羊的苏德日太老头有个儿子叫鲁布桑贡楚嘎。有一天鲁布桑贡楚嘎放羊时，突然来了一位不熟悉的托钵僧给了他一个木海螺，从此以后他一心想当喇嘛。后去西昭当了喇嘛，66 岁时返回家乡，1834 年（清道光十四年）左右建立了恩格尔毛敦庙，藏名“沙达波达日扎浪”。

二世活佛鲁布桑都布丹达日扎 20 岁在拉布朗庙学习佛经，21 岁时去大库仑学佛经，22 岁时到五台山、塔尔寺学佛经，1905 年（清光绪三十一年），

图 4-66 恩格尔毛敦庙远景
（资料来源：《苏尼特右旗文物总集》）

[1] 原哲里木盟（今通辽市）的库伦旗与清时锡林郭勒盟乌珠穆沁库伦旗（今东乌旗所在地）和外蒙古喇嘛库伦（今蒙古国乌兰巴托）被称作小库伦、中库伦、大库伦。

回到恩格尔毛敦庙建立朝克沁殿。三世罗布桑珀尔莱建朱都巴殿。

1906年（清光绪三十二年）时，恩格尔毛敦庙将近有300名制嘛。寺庙有大雄宝殿、朱尔殿、朱都巴殿、张杭殿、古湿活佛殿、古湿活佛的拉布隆、住宅房16间。1945年左右该庙的财产大畜有400头，小畜有1500只，蒙古包23座，曼扎仓、朱尔仓、玛尼仓、亚日乃仓、甘珠尔仓、古湿活佛仓等库房。

“文革”期间被毁。从旧时影像推断其正殿应该为一座汉藏结合式殿堂（图4-66）。

十三、广宗寺诸殿

广宗寺位于阿拉善左旗境内贺兰山主峰巴音森布尔44西北侧一个群山环抱的宽阔地带，地势高低错落，面积约9.4平方公里，周围树木成荫，南有溪水，终年不断。藏名为“噶丹旦吉林”，意为“兜率广宗洲”。俗称南寺。1760年（清乾隆二十五年）清廷为该寺赐名“广宗寺”，授给镌有藏、满、蒙古、汉四种文字寺名的乾隆御笔金匾。

因寺中供奉有六世达赖喇嘛灵塔，在当地宗教地位极高，寺院发展得到了旗札萨克的强有力支持和广大施主群众的大量资助，其下设四大札仓，分别为法相僧院（藏语称参尼扎仓）、密宗僧院（也称续部僧院、阿格巴札仓或卓德巴札仓）、时轮僧院（丁科尔札仓）、医药僧院（满巴札仓）。1760年（清乾隆二十五年）广宗寺的庙宇僧舍只有197间，至1869年（清同治八年），已达到2859间，据说僧侣人数也增加到一千五百名。广宗寺周围的瞻卯山、额尔德尼召和距寺较远的道布吉林三座小庙由南寺管理。其子庙或属寺有昭化寺（朝克图库热）、承庆寺（门吉林）、妙华寺（图克木）、沙尔子庙、查干高勒庙，以及甘肃天祝的石门寺（嘉格隆）等，它们的堪布（法台）或由南寺喇嘛担任，或由本寺提名后由南寺任命。大喇嘛、掌堂师（格斯贵）等主要僧职均由本寺提名后由南寺批准任命。

“文革”期间寺院被毁。从旧时影像，可以看到广宗寺曾有汉藏结合式殿堂存在，但具体殿堂信息不明（图4-67）。

十四、福因寺麦德尔庙及切林召正殿

福因寺位于阿拉善左旗境内，贺兰山北段，周围群山环抱，属山坳建寺形式。

1796年（清嘉庆元年）道布增霍图格图罗布生旦毕关布（格里格坡力吉）从西藏回到阿拉善后，见延福寺重新制定法事戒律而效果不佳，便从延福寺藏尼德达增带走众僧徒，1799年（清嘉庆四年）在定远营城（现巴彦浩特）以北“浩太”地方建造了简易的两座小经殿，主持了几年法会。是年，清延封他为“道布增霍图格呼坎布”，并赏给“嘎舒格”玉书。此后他又在京城先后两次参加了“通力”法会，受皇帝的真诚恩赐后，决心扩建寺院。后受到神启，在阿拉善亲王旺庆班布尔的支持下，在“巴彦高勒”

图4-67 广宗寺远景
（资料来源：《内蒙古古建筑》）

的地方兴建寺院。1804年（清嘉庆九年），从延福寺分出60名僧侣，注册该寺，寺名为“米潘木却林”，照搬青海“阿拉腾寺”（意为金寺）的规程进行法事活动。1806年（清嘉庆十一年），阿拉善第五代王玛哈巴拉上报于理藩院，理藩院御赐以四种文字书写的“福因寺”匾额，俗称为“北寺”。

寺院不断扩建，僧侣达百余名。1855年（清咸丰五年）建筑99间大殿，同时又扩建了藏尼德殿、塔尔尼殿，以及诸多拉布隆、仓吉斯等。到1933年（民国23年）福因寺占地面积约为0.3平方公里，有11座大型经殿，4座拉布隆，5座吉斯等集体建筑719间，僧侣私房779间，共计为1498间。

该寺为阿拉善八大寺之一，其属寺有方等寺、呼尔木图庙、敖套海庙、查拉格尔庙、色勒庙、达里克庙、白塔寺、博尔图（博尔斯图）印塔寺大小八个寺庙。

1869年（清同治八年），北寺首次遭毁。1877年（清光绪三年）由于道布曾呼图克图的努力，部分殿堂始获修复。1932年（民国21年），阿拉善第十代王达理扎雅又捐资修缮了朝克沁独宫（大经堂），使这座拥有99间三层楼宇的殿堂比以前更加宏伟壮丽。新中国成立前该寺仍有370余名僧侣。“文革”中，寺庙夷为平地，直至1982年，始复建。

关于福因寺汉藏结合式殿堂图片选自张驭寰编写的《内蒙古古建筑》一书，从一张远景图片中，可以看到福因寺汉藏结合式殿堂数量不在少数（图4-68），另有两张较为清晰的汉藏结合式殿堂图片，两座殿堂名称为麦得儿庙正殿（图4-69）、切林召正殿（图4-70），从名称看前者所供主尊为弥勒佛。

图4-68 福因寺远景
（资料来源：《内蒙古古建筑》）

图4-69 福因寺麦德尔庙正殿
（资料来源：《内蒙古古建筑》）

图 4-70 福因寺切林召正殿
（资料来源：《内蒙古古建筑》）

十五、达西劫灵庙诸殿

达西劫灵庙，蒙古语“乌力吉呼都格图瑙敏素木”，汉译为吉祥法音寺，清代为额济纳旗寺庙。1751 年（清乾隆十五年），额济纳第三代贝勒罗伯森达日查在查干赛日修建达西却灵庙，俗称“东庙”。

据 1866 年（清同治五年）人口资料记载，该庙喇嘛人数达 532 人，后因历史原因先后搬迁七次。1946 年（民国 35 年），该庙有活佛拉布隆、朝克沁经堂、甘珠尔经堂、护法神殿等大型建筑。1949 年，该庙仍有 77 名喇嘛，“文革”期间寺庙被毁坏，1984 年落实党的宗教政策后，在聪都勤因赛日重新修复寺庙，恢复正常宗教活动，后来殿堂又塌方。1994 年在达来呼布镇重建寺庙，现寺院内有朝克沁经堂、活佛拉布隆、护法神殿各一座，僧舍、时轮塔、如来八塔等建筑，建筑面积达 1870 平方米，占地面积 8240 平方米。现有活佛一人，喇嘛 22 人，信教群众 4000 多人，是额齐纳旗规模最大的宗教活动场所。从旧时影像不难看出，寺院中一些重要殿堂皆为汉藏结合式，寺院气势宏伟（图 4-71）。

十六、慧丰寺正殿

慧丰寺坐落在今通辽市科左中旗巴音塔拉镇巴音温都尔嘎查，始建于 1648 年（清顺治五年），是原哲里木盟（今通辽市）知名寺庙之一。鼎盛时期有 700 余名喇嘛，该寺住持活佛转过七世。寺院曾有天王殿、苏克勤殿、纲散殿、拉桑殿、韩东哈穆孙殿、多尔吉哈穆孙殿、浩日老殿七大殿和葛根楼、庙仓等配套殿阁。

据《寺记庙志》记载，慧丰寺的建立与清朝皇室公主下嫁有关。清代，随着“满蒙联姻”的继续延伸，很多满族公主格格下嫁到蒙古草原。按照清朝政府的规定，公主下嫁时皇室必陪送金佛一尊。慧丰寺最早的建立者是固伦端贞长公主达哲。她是清太宗皇太极三姑娘，其母是从科尔沁走出的大清第一后孝端文皇后。1639 年（明崇祯十二年，清崇德四年），下嫁给科尔沁多罗郡王奇塔特。

1648 年（清顺治五年）固伦端贞长公主在巴音塔拉哎勒多罗郡王府东侧五里，希拉木沦河北岸雄伟的大坨子上方建了一座只有三间屋子的佛殿，供奉自己从皇宫请来的释迦牟尼佛金像，该庙即慧丰寺的前身；后又在三间佛殿东南方巴音温都尔高坡上新建藏式二层佛殿——纲散殿，并把金佛移至大殿供奉。之后又在纲散殿大门处建天王殿，在紧挨纲散殿处新建屋顶为二波纹状的四十丈苏克沁殿，这次扩建使得寺庙规模得到了很大发展。清廷赐名“极乐集福寺”，又俗称阿贵图召。

图 4-71　达西劫灵庙远景
（资料来源：《民国阿拉善纪事》）

图 4-72　慧丰寺正殿
（资料来源：《亚细亚大观》）

1707年（清康熙四十六年），多罗郡王奇塔特孙般第娶康熙皇帝养女纯禧公主（其正式身份为康熙帝弟弟恭亲王常宁之女，科左中旗人俗称其为姑娘公主）时，为供奉纯禧公主所带来的又一尊纯金佛像，在极乐集福寺东边一里地坡上又新建一处庙宇，取名为“集福法轮寺”，寺庙一切事物也由极乐集福寺大喇嘛管理。当地人根据地理位置，分别称两寺为“东寺”（集福法轮寺）和“西寺”（极乐集福寺），东寺为多罗郡王的家庙，西寺为多罗郡王的王庙。1808年（清嘉庆十三年），第八代多罗郡王栋默特奏请清廷祈求寺名。清嘉庆皇帝批准极乐集福寺改为慧丰寺，并赐御书满、蒙古、汉、藏四体文金字匾，同时赐嘉谱度牒。

1841年（清道光二十一年），慧丰寺五世主持大喇嘛在苏克沁殿西侧新建拉桑殿（密宗殿），1845年（清道光二十五年）又在东庙建了一处拉桑殿。六世主持大喇嘛执政时期把拉桑殿扩建为八十一间大殿。1915年（民国4年），又把东庙讲经殿扩为九九八十一间大殿。1919年（民国8年），为褒奖六世主持大喇嘛功绩，第十代多罗郡王纳兰格埒勒奏请旗扎萨克王爷那木吉勒色冷，以旗扎萨克名义修缮修复慧丰寺各大殿。

慧丰寺在后世战乱、政治运动中，极尽摧毁。目前只能从旧时影像中看到其寺院规模一角，其正殿（即朝克沁殿）为一座形制奇特的汉藏结合式殿堂（图4-72）。

第四节 本章小结

大召的建造时间正值西藏佛教格鲁派积极向外寻求发展时期，在其之前西藏已陆续建成“格鲁派四大寺”，也已出现了汉藏结合式的建筑形态，格鲁派寺庙的一些规格也已基本确定。但由于地域环境及地区营造技术的差异，寺庙建筑形态在西藏佛教东传蒙古地域的过程中仍然出现了变体。

大召正殿是蒙古地区汉藏结合式殿堂形态的开篇之作，总体上是一座以汉式建筑结构为骨架，藏传佛教理念为内核杂糅而成的宗教殿堂建筑，反映出不同文化的过渡和融合。蒙古人在空间形制严格恪守格鲁派教义主旨下，建筑采用汉地宫殿建筑形式加以灵活实现，虽取法于藏地，但却表现出蒙古地域的另类特征，从形式上已完全不同于藏地汉式建筑与藏式建筑的简单叠加，并在其后的发展过程中表现出极强的生命力。此类型建筑形式一经产生，即成为蒙古各部建寺争相仿效的对象，遍及蒙古各部，因此也成就了蒙古地域寺庙建筑中一种独特的建筑类型，成为蒙古高原上宗教建筑艺术中的突出代表，同类型的殿堂建筑在体量、规模、形式上多有变化，衍生出众多形式，但其核心本质皆未脱离大召汉藏结合式正殿的影子。可以说，大召是一件由蒙古贵族主持、汉地工匠主要营造、藏地僧人指导下合多方之力完成的建筑作品，对其建筑艺术的解读对于蒙古地区宗教建筑史发展研究具有重要意义。

通过资料收集、田野调研汇总了内蒙古地区大约50座汉藏结合式寺庙殿堂信息，这其中包括34座现存的汉藏结合式殿堂信息，同时还包括超过15座已经消失的汉藏结合式殿堂信息，因其中一些旧时影像只能显示寺院建筑状况，无法获知具体殿堂信息，我们从中只能确定其寺院曾经具有汉藏结合式殿堂。另外由于时间关系以及资料查阅的广度关系，尤其对于已经消失的汉藏结合式寺庙殿堂的收集整理情况还远远不够，但是通过本章对内蒙古地区汉藏结合式殿堂历史信息的梳理，从其分布上可以看出，清代内蒙古的六盟诸旗、西套蒙古二旗以及呼伦贝尔地区普遍存在汉藏结合式殿堂，尤其是东三盟，因为汉藏结合式殿堂遗存较少，以往通常被认为汉式殿堂风格在此处为藏传佛寺的主体风格，汉藏结合式殿堂只是少量存在，随着更深入、更广泛的资料查阅研究，在这方面可能会出现新的观点。还有很关键的一点，通过现存及消失的汉藏结合式殿堂图像结合比对，此种殿堂建筑类型的地区特征逐渐清晰，为后面章节的具体研究提供了宏观思路。

汉藏结合式

第五章 内蒙古地区汉藏结合式寺庙殿堂建筑形制

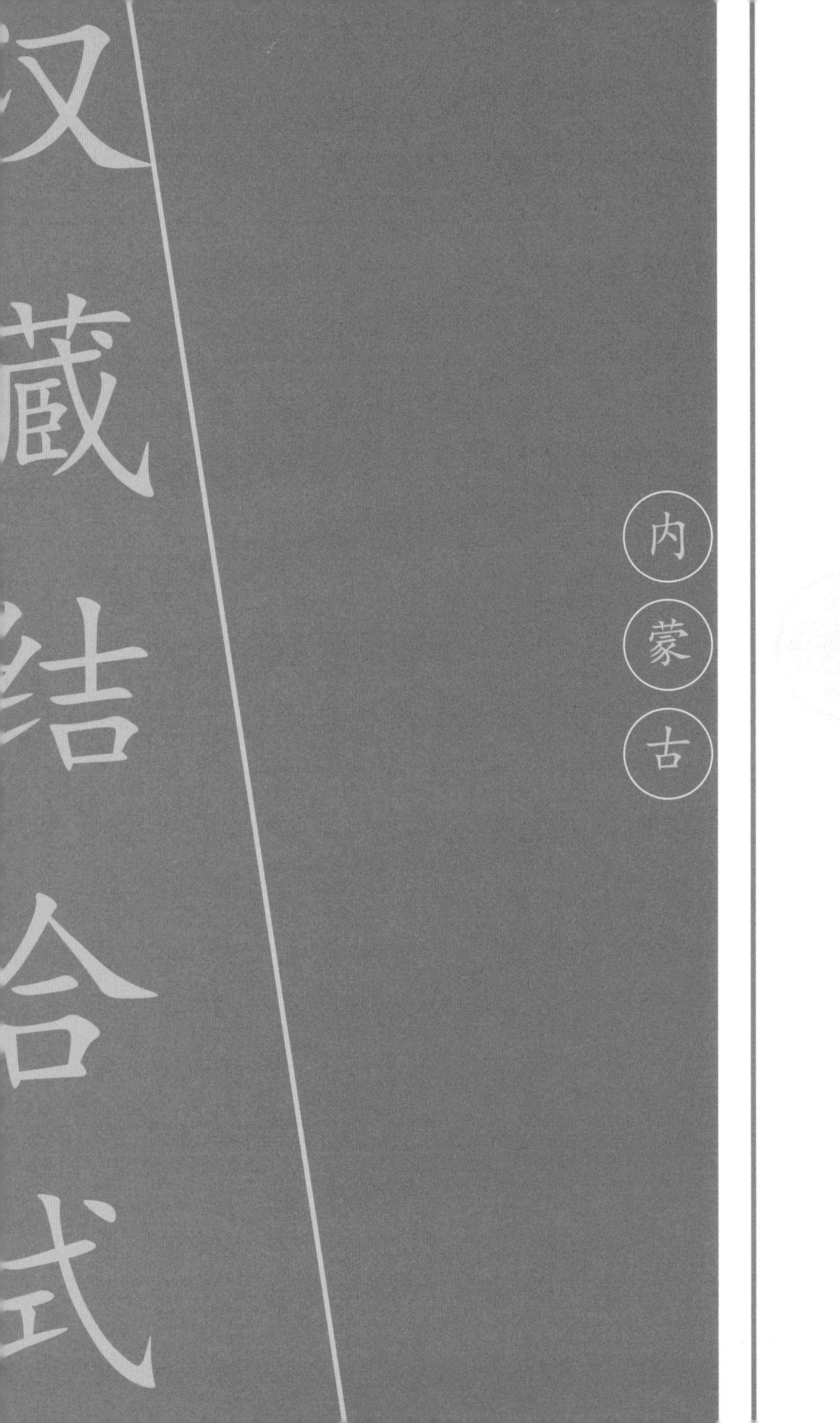
汉藏结合式
内蒙古

对于内蒙古地区藏传佛教寺院中的汉藏结合式殿堂，无论自身承担何种功能，其都位于寺院中的重要位置，承担着重要的角色职能。由于其建筑承载着两种不同的建筑体系文化，并且在营造过程中受到不同外界力量的影响，使其成为整座寺院中最具丰富变化的建筑形态。

第一节 汉藏结合式殿堂在寺院中的角色职能

在内蒙古地区藏传佛教寺院中，汉藏结合式殿堂通常是进行诵经法会的主要场所。不同时间由于所诵经文不同，诵经地点也不同。以大召为例，每月初二诵《吉祥天母经》、《大威德金刚经》，这些属于护法经中的内容，诵经地点在乃春殿；每月初八诵《药师佛经》，十五诵《护法经》，二十五诵《金刚经》和《平安经》，诵经地点在中路正殿。汉藏结合式殿堂主要有以下空间角色职能：

一、正殿

正殿位于整座寺院的核心位置，体量巨大，装饰华丽。其地位等同于甘青藏地区藏传佛教寺院中的措钦大殿（大经堂），是寺院中最高一级组织，其他组织机构皆隶属于此，其职能是全寺僧众聚集一堂举行法事活动的空间场所。在西藏地区，措钦大殿内部往往包括经堂和佛殿多重功能，在青海地区，常见经堂与佛殿分建，佛殿在经堂一侧的现象。措钦大殿的人事机构由赤巴堪布（法台）1人，吉索（寺院大总管）2～4人、措钦协敖（寺院大铁棒喇嘛）2人、措钦翁则（大经堂领经师）1人组成，负责管理寺院的政教事务。内蒙古地区的汉藏结合式殿堂建筑形式是直接仿藏地的藏汉结合式金顶建筑而来，但在内部空间上存有变化，植入了汉式佛寺的一些空间特征，其地位、意义犹如藏地佛寺中的措钦大殿，又如汉地佛寺中的大雄宝殿。

此类建筑往往在寺庙初建时就存在，之后随着寺院的发展和需要，往往会发生改建、扩建甚至重建现象。如位于包头市的美岱召汉藏结合式正殿，据文物部门测绘，其佛殿为明代所建，但佛殿前接经堂则为清代加建；位于呼和浩特市的席力图召古佛殿最初为席力图召前身寺庙的正殿，建筑为汉式风格。席力图呼图克图一世掌印寺庙时，成为席力图召的正殿。但后来随着席力图呼图克图四世对寺院的大规模扩建，在原有寺院的东侧重新建立寺院的中路轴线，建造了体量巨大的汉藏结合式大经堂及汉式佛殿，而原有的古佛庙院落成为西跨院；位于通辽市库伦旗的兴源寺在1719年（清康熙五十八年）至1724年（清雍正二年）的六年时间里，寺院进行了大规模修缮和改扩建，其中将原有正殿位置向前延伸，扩建为面阔九间，进深九间，成为“九九八十一间”的正殿。1899 年（清光绪二十五年），再次对正殿进行较大规模地改建和增建，使之成为汉藏结合式二层建筑。

汉藏结合式正殿由于其建筑体量巨大，内部空间宽阔，在非常时期往往被作为仓库使用，因此保留数量最多，相对于其他殿堂，保存较为完好。如美岱召正殿曾被作为军需粮库；希拉木伦召（普会寺）正殿最初被改作剧院；后又作为仓库。大召正殿在“文革”时期被当作友谊服装厂的仓库，由军队看管，因此殿内的佛教珍品才得以保存。

二、护法殿

护法殿在藏传佛教寺庙中的地位非常特殊，属密宗殿堂。护法神系列的出现应归功宁玛派的莲花生大师。宁玛派认为是莲花生大师使佛教在藏族地区生了根，得到王室的支持，逐渐在藏区取得了主宰地位。在后期朗达玛灭佛时期，莲花生大师将苯教里崇拜的神吸收到佛教里，增加了一个神的系列，叫作“护法神”——“却迥”，这个护法神没有定额，可随时增加，其功能是保护佛教。

在藏族聚居地区的佛教寺庙中多有护法神殿，被称为“乃琼（崇）殿”。在传入蒙古地区后，由于音译问题，出现变化。如现存清康熙年间建的大召乃琼殿，被称为“乃春殿”，其内部供奉白哈尔五身神。佛事活动仪式除诵经外，有请乃琼（崇）

活动，俗称顶神官，蒙语谓请沙靠斯，译意即请护法神。但凡大的寺庙一般都有乃琼（崇）殿，为专供沙靠斯的地方。每当经会期间，总要虔诵经咒，请沙靠斯。初由乃琼（崇）庙出时，必先给正殿的佛像及活佛顶礼膜拜，活佛告诫以谨慎护法后，沙靠斯在距佛像稍远处，受僧俗瞻拜。其间或也给人治病，最后巡阅全寺。如发现不善之事，即训斥执事喇嘛。巡阅毕，仍返乃崇庙而罢。如经会期有迈达尔出巡和送巴令之礼，沙靠斯也必护送，以尽其责。在跳查玛的仪式中，有请乃琼之说，用于占卜福祸，解决本寺一切疑难。①藏传佛教中的护法神在宗教等级上分为世间护法神和出世间护法神，依其相貌又可分为善相和怒相两类。世间护法神地位较低，尚没有出离三界，如常见的白哈尔、具力金刚、大梵天、善金刚、长寿五仙女等皆为世间护法神，数量较多，是护法神的主要组成部分。相比之下，出世间护法神数量较少，主要有吉祥天母、大黑天、多闻天王、黄财神、地狱主等。二者皆可作为众生密修依止的对象。

汉藏结合式的护法殿存世不多，建筑体量小于正殿。除呼和浩特市大召乃春殿外，还有阿拉善盟延福寺三世佛殿前东、西相对的两座护法殿，一座为吉祥天母殿，主尊供奉吉祥天母；一座为白哈五王殿，主尊供奉白哈尔神，这些护法殿通常建造于寺院扩建过程中，如大召乃春庙于清康熙年间大召扩建西路建筑时建造。此外，乌素图召庆缘寺汉藏结合式正殿内供五世佛，东西墙面绘满十六位护法神像，其护法殿兼正殿的属性不可忽视。

三、扎仓殿

藏传佛寺内有严格的习经制度，设有专门研究佛学学科的学院，藏语称为“扎仓”。一般寺院仅有一个扎仓，但有的小寺是隶属在某大寺扎仓下管辖，这就形成了主寺、分寺的关系。一座较大型寺院有几个扎仓分别研习各类佛学、医学、因明学、数学等，它们的经济是独立的。每个扎仓有一座能容纳扎仓僧众习经的聚会殿（藏语称“杜康”，习惯也称经堂），此外还有佛殿、管理用房、库房及僧人住房等内容。通常会设有显宗、密宗、天文、医明四大扎仓。

四、其他

除上述汉藏结合时殿堂两种职能外，还有一类，不易归属，单辟一类。如鄂尔多斯市准格尔召观音殿，其建筑体量不大，单层藏式结构，屋顶中心升高，设歇山顶；准格尔召的舍利殿汉式梁架结构，围以藏式围墙，上述二者职能不具有普遍性，应该是在地区宗教传播发展过程中，产生的一种另类建筑形式。从准格尔召现存的一些殿堂名称，如五道庙，可看出藏传佛教寺庙在发展过程中纳入了很多汉传佛教寺庙职能的殿堂。

第二节 汉藏结合式殿堂的空间组织及平面形制

内蒙古地区汉藏结合式殿堂主要涉及门廊、经堂、佛殿及室外转经廊道空间几部分，其空间组织关系及平面形制在发展中呈现出不同特征。

一、汉藏结合式殿堂的空间组织

内蒙古地区汉藏结合式殿堂内部空间组织上主要是经堂和佛殿空间的关系处理，遵循“一经堂一佛殿”、“前经堂后佛殿”的空间顺序。与西藏的“一经堂多佛殿”及青海的经堂、佛殿分建有所不同。门廊承担着由外向内过渡空间的作用。室外转经廊道常围绕佛殿设置，也出现了围绕经堂、佛殿一体的室外转经廊道。

这种门廊、经堂、佛殿构成的三点一线空间组织关系在内蒙古中部、中西部地区现存的汉藏结合式殿堂中出现的频率非常高（图5-1）。一座建筑

① 唐吉思，蒙古族佛教文化调查研究，席力图召部分。

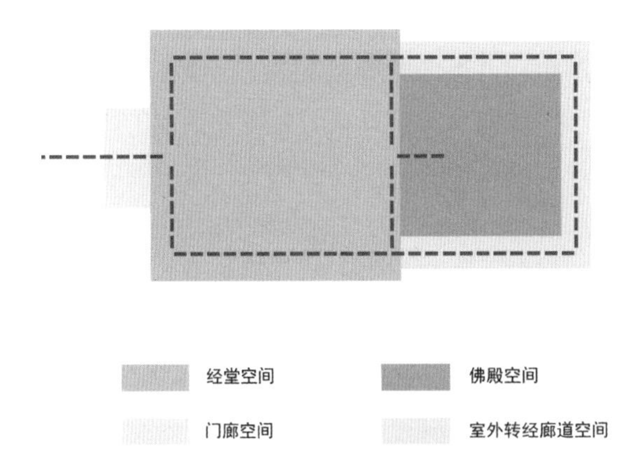

图 5-1　门廊、经堂、佛殿串联空间模式

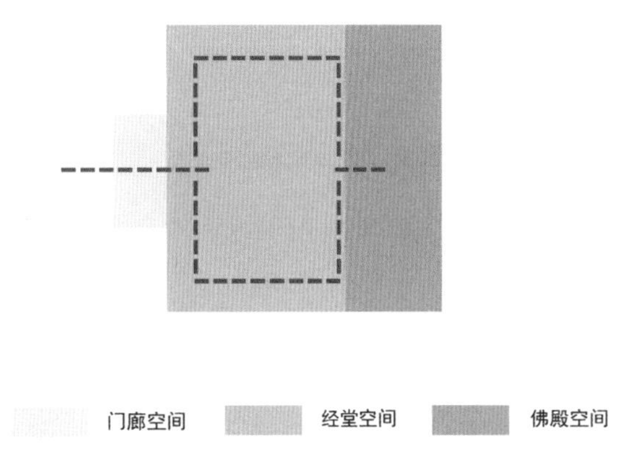

图 5-2　经堂、佛殿合一空间模式

往往由三个空间串联接合而成，从侧面看，整座建筑呈狭长的条形视觉效果，建筑体量庞大。室外转经廊道围绕佛殿，常可见到“U”形的虚空间，早期从经堂后墙的两侧角隅开小门，与室外转经廊道相连。后期在发展过程中，这一空间逐渐丧失功能性，直至取消，并出现室外转经廊道拓展到围绕经堂部分，形成整体的围绕正殿绕行廊道，这一发展过程中，虽然出现了经堂与佛殿分建的现象，但间距很近，空间组织关系并没有变化。

随着藏式殿堂特征在蒙古地区的强化，内蒙古地区的一些纯藏式和汉藏结合式殿堂逐渐出现了经堂、佛殿合一现象。18 世纪建造的西藏格鲁派小型殿堂多用此制，前部用作诵经区，后部作供佛礼拜区（图 5-2）。在内蒙古地区藏传佛教寺院，这种形制被用于各处殿堂，如美岱召的乃琼庙、梅日更召护法殿、五当召却伊拉殿，这些纯藏式殿堂都采用此制。经堂、佛殿合一的汉藏结合式殿堂空间组织形制多出现在内蒙古西部地区，阿拉善盟的延福寺正殿、巴丹吉林庙正殿、达里克庙正殿、昭化寺正殿为典型案例。

较之上述横向空间组织关系而言，空间纵向组织关系相对简单。门廊、经堂通常为二层，甚者一些殿堂在局部区域设计三层。通往二层的楼梯往往设置在经堂入口的一侧，楼梯高而窄，上至二层，围绕经堂垂拔空间区域或设置围墙或栏杆，形成“回”形室内二层转经道，外侧沿墙设置一系列小型佛殿或其他用房，是藏式都纲法式的体现。佛殿与经堂在纵向空间关系上无交集，表现独立。

二、汉藏结合式殿堂的平面形制

内蒙古地区汉藏结合式殿堂内部空间主要包含经堂和佛殿两大功能内容，门廊作为衔接内外空间的过渡空间，与经堂连为一体，三者之间的平面关系处理，使得内蒙古地区的汉藏结合式殿堂建筑平面衍生出了多种平面形式。

（一）类型 A

此类平面形式是内蒙古地区汉藏结合式殿堂最初的平面布局，第一座建造的汉藏结合式大召正殿即为此种形式，建于 1579 年（明万历七年）。其一层平面特征：门廊外凸，经堂与佛殿连建，经堂平面表现为纵长方形（实际经堂应是方形，只是将佛殿前廊柱纳入经堂空间），佛殿平面呈方形，经堂一层平面面积大于佛殿，在经堂北墙两角隅开小门，通向佛殿外围的转经廊道，殿内柱用减柱、移柱之法，殿内柱式为汉式圆柱（图 5-3）。

这种平面布局形式在随后建造的同类型建筑中出现了一系列变化。与大召建寺时间接近的乌素图西召（庆缘寺）正殿一层平面依然延续大召的既有

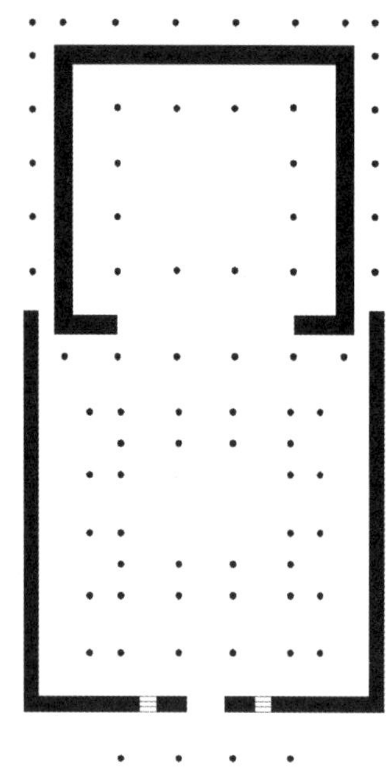

图 5-3　大召正殿一层平面示意图

平面形制，但在入清后的几座寺庙殿堂的兴建、改建过程中，上述平面形式发生了一些变化：经堂后墙的小门被取消或被封堵，佛殿外廊道的转经功能被取消，如美岱召正殿一层平面、席力图召古佛殿一层平面（图 5-4）、大召乃春殿一层平面（图 5-5）、乃莫齐召正殿一层平面皆属这种情况，包括已经不存的弘庆召、小召正殿，从旧时影像，也可大约判断出其内部平面情况应属此种情况。

这些殿堂的建造、改建时间基本在明末至康熙年间，从各殿堂平面布局的相似性可以判断这种殿堂平面是这一时期土默特地区营建汉藏结合式殿堂时基本固定的平面样式，其参考模板毫无疑问来自大召汉藏结合式正殿平面。

（二）类型 B

在发展过程中，随着藏传佛教在蒙古地区的广泛传播，藏地传统寺庙殿堂建筑特征逐渐传入蒙古地区，寺庙殿堂开始注重体现藏式特征，除了忠实地植入藏式传统寺院殿堂建筑形式，同时在汉藏结合式殿堂中开始增大藏式元素比例，如藏式柱、藏

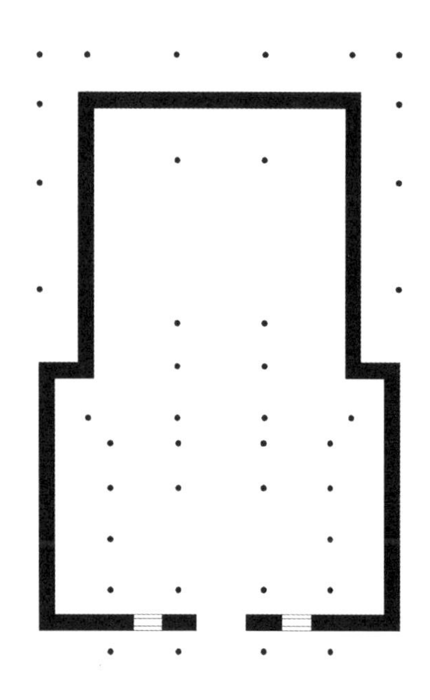

图 5-4　席力图召古佛殿一层平面示意图

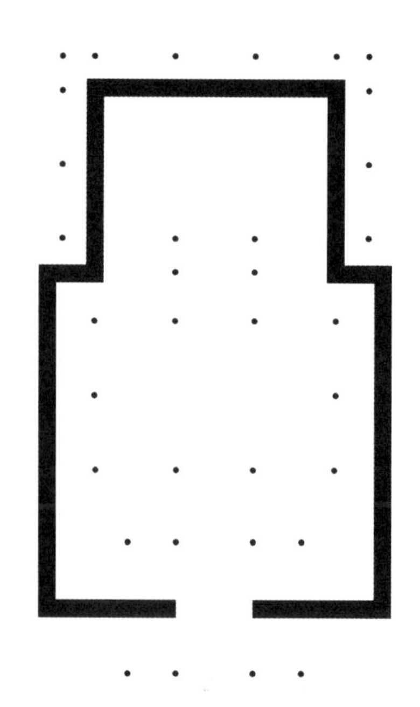

图 5-5　大召乃春殿一层平面示意图

式梁架，并针对小型殿堂及大型殿堂出现了早期不同的过渡对应方式。

1. 小型殿堂

对于这一时期一些规模较小、等级较低的寺庙殿堂，其平面整体仍保留着类型A的一些特征，如经堂中虽然柱子减少，仍存在减柱法，但在佛殿部分，却出现了较大变化，平面由早期方形转变为横长方形，这种平面形状的改变，导致佛殿建筑形态发生变化，形成多种可能。如乌素图召法禧寺正殿的佛殿建筑部分是四角攒尖顶与藏式平顶的结合，包头召佛殿为硬山顶建筑，由于建筑体量关系，这些佛殿建筑部分均未能实现如类型A中的歇山顶建筑效果，自然也不会出现廊柱托举屋檐后形成的转经廊道效果，室外转经功能逐渐被取消，门廊柱开始出现藏式柱。

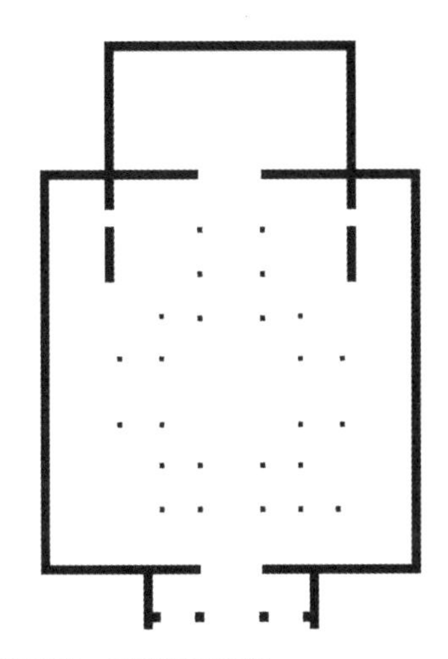

图5-6 包头召正殿一层平面示意图

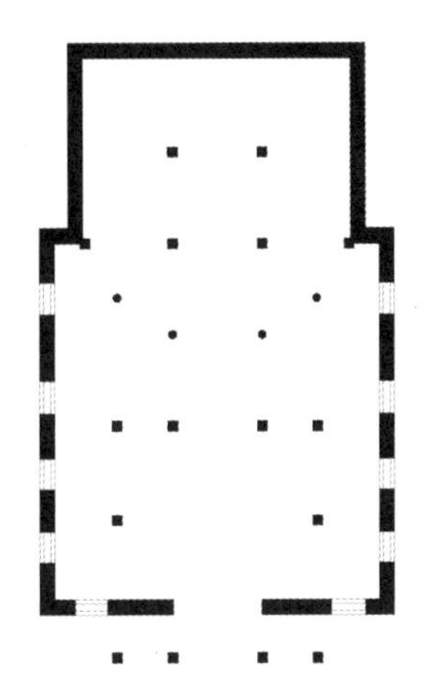

图5-7 乌素图召法禧寺正殿一层平面示意图

（1）典型代表：包头召正殿——清康熙年间（图5-6）。

包头召为土默特右翼蒙古巴氏家族家庙。其一层平面特征：门廊外凸，柱式为藏式。经堂与佛殿一体连接，经堂接近正方形，佛殿变小，呈横长方形，经堂、佛殿面积有较大差异，在经堂北墙不开门，无转经廊道，但经堂中仍有减柱法出现，经堂、佛殿柱式皆为汉式圆柱。

（2）典型代表：乌素图召法禧寺正殿——清雍正年间（图5-7）。

法禧寺为乌素图召的一座属庙，本身为一座药王庙。其一层平面特征：门廊外凸，柱式为藏式。经堂与佛殿一体连接，经堂接近正方形，佛殿变小，呈横长方形，经堂佛殿面积有较大差异，在经堂北墙不开门，无转经廊道，但殿堂中仍有减柱法出现。有一点值得注意，此时内部空间中柱式已不再是单纯的汉式圆柱，开始出现藏式柱，说明在柱式上已开始出现由汉式圆柱向藏式柱的转化迹象。

2. 大型殿堂

对于这一时期一些规模较大，等级地位较高的寺庙殿堂，随着僧众的增多，拥有大型经堂空间成为首要使用需求，在继续保持类型A的一些平面特征基础上，将经堂部分改为藏式柱网排列形式，早期的汉式寺庙中采用的减柱、移柱法被取代，但柱式方面仍保留汉式圆柱特征，这种方式很好地解决了僧众多、空间小的问题，但限于寺院等级，这时的一些寺院将经堂间数控制在49间。佛殿建筑为了配合经堂部分，因此体量也随之增大，仍采用宗教建筑屋顶的最高等级歇山顶来表达佛殿的地位崇高，佛殿外围的转经廊道仍然存在。

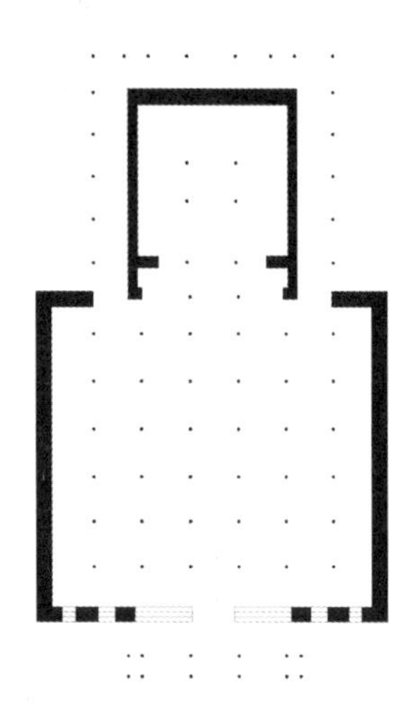

图 5-8　百灵庙正殿一层平面示意图

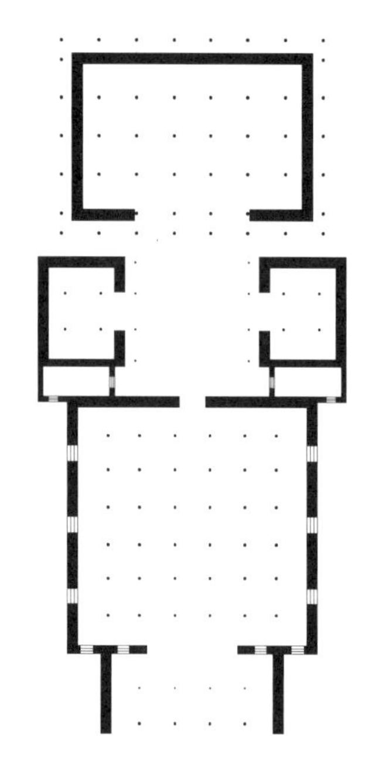

图 5-9 准格尔召正殿一层平面示意图

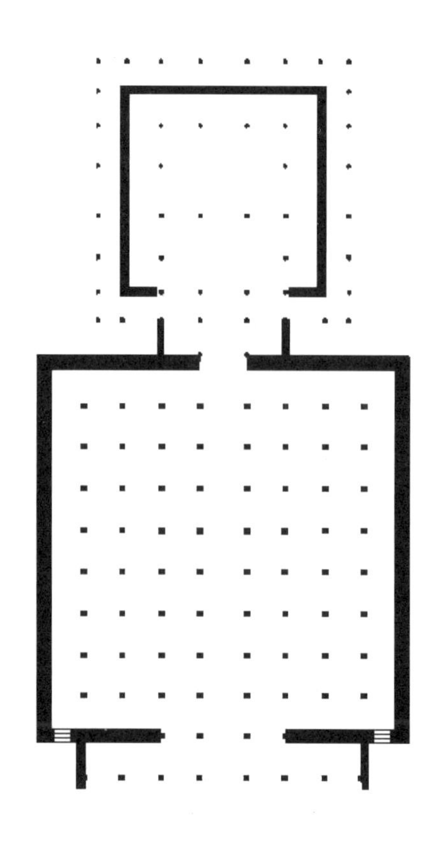

图 5-10　席力图召正殿一层平面示意图

（1）典型代表：百灵庙正殿——清康熙年间（图 5-8）。

百灵庙为清时乌兰察布盟喀尔喀右翼旗旗庙，盛世时规模宏大。其中路院落正殿体量巨大，平面形式依然保留了类型 A 的大部分特征，但较早期汉藏结合式殿堂平面仍有变化。其一层平面特征：门廊外凸，进深两间，汉式圆柱；经堂与佛殿虽然连建，但二者间已出现距离。经堂面积增大，平面较类型 A 更趋向于正方形，柱网均匀排列体现出明显的藏式特征，计 49 间，佛殿呈方形，此时殿堂中无论经堂、佛殿已无使用减柱、移柱法，空间内柱式皆为汉式圆柱。经堂北墙两角隅开小门，通向佛殿外围的转经廊道。

（2）典型代表：准格尔召正殿——清康熙年间（图 5-9）。

准格尔召的正殿一层平面与百灵庙的正殿一层平面有相似特征。据载，准格尔召最初建于 1623 年（明天启三年）。入清后，准格尔旗第一任札萨克斯仁之祖父明盖岱青、图日布洪台吉等人从陕西神木请来工匠，在乌力吉图山之地新建黄绿色琉璃瓦重檐殿宇。其一层平面特征：门廊外凸，进深两间，汉式圆柱；经堂与佛殿分建，二者间有较大间距，在此间距内分建东、西两座配殿。经堂、佛殿内皆

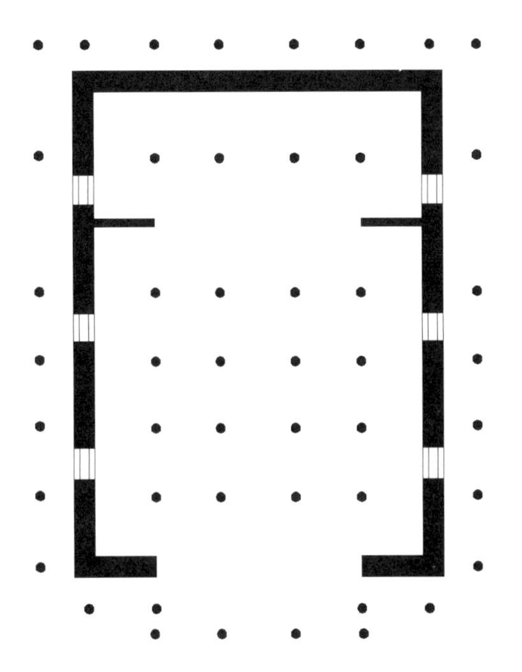

图 5-11　希拉木伦召（普会寺）正殿一层平面示意图

无有减柱、移柱之法。经堂平面出现规整的藏式柱网排列，但柱式为汉式圆柱，亦计 49 间。

同时这一时期由于寺院地位等级的差异，等级较高的寺院开始追求藏地寺院经堂 81 间的平面模式。

（3）典型代表：席力图召正殿——清康熙年间（图 5-10）。

席力图召现存正殿建于清康熙年间，当时执掌寺院权力者为席力图呼图克图四世，时任呼和浩特地区掌印札萨克达喇嘛一职，掌管呼和浩特 15 大寺院，加之席力图召曾为三世达赖喇嘛、四世达赖喇嘛坐床寺院，清廷对之也恩赏有嘉，宗教权力巨大。其一层平面特征：出现形似藏式的内凹门廊，经堂与佛殿分建，但经堂与佛殿间距较小，以围墙将二者连接，中间形成横向狭长庭院，庭院东西墙面开小门，通向佛殿外的转经廊道。经堂和佛殿柱式出现明显区分，门廊、经堂为藏式柱式；佛殿为汉式圆柱，在经堂中间垂拔空间使用的柱式较为灵活。这种殿堂平面的产生，是藏式殿堂建筑特征在内蒙古地区汉藏结合式殿堂中强化的反映。

（三）类型 C

在发展后期，对于小型殿堂转经廊道的功能需求再度被提出，并出现了灵活的应对之法，同时经堂、佛殿也趋于合并一体。

典型代表：希拉木伦召（普会寺）正殿（图 5-11）。

希拉木伦召为席力图召的属庙，为席力图六世呼图克图出资兴建。寺庙建于 1769 年（清乾隆三十四年），因其属庙关系，其正殿建筑体量不及席力图召主寺正殿，但也气势雄伟。

其一层平面特征：经堂与佛殿同面阔，进深不同，经堂大于佛殿，经堂呈方形，藏式柱网排列，计 25 间，柱式为汉式圆柱。佛殿呈横长方形，进深两开间，柱式为汉式圆柱，其经堂、佛殿皆为藏式墙体，在各自藏式平顶上建歇山顶建筑。与类型 B 中小型殿堂不同之处在于，其围绕经堂、佛殿一层藏式墙体处建挑出的屋檐，下由檐柱支撑，形成围绕整座建筑的转经廊道，这种处理手法现只见此一处，其经堂与佛殿在面阔开间数上的一致，已显示出经堂与佛殿已有合并趋势。

（四）类型 D

随着藏传佛教在蒙古各盟旗的广泛传播，清乾隆年间，藏族地区定型的一种藏汉结合式殿堂形式在清代的内蒙古及西套蒙古开始大量出现，尤其是阿拉善和硕特旗，由于六世达赖喇嘛曾在此传教，并指导兴建多处寺庙的缘故，其遗存的汉藏结合式殿堂皆为此种形式。

其一层平面特征：门廊外凸，但在两侧封墙，形成近似藏式凹门廊效果。经堂与佛殿完全合为一体，平面近方形。殿堂内藏式柱式均匀排布，中央设有垂拔空间。殿堂依据自身等级地位及需求，殿堂间数多有不同。小型殿堂通常 25 间，如阿拉善和硕特旗巴丹吉林庙正殿；中型殿堂通常 49 间，如伊克昭盟（今鄂尔多斯市）陶亥召正殿、阿拉善和硕特旗延福寺正殿；大型殿堂通常 81 间，如库伦旗兴源寺正殿。

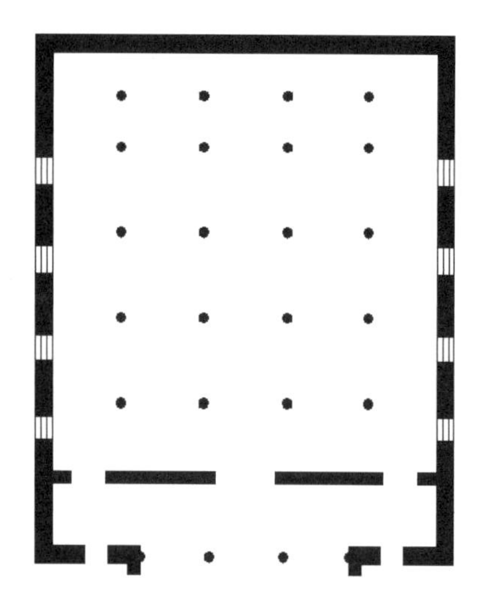

图 5-12　巴丹吉林庙正殿一层平面示意图

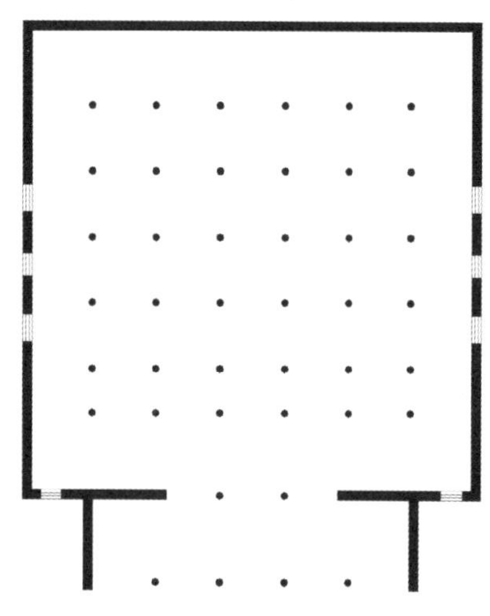

图 5-13　陶亥召正殿一层平面示意图

1. 小型殿堂

小型殿堂典型代表：阿拉善和硕特旗巴丹吉林庙正殿（图 5-12）。

巴丹吉林庙建于 1791 年（清乾隆五十六年），其一层平面特征：外凸门廊，进深一间；经堂、佛殿一体，采用藏式柱网排列，计 25 间，柱式为汉式圆柱。

2. 中型殿堂

中型殿堂典型代表：伊克昭盟（今鄂尔多斯市）陶亥召正殿（图 5-13）、阿拉善和硕特旗延福寺正殿（图 5-14）。

陶亥召现有建筑为 1752 年（清乾隆十七年）所建，其一层平面特征：外凸门廊，进深一间，两侧封墙；经堂、佛殿一体，采用藏式柱网排列，计 49 间，柱为汉式圆柱。延福寺现有建筑为清乾隆年间所建，其一层平面特征：外凸门廊，进深一间，两侧封墙；经堂、佛殿一体，采用藏式柱网排列，计 49 间，柱为藏式方柱。

3. 大型殿堂

大型殿堂典型代表：库伦旗兴源寺正殿（图 5-15）。

其正殿建于 1719 年（清康熙五十八年），当时为一层建筑，现存的正殿建筑是 1899 年（清光绪

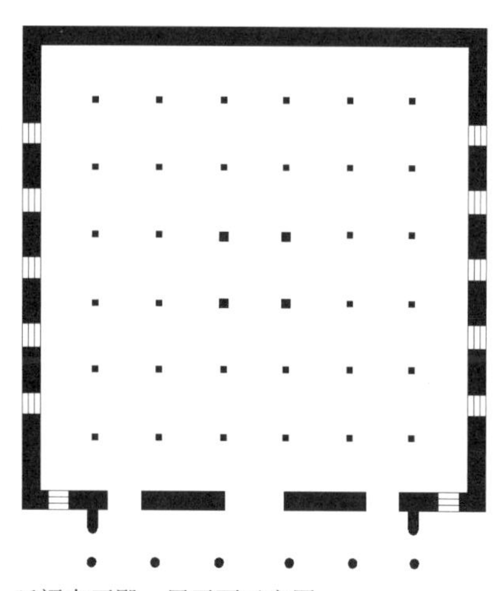

图 5-14　延福寺正殿一层平面示意图

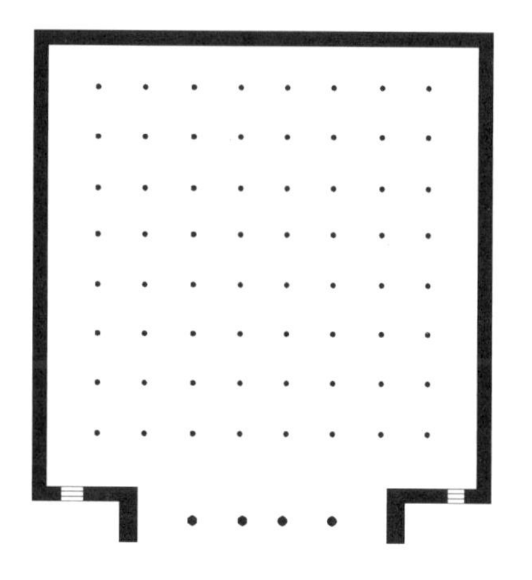

图 5-15　兴源寺正殿一层平面示意图

图 5-16 大召正殿门廊

图 5-17 美岱召正殿门廊

二十五年）寺院进行改扩建时在原有正殿基础上改建的二层建筑。其一层平面特征：外凸门廊，进深一间；经堂、佛殿一体，采用藏式柱网排列，计 81 间，柱为汉式圆柱。

从上述大、中、小经堂与佛殿一体的殿堂特征比较可知，虽然在空间中采用了藏式柱网排列方式，但柱式多为汉式圆柱，藏式柱式占少数，从中也可看出这种来自藏族地区藏汉结合式的正殿形式在传入蒙古后，由于营造技艺改变发生的变化，从而转化为汉藏结合式殿堂形式，具有了另类特征。

第三节 汉藏结合式殿堂的建筑要素形态

一、门廊

门廊是寺院僧众由外部空间进入内部空间的一个过渡空间。在门廊形态上分为外凸式、内凹式。内蒙古地区汉藏结合式殿堂门廊形式主要是外凸式，这种式样主要来源于传统汉式建筑的抱厦形式，但在发展过程中也仿藏式内凹门廊特征，将凸门廊设计成藏式凹门廊效果。

（一）凸门廊

1. 类型 A

这种类型出现在大召正殿，算作最早的汉藏结合式殿堂门廊类型，其三面开口，二层，汉式重檐歇山顶。门廊一半搭接在经堂屋顶之上，柱为汉式圆柱，一层檐柱设有雀替连接，柱头、梁枋间设有斗栱。二层出平座、汉式栏杆，墙壁均为槅扇窗，无实体墙面。

这种类型的门廊早期在土默特地区及周边地区最为常见，除大召正殿（图 5-16）外，大召乃春殿门廊、乌素图召庆缘寺正殿门廊、百灵庙正殿门廊皆属此种类型，美岱召正殿门廊将三面开口改为正面开口，两侧砌墙封堵，实为后世改造所致，其门廊最初形态仍从属此种类型（图 5-17）。

2. 类型 B

这种类型随着藏式殿堂特征的介入，在类型 A 的基础上融入藏式特征，最明显的变化特征是门廊柱式由汉式圆柱变为藏式楞柱，门廊

图 5-18　席力图召古佛殿门廊

图 5-19　乃莫齐召正殿门廊

图 5-20　乌素图召法禧寺正殿门廊

图 5-21　德布斯格庙正殿门廊

图 5-22　希拉木伦召（普会寺）正殿门廊

图 5-23　察素齐召经堂门廊

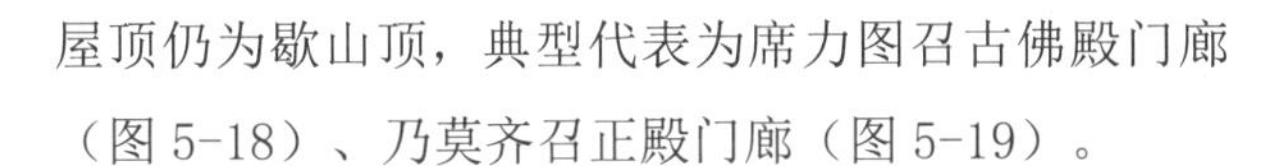

屋顶仍为歇山顶，典型代表为席力图召古佛殿门廊（图 5-18）、乃莫齐召正殿门廊（图 5-19）。

3. 类型 C

这种类型在类型 B 基础上产生变化，门廊一层柱式为藏式楞柱，藏式梁枋，但在二层及屋顶形制出现变化，形成不同形态。如位于呼和浩特市的乌素图召法禧寺正殿门廊（图 5-20）屋顶原符合类型 B 特征，原有屋顶为歇山顶，但在外围加建一圈墙体，仿造边玛檐墙效果，制造出与南立面外墙相近的边玛墙效果，使藏式特征更加凸显。位于巴彦淖尔市乌拉特前旗的德布斯格庙（图 5-21），其门廊在类型 B 基础上，二层柱式也变为藏式楞柱，屋顶由歇山顶变为卷棚歇山顶，这与其寺庙的等级有关。

4. 类型 D

这种类型在类型 C 基础上，一个最明显的变化仍然是柱式的变化，柱式较之前最大的不同是出现了汉式柱与藏式柱的结合，具体特征表现为柱身为汉式圆柱，柱头表现为藏式的弓木及元宝木。位于包头市达尔罕茂明安联合旗的希拉木伦召（普会寺）正殿门廊柱式（图 5-22）、呼和浩特市土左旗察素齐召经堂门廊柱式均属此种类型（图 5-23），只是二者寺院地位、等级不同，在结合柱式上表现的装饰特征有较大差异，前者较后者装饰更加华丽。

5. 类型 E

这种类型门廊已脱离与经堂的搭接关系，主要应用于仿藏式结构的汉藏结合式殿堂上，经堂与佛殿融为一体，门廊保持三面开口，与主体建筑入口简单对接，门廊体量变小，更加凸显殿堂本身。典型代表为阿拉善盟延福寺正殿门廊，其虽有类型 C 门廊的一些特征，但其与经堂的搭接关系已减弱，门廊已显得较为独立（图 5-24）。

图 5-24　延福寺正殿门廊

6. 类型 F

这种类型将凸门廊三面开口形式改为正向一面开口，两侧砌筑山墙封堵，意向性形成了藏式内凹门廊的空间效果。位于鄂尔多斯市准格尔旗的陶亥召正殿（图 5-25），其外凸门廊一层，汉式圆柱，门廊南向正面开口，两侧砌墙封堵，顶部为硬山卷棚，在门廊内墙面多绘六道轮回、四大天王、须弥山等题材内容，与藏族地区藏传佛教寺庙殿堂门廊装饰相同；包头市包头召正殿、呼和浩特席力图召大经堂门廊特征皆在外凸门廊两侧封墙，门廊内部空间装饰与藏地寺院“两实夹一虚”特征的殿堂门廊内部环境相似，但门廊两侧并未设有房间，与之相似的如青海五屯下寺大经堂。

席力图召大经堂门廊（图 5-26），其面阔七间，进深一间。外墙孔雀蓝琉璃砖一直延伸至门廊内墙面。在东、西两侧的廊心墙面上，嵌有大型方形黄色琉璃质龙纹饰件。宽大的黄色琉璃边框内压绿琉璃窄条，中心设团龙一只，四岔角为宽大的卷草纹样。两龙形态相同，只是在东侧龙纹上方有“日”字标记，西侧龙纹上有“月”字标记。这种廊心墙面以琉璃雕代替宗教绘画例子的并不多。两侧墙面上半部同样以宽大的黄色琉璃砖作边框，绿琉璃窄条压边，内绘壁画：西边绘“散萨楞－呼尔德”图（六道轮回图），东边绘“浩托－满达勒－布尔哈纳－阿尤希图”（无量寿佛之坛场图）。门廊二层中间五开间出平座，栏板装饰有雕刻的吉祥八宝、七政宝纹样，南向皆为槅扇门，二层同一层檐椽瓦作装饰，其上起高大琉璃正脊，重复装饰八宝纹样，两侧以望兽收口。

图 5-25　陶亥召正殿门廊

图 5-26　席力图召大经堂门廊

图 5-27　毕鲁图庙正殿门廊

图 5-28　乌素图召法禧寺正殿门廊殿门上方装饰

（二）凹门廊

这种类型则完全是藏地常见之门廊形式，即所谓的“两实夹一虚”，与藏地无二，锡林郭勒盟的毕鲁图庙正殿、阿拉善盟巴丹吉林庙正殿皆此形式（图 5-27），其汉藏结合式殿堂形态也与青海地区藏传佛教寺庙中的汉藏结合式殿堂非常接近。

无论何种门廊类型，其进深通常为一间，亦有两间，如百灵庙正殿门廊，即为两间。面阔随殿堂建筑体量不同而有差异，面阔三间、五间、七间皆有。对于这样一个将僧众信徒引导进入殿堂内部的空间，其装饰在内蒙古地区汉藏结合式殿堂中表现的同样丰富多彩。

对于三面开口的小型外凸式门廊区域，大门两侧或有藏式盲窗或有十相自在的图像绘画。目前遗存最为精彩的是乌素图召法禧寺正殿门廊，其门廊面阔三间，进深一间，空间体量虽小，但门廊各部位装饰精致（图 5-28）。在其殿门上方墙面塑有九尊半浮雕彩塑供养飞天，正中者为一正面形象，双手托举宝物高过头顶，左右两侧各四位，面向中间者，飞天头戴花冠，上身袒露，缠绕璎珞绶带，下着长裙，双膝微弯，将进献宝物托举面前，尽显虔诚之意，从其进献之物，可清晰识得西侧飞天盘中为噶当塔，东侧飞天盘中为宝鼎，后人的修缮使彩绘粗糙不堪，使得其余进献之物不易识别，但飞天的整体体态仍保持了微妙灵动的特征。飞天身后背景绘于墙面，多数饰以祥云，只有紧邻中间者的左右两位飞天，背景绘以表示光芒的太阳纹，这种在门上方饰有彩塑的装饰手法在内蒙古地区现存召庙中独此一处，现在殿门上方悬挂的法禧寺寺额，遮挡了中间的飞天形象，为后人所加，破坏了此处原有完整的装饰构图。

二、经堂

经堂，藏语叫“杜康”、“独宫”或“都纲”等。“杜”是“聚”的意思，“康”是“房屋”，就是“聚集的房屋”，是喇嘛们聚会、诵经祈祷的场所。经堂的空间营造做法被称之为“都纲法式”。

藏地寺院殿堂所采用的都刚法式，其建筑形制是在一层纵横均匀排列柱网，中间部位凸起方形垂拔空间。垂拨通高二层，在东、南、西三向开窗采光。二层平面呈“回”字，中部为经堂凸起的天窗即垂拔，其周围有一圈“天井”围绕，天井外侧再建一圈房间，这些房间用作管理用房或住人或贮藏东西。建筑顶部为藏式平顶，中部垂拔的屋顶为木结构歇山顶，但也有用平顶的。中心部分凸起天窗、平面呈“回”字是经堂的一种定型化建筑规制。

在内蒙古地区，藏传佛教的经堂大部分是完全按照都纲法式建造的，如包头五当召苏古沁大殿、库伦兴源寺正殿、席力图召大经堂、昆都仑召正殿等。这些皆是入清后，格鲁派方面在各传播地强化藏式殿堂营建规制的产物。

三、佛殿

佛殿，藏语称为“拉康”，是供奉佛像、经书、灵塔的场所，殿堂根据所供奉主尊或圣物的不同，名称不同，殿堂等级亦不同。

内蒙古地区汉藏结合式殿堂的佛殿部分依上述平面布局功能所示，主要分为独立式和混合式两种。独立式为独立式的佛殿空间，其建筑承载的功能明确单一。混合式为与经堂共处，只是作功能区域的隐形划分。

独立式佛殿又可分为相对独立式和绝对独立式。相对独立式在藏传佛教再度在蒙古地区传播早期最为常见，佛殿与经堂往往一体建造，但内部空间各自独立，以墙体进行分隔，通过槅扇门进行沟通连接。典型代表为大召正殿佛殿、席力图召古佛殿、乌素图召庆缘寺正殿佛殿，这种类型佛殿皆为汉式大木作结构，平面呈方形或横长方形，因其功能为礼拜空间，殿内常供奉体量巨大的佛像，故佛殿多为一层，空间高大，屋顶常作重檐歇山顶，亦有少量其他屋顶形式，顶部多做天花，并在佛殿顶部设有藻井，墙面满绘壁画，各式佛像沿墙陈设，佛殿入口两侧多为高大的经架，陈设甘珠尔经和丹珠尔经。殿堂内柱多为圆柱，满绘纹饰，多以龙纹为主题，殿内自然采光多来自南侧横向长条形高窗采光，稀疏的光线更加烘托出殿堂昏暗、神秘、华贵的气氛。

绝对独立式指佛殿在建造之时即为独立建造，佛殿与经堂保持一定间距。特征最为明显的为准格尔召正殿佛殿、席力图召正殿佛殿、梅日更召正殿佛殿，但三者在建筑形态上又代表汉式、藏式两种类型。

前二者佛殿是一座纯汉式建筑，与相对独立式佛殿形态非常接近，只是其为独立建造，殿内采光除了南侧长条形高窗，还可以通过殿门入口采光，殿堂空间采光增加许多。准格尔召正殿的经堂与佛殿间东、西两侧分建了两座配殿，席力图召正殿经堂与佛殿间亦有距离，通过围墙连成一体，形成庭院。后者佛殿是一座纯藏式建筑（图 5-29），佛殿位于经堂后，平面也呈长方形，佛殿前为面阔三间，进深一间的凸门廊，门廊后接面阔、进深均为五间的佛殿。值得一提的是经堂与佛殿之间的过渡空间非常狭小，两者仅间距仅为3.8米，并且用墙围合起来，这样两座建筑看起来仿佛一座建筑，增强了建筑的整体感。可以明显看出藏式特征强烈的汉藏结合式殿堂在内蒙古中部地区开始出现，并在建筑外观形态上较早期汉藏结合式殿堂更加厚重，拥有气势。

混合式佛殿与经堂共处，其建筑形态主要表现为藏式平顶建筑上建一座汉式歇山顶建筑，内部有垂拔空间，垂拔位于中央或稍微靠后位置，佛殿多为二层或三层，四周高侧窗采光，各式佛像沿墙陈设，殿堂内柱多为藏式多楞柱，具有典型的藏式殿堂“都刚法式”建造特征，典型代表为延福寺正殿。

第四节 本章小结

内蒙古地区汉藏结合式寺庙殿堂建筑形制在其出现成型时，表现出近似于藏族地区寺庙金顶殿堂建筑的特征，但在营造技艺体系上由于地区社会环境的影响，更多呈现出的是汉式寺庙殿堂建筑营造特征。但在殿堂内部空间设计中，还是保持了藏族地区寺庙措钦大殿中都刚法式的做法特征。后期随着藏族地区与蒙古地区的宗教交流，藏式寺庙殿堂建筑及装饰式样更多地传入蒙古地区，在内蒙古汉藏结合式殿堂中反映藏式特征的元素得以扩大、强调，甚至在一些地区出现了仿藏族地区藏汉结合式寺庙殿堂的汉藏结合式殿堂式样。

图5-29 梅日更召正殿藏式特征强烈

汉藏结合式

第六章

内蒙古地区汉藏结合式寺庙殿堂装饰要素

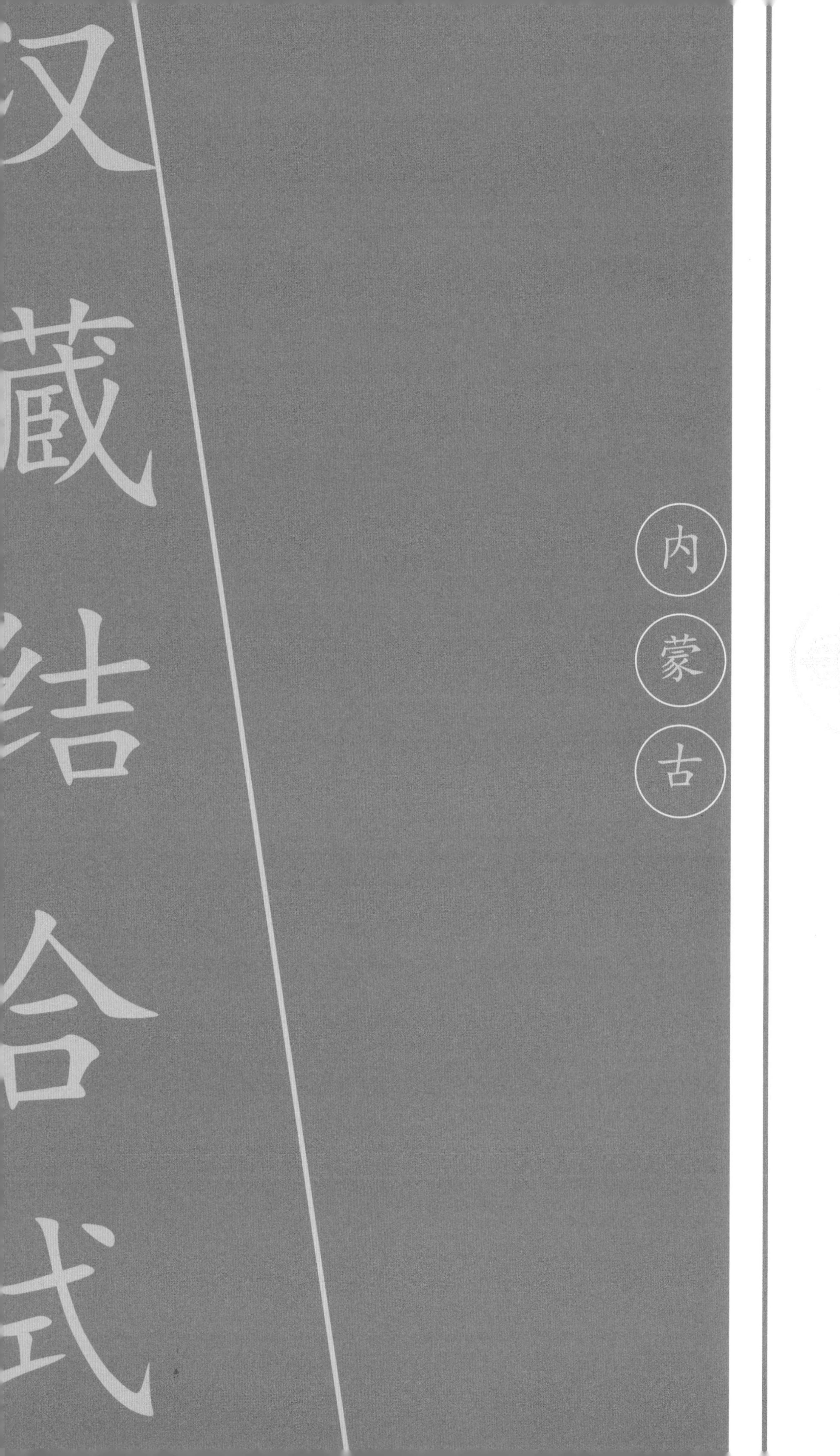
汉藏结合式
内蒙古

内蒙古地区藏传佛教寺院建筑在发展过程中，由于受到藏、汉宗教建筑、居住建筑装饰艺术的影响，呈现出丰富多样的装饰特征，尤其在汉藏结合式殿堂建筑上，这种影响集于一身，其中还有蒙古民族自身的审美喜好，因此体现得最为充分。本章从台基、外墙、屋盖、柱、斗栱、建筑彩画、门窗、室内地面、顶棚、内墙、造像、陈设装饰艺术十二个方面加以研究。

a 席力图召大经堂台明原状
（资料来源：《中国古建筑文化图史》）

第一节 台基

台基为中国古代建筑基本构成三部分（屋顶、屋身、基座）中的最下部，为建筑中之最根本处，最初功能为御潮防水，同时起承托上面的屋身、屋顶的作用。古时称为“堂”，至宋代称为“阶基”，清代至今称为“台基”。

b 席力图召大经堂台明现状

图 6-1　席力图召大经堂台明原状与现状

台基包括地下部分和露明两部分。地下部分通称“埋深”，露明部分通称为“台明”。

台明按其形式和组合分为普通式、须弥式、复合式。明清时期中原汉地大凡等级较高的寺庙殿堂皆采用汉白玉须弥座台明形式。与之相比，内蒙古地区藏传佛教寺院中的重要殿堂不管其上建筑建造得如何辉煌，在台明处理上皆作普通式处理，未出现须弥式、复合式的基座样式，显得质朴异常，与其华丽的屋身、屋顶部分形成鲜明对比。现代社会，随着内蒙古各地区大力开发地方旅游资源，寺庙作为主要的旅游特色，往往在修缮寺庙时将重要殿堂的台明改作须弥式，虽显得富丽华贵，但实则与历史情况不符，如席力图召月台最初的形式与经过改造修缮后的形式截然不同（图 6-1），此类现象还发生在希拉木仁召正殿、兴源寺正殿等汉藏结合式正殿台明部分。

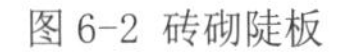

图 6-2 砖砌陡板

图 6-3　虎皮石陡板

官式建筑的普通台基通常由土衬石、陡板石、埋头角柱、阶条石、柱顶石部分组成。但有时陡板石部分以砖砌台帮形式做成。内蒙古地区藏传佛教寺庙殿堂台基陡板部分多为砖砌（图 6-2），即使是汉藏结合式殿堂的台基也多采用此法。偶尔也见灵活做法，陡板部分采用虎皮石形式砌筑（图 6-3 ）。现存呼和浩特市乌素图召法禧寺正殿由于其依山而建，台基陡板石部分则采用虎皮石形式，被认为是就地取材的一种做法。

月台又称“露台”或“平台”。它将普通台明加以扩大和延伸，增大了建筑前的活动空间，有助于增加建筑的体量和烘托建筑的气势。体量较大的建筑往往都有较为宽阔的月台。调研得知，建于明代的内蒙古地区藏传佛教寺庙殿堂前普遍没有宽大的月台。但入清后，随着清政府在蒙古地区大力扶持藏传佛教，蒙古诸部纷纷在自己的游牧辖地兴建寺庙，使得各盟各旗出现了“盟有盟庙，旗有旗庙”的盛大景象，各盟旗间的竞相建庙使得寺庙规模不断扩大，逐渐形成寺院聚落。汉藏结合式殿堂作为寺院中的重要建筑，体量最为巨大，即使是一些最初的小庙，后期随着寺院财力的增长，在寺院的不断发展过程中，原有体量较小的正殿通过改建、扩建、甚至再建，成为体量巨大的汉藏结合式建筑。在扩大殿堂体量规模、增加华丽装饰的同时，通过扩大台明，建造月台，在殿前形成较为宽阔的平台空间，以增加烘托主殿建筑的气势。呼和浩特市席力图召在1859年清（咸丰九年），席力图呼图克图九世修缮席力图召时，曾将汉藏结合式大经堂的殿基增高数尺，增加了高大的月台。其属庙希拉木伦召正殿也建有面积较大的月台，来烘托建筑的体量（图6-4）。

月台表面通常采用砖墁地面，墁地砖料常见的有方砖、城砖、条砖，但也有例外。美岱召正殿经堂前月台表面以长条青砖为界分隔呈棋盘状，每个方形单元中以直径约4厘米的卵石铺嵌，并在中心位置以筒瓦、板瓦片结合卵石拼贴出丰富的图案造型，装饰效果非常独特，颇有江南园林地面铺装味道，在内蒙古地区其他寺庙汉藏结合式殿堂月台中不可见（图6-5、图6-6），其地面铺装方式与青海乐都县瞿昙寺金刚殿内及院落中部分连廊地面采用的装

图6-4　希拉木伦召（普会寺）正殿月台
（资料来源：网络）

图6-5　美岱召正殿月台卵石、瓦片铺装效果

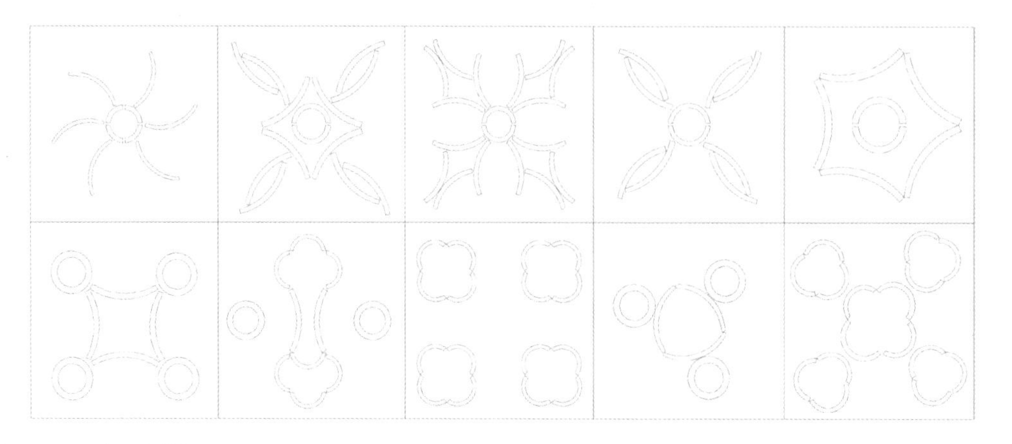

图6-6　美岱召正殿月台瓦片铺装图形

饰手法一致，皆采用乱石与瓦片结合，瓦片拼出图形，卵石进行填充，在金刚殿及连廊部分，随处可见用瓦片拼贴出的金钱图样。

台明与室外地面的高度差由踏跺连接。通常踏跺由三种形式：垂带踏跺、如意踏跺、御路踏跺。在内蒙古地区藏传佛教寺院中，主要存在垂带踏跺、如意踏跺两种形式，垂带踏跺最为常见，如意踏跺并不多见。汉藏结合式殿堂多为垂带踏跺，由于其处于寺院核心位置，殿堂多坐北朝南，因此有宽大月台的殿堂通常围绕台明设东、南、西三个方向的踏跺，南向为垂带踏跺，东西两侧为垂带踏跺。

第二节 外墙面

墙体在建筑中的作用主要起承重、围护、分隔作用。在藏传佛教寺院中，由于各传播地在建造寺院时采用的构架体系不同，因此墙体在建筑中的作用也有所差别。在藏族聚居地区的传统建筑中，墙体是作为主要承重结构存在的。但是在汉族地区，建筑往往采用木构架梁柱承重形式，墙体在建筑中更多地起到围合、分隔作用。内蒙古地区的藏传佛教建筑由于汇聚了来自多方的建筑形式，有汉式、藏式、汉藏结合式，因此墙体在不同类型的殿堂建筑中作用亦有差异。

汉藏结合式殿堂在满足结构要求的同时，外墙面的装饰方面也呈现出丰富的效果。对于经堂与佛殿连建或分建的汉藏结合式殿堂，经堂的外墙装饰远超佛殿。佛殿保留了汉式建筑的墙面特征，墙面简洁，上部集中梁枋彩绘，中部泥坯墙外涂红色，砖砌下碱墙。在经堂、佛殿的下碱墙上往往设置通气孔，采用砖雕或瓦片拼合的形式进行通气孔装饰（图 6-7）。

经堂墙面装饰由于要体现藏式建筑特征，其墙面按照藏式碉楼的样式布局，但墙面材料皆采用尺寸较大的青砖，在色彩上或保留青砖本色，或涂红、黄、白诸色覆盖，并通过不同色块搭配建立起界面色彩关系（图 6-8）。

一、边玛墙

除去门窗装饰元素外，墙体多出现变化者主要集中在藏式墙体顶部的边玛墙。

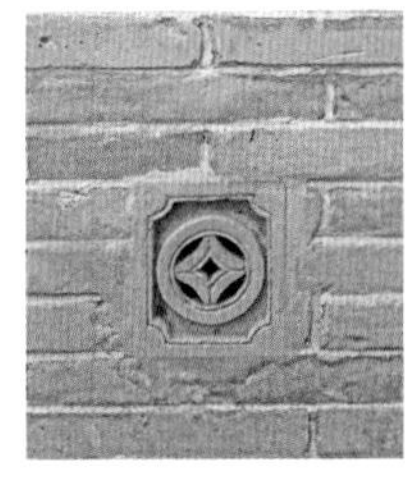

图 6-7 外墙面下碱的通气孔

图 6-8 经堂常见墙面配色

“边玛墙”是藏族传统建筑的主要特色之一。其造型独特，是在墙的上部用一种当地生长的灌木染色砌筑在墙檐位置，以起到减轻重量、通风和装饰的多重作用。由于“边玛墙”制作工序复杂，建筑成本高，利用率低。在藏区，普通民居不享有砌筑“边玛墙”的待遇，边玛墙只有在重要的建筑上才能使用，如贵族住宅、高等级的寺庙。首先出现在宫殿建筑上，而后出现在寺院建筑中。

边玛墙在寺庙建筑中使用，其地位等同于金顶、宝瓶、宝幢，采用传统工艺制作完成。其在高等级寺庙装饰中占有重要的地位，是一种彰显标志。如扎什伦布寺佛殿上都有双层边玛墙，高度约占墙体的四分之一，其上装饰有金属饰物。

当16世纪中叶后藏传佛教再度传入蒙古地区时，由于多种原因，在“边玛墙”的设计、制作上出现了远不同于藏区的多种做法。在蒙古地区藏式及汉藏结合式寺庙殿堂建筑的顶檐部都使用边玛墙，但在处理手法上有明显差异，尤其是汉藏结合式寺庙殿堂建筑，因其地位崇高，各寺庙在殿堂设计上花样百出，边玛檐墙也处理得效果丰富。在材料使用、形式设计、装饰面积方面均反映出不同效果。

（一）材料使用

由于地区不同、寺院财力的多寡、地位等级的高低使内蒙古地区寺院“边玛墙”材料的使用上出现了多种形式，因此也呈现出多样的装饰效果。

1. 边玛真草

对于宗教等级较高的寺院在“边玛檐墙”的材料使用上通常都采用真正的柽柳枝材料来装饰，高等级的殿堂“边玛草”的使用也较其他寺院数量多且面积大，从中可以感受到“边玛草”在藏传佛教建筑装饰中的重要地位。如席力图召大经堂南立面，装饰了大面积的“边玛草”，非一般寺院所有，这也恰恰反映出其作为漠南地区知名寺院的宗教地位及雄厚财力（图6-9）。

图6-9　席力图召大经堂边玛墙

2. 以砖代草

这种以砖代草的形式大量出现在内蒙古地区的寺庙殿堂边玛墙装饰上，同藏式建筑的以石代草一样，重点通过涂色，来标示其身份。如美岱召的正殿“边玛墙”全部采用顺砖错缝排列填充，涂以赭红色，无任何其他装饰（图6-10），此种效果还见于鄂尔多斯准格尔旗的陶亥召正殿边玛墙，手法一样。但有些汉藏结合式寺庙殿堂在处理过程中在边玛墙上处理得更为多样精致，其往往有砖质的方椽、星月枋，甚至白饼，将线性装饰代作单元切分。在每个单元中用砖填充边玛草应有的区域。在铺贴形式上也花费心思，如百灵庙主庙正殿边玛墙的边玛草区域采用眠砖、丁砖、斗砖结合的排列方式贴砖（图6-11）。

图6-10　美岱召正殿“以砖代草”边玛墙

3. 以镂空砖瓦代草

此种“边玛檐墙”的处理方式，采用砖或板瓦形式错落叠摞而成，形成镂空孔洞效果，砖瓦涂成赭红色，在其上再悬挂固定金属装饰物，这种装饰手法显然受山西传统民居建筑女儿墙装饰做法的影响。但这种边玛墙处理方式多见于规模不大、等级不高的小庙中，装饰效果由于采用镂空装饰，缺乏厚重感，显得较为单薄。这种带有山西民居建筑风格的寺庙建筑多出现于内蒙古西部、东部地区，跟当地的汉地移民大量涌入不无关系，是一种临近汉族地区建筑营造技艺融入藏式建筑中的体现。锡林郭勒盟毕鲁图庙正殿、呼和浩特土左旗察素齐召增祺寺经堂边玛檐墙在长方形区域单元中采用砖瓦错落叠摞，形成镂空效果（图6-12、图6-13）。

图6-11 百灵庙正殿以砖代草边玛墙

（二）使用方位

从内蒙古地区汉藏结合式殿堂上边玛墙不同材料在各方位的使用情况，也可以判定其寺院的等级地位及财力情况。

1. 类型A

地位等级高、财力雄厚者，往往在边玛草的使

图6-12 毕鲁图庙正殿以镂空砖瓦代草的边玛墙

图 6-13　察素齐召（增祺寺）经堂以镂空砖瓦代草的边玛墙

图 6-14　延福寺正殿边玛墙处理

用上保持如一，不会出现“以砖代草”形式，建筑的各面都会采用真正的边玛草进行墙面装饰。如蒙古地区建造的第一座汉藏结合式殿堂——大召正殿，其施建人为当时势力雄厚、威震蒙古各部的蒙古右翼土默特部领主阿勒坦汗；再如阿拉善和硕特旗的延福寺，其为王爷家庙，正殿边玛墙均采用边玛草进行装饰（图 6-14），寺院地位远超各寺。

2. 类型 B

由于边玛墙的制作成本以及其殿堂使用级别要求，内蒙古地区很多寺庙的重要殿堂通常在殿堂南侧（内蒙古地区大量的藏传佛教寺庙坐北朝南）的边玛墙上采用真正的边玛草装饰，但在殿堂东、西、北面则采用“以砖代草”形式，边玛草装饰单元内采用顺纹铺砖，涂以棕红色，替代边玛草。如土默特地区的乌素图召法禧寺，其南向正面采用真正的边玛草，但在其他诸面则采用“以砖代草”形式（图 6-15），在装饰手法上形成松紧关系。

图 6-15　法禧寺正殿边玛墙处理

图 6-16　陶亥召正殿边玛墙处理

3. 类型 C

除了上述两种使用情况，大部分寺庙主要殿堂的边玛墙装饰完全采用“以砖代草”形式，将原有填充边玛草的区域以砖贴覆，表面涂以棕红色（图 6-16），这种现象在内蒙古地区的藏传佛教寺院中数量众多，原因多为寺院等级较低所致。

（三）装饰物

在藏族地区寺院边玛墙面上，常装饰圆形或龛形金属饰物，建筑正面往往錾刻复杂、精美的纹饰，侧面则多素面装饰。内蒙古地区的藏传佛教寺院在边玛檐墙装饰中也继承此法，尤其早期阿勒坦汗家族建造的寺庙正殿边玛檐墙中心的金属饰物，华贵精美（图 6-17、图 6-18）。

图 6-17　大召正殿边玛墙铜饰

图 6-18　美岱召正殿边玛墙铜饰

图 6-19　梅日更召正殿边玛墙砖饰

由于汉地民俗文化装饰艺术的融入，内蒙古地区寺院边玛墙中心饰物在原有金属饰物方面做出了扩展，带有汉族民俗题材的圆形砖雕饰物也出现在边玛墙中，并彩绘鲜艳颜色。典型一例为梅日更召边玛墙饰物，其在边角饰以卷草纹岔角，中心饰老鼠偷葡萄内容的圆形砖雕（图 6-19）。老鼠偷葡萄是中国传统民俗文化中表现多子多福的一个代表性题材，出现在藏传佛教寺院建筑装饰中，可见汉地民俗文化对其的影响浸染，也从一个角度反映出内蒙古中部地区藏传佛教寺院装饰的逐渐民俗化现象。

此外，希拉木伦召的正殿经堂东、西山墙边玛墙上同样出现了类似瓶花装饰题材的砖雕（图 6-20）。

最为精致复杂的边玛墙装饰还属席力图召大经堂，其边玛墙不仅使用面积大，且南立面铜饰复杂多样，雕刻精美（图 6-21），除了常见十相自在纹饰，还有吉祥八宝纹饰，最为精美的是具有蒙古族文化意味的团寿纹样，铜雕团寿纹绿色衬底，端头等处做成如意头，外围一圈圆形装饰带，四角为缠绕套叠的岔角花饰。希拉木伦召（普会寺）因是席力图召的属庙，其正殿南向立面装饰与大经堂有相似之处。

二、多层水平装饰带

在藏族地区等级较高的寺庙中，为了增加重要殿堂建筑的华美性，往往在碉房建筑墙体上半部分增加大量多层水平装饰带，已达到装饰繁缛的效果。内蒙古地区藏传佛教寺院中的汉藏结合式建筑同样在建筑墙体上半部采用此装饰原则，尤其是大体量的殿堂，在多层水平装饰带装饰下，形成厚重、繁缛的装饰效果。

图 6-20 希拉木伦召（普会寺）正殿边玛墙上瓶花砖雕

图 6-21 席力图召大经堂边玛墙上金属饰物

图 6-22 大召正殿水平装饰带效果

图 6-23 水平装饰带层次增多

这种水平多层装饰带最初层数并不多，层次关系简单。以大召为例，其正殿在南向边玛檐墙处设计了两条水平装饰带，上层砖质线脚叠涩三层，其上覆盖琉璃瓦件。下层砖质线脚叠涩四层，从下往上第三层较上层砖质线脚增加了一排砖质方椽，其上亦覆盖琉璃瓦件。并且由于南向墙面构图与东、西向墙面不同，导致南向墙面边玛墙下侧水平装饰带与东、西向墙面边玛墙下侧水平装饰带并未形成“交圈”效果（图 6-22）。

但在后期殿堂营造过程中，上述不“交圈”现象消失，“边玛檐墙”装饰带从南向墙面水平展开，一直环绕建筑一圈，并且在装饰带方面层数增多，样式增加，出现了繁缛的叠层效果，使得水平装饰带变得厚重粗壮，由此来体现建筑的装饰等级（图 6-23）。

第三节 屋顶

在中国古代建筑中，屋顶与屋身几乎占有同样大小的比例 ，但由于屋顶居上，较屋身更加引人注目，因此在中国古代建筑中屋顶成为重要的塑造及美化部位。无论是汉藏结合式建筑还是汉藏结合式寺庙殿堂，最突出的一个特点就是藏式平顶和汉式坡顶同时出现在一座体量庞大的建筑上，不同的屋顶装饰文化交相呼应，融合相处，视觉上具有很高的辨识度，具有丰富饱满的宗教象征意义。

在甘青藏地区，传统的藏式平顶建筑上出现汉

图 6-24 夏鲁寺正殿

式歇山顶装饰是汉藏文化交流的体现。萨迦时期，这种样式开始在寺院建筑中普及，最著名当属日喀则市驻地东南的夏鲁寺（图 6-24），其藏式平顶上建一座琉璃歇山顶建筑。

鎏金铜皮打造的金顶在寺院建筑出现约在藏传佛教进入成熟期后，据史书记载："八思巴出资主持修建的萨迦北寺乌孜宁巴殿西面的大金顶是藏区最早修建的大金顶。这个时期阿里王阿南美之子日绒美以 104 驮（一驮为 18 克）黄铜和 500 两黄金，建造了拉萨大昭寺释迦牟尼殿金顶和十面观音佛殿金顶，是大昭寺建金顶之始"①。格鲁派执政西藏时期，一些重要的格鲁派寺院殿堂上金顶林立。

当藏传佛教于明末再度传入蒙古地区时，由于地理环境、社会生活、建筑文化等方面差异，蒙古方面对寺院建筑在蒙古地区的形象给出了自己的理解。即以汉式寺院建筑形制为蓝本，同时在重要殿堂方面仿照西藏地区的金顶建筑，于是出现了具有蒙古地域特色的汉藏结合式寺庙殿堂建筑。

一、屋顶组合

汉式建筑屋顶中庑殿顶等级最高，其次为歇山顶，由于其有一条"正脊"、四条"垂脊"、四条"戗脊"，共计九条屋脊，因此被称为"九脊殿"。多用于皇室建筑及皇室宗教建筑，对于宗教建筑而言，这已是被许可的最高等级的屋顶形式。

在内蒙古地区的汉藏结合式殿堂中，汉式屋顶中歇山顶使用最多，除此外会出现卷棚顶，但只用于门廊部分，偶有攒尖顶出现，但比例非常少，现只遗存一例。

藏族地区的汉藏结合式寺庙殿堂由于只是在藏式建筑平顶上加建汉式建筑，二者屋顶关系趋于一种垂直叠加关系，较为简单。内蒙古地区的汉藏结合式寺庙殿堂空间通常由门廊、经堂、佛殿三大空间组成，朝拜者首先经过门廊、再进入经堂，最后到达佛殿，这种看似简单的空间连接却由于所在地区、所处历史时期、外来文化影响的不同，使得建筑外在形态衍生出多种可能，也使得此类建筑所谓

① 康·格桑益希．藏族美术史 [M]．成都：四川民族出版社， 2005：273.

的“汉式+藏式”屋顶模式变化出多种组合可能。

（一）类型A

此种屋顶组合形式中门廊、经堂、佛殿屋顶皆带有汉式歇山屋顶，三者形成近似“勾连搭”屋顶形式。典型代表为大召正殿（图6-25），其中门廊、佛殿多为重檐歇山顶，个别佛殿出现重檐“三滴水”歇山顶，如美岱召正殿佛殿（图6-26）；经堂屋顶由藏式平顶与汉式歇山顶叠加而成，如同甘青藏地区的藏汉结合式殿堂屋顶形式。这种屋顶组合形式最初产生于蒙古土默特地区，并在该地区得到发展，如土默特地区早期建造的乌素图西召正殿、席力图召古佛殿、小召，及清代的乃莫齐召、弘庆召均属这种屋顶风格，这种风格甚至影响到周边的盟旗，如紧邻土默特旗的乌兰察布市的百灵庙，其正殿建筑即仿效土默特地区的寺庙正殿建造，后期这种屋顶形式随着建筑形态的变化逐渐减少（图6-27）。

（二）类型B

此种屋顶组合形式直接受藏族地区藏汉结合式

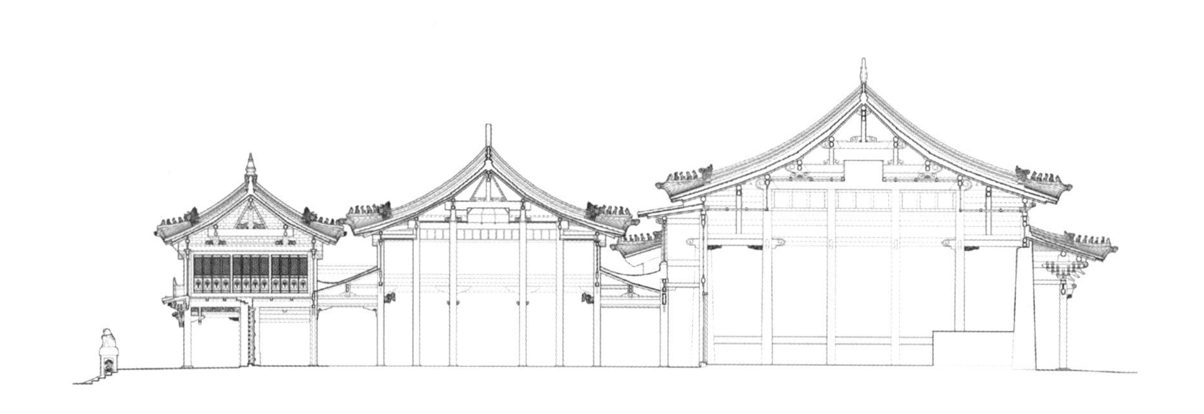

图6-25　大召正殿剖面
（资料来源：《内蒙古藏传佛教建筑》）

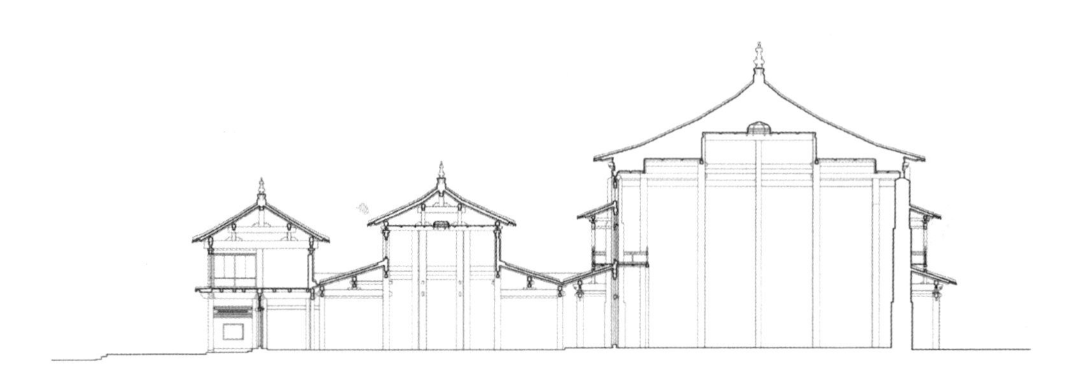

图6-26　美岱召正殿剖面
（资料来源：《内蒙古藏传佛教建筑》）

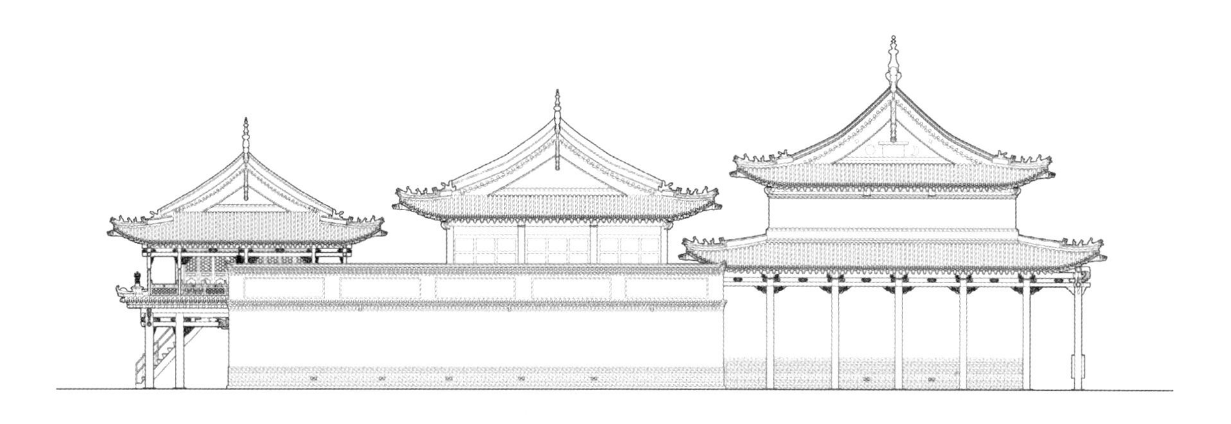

图 6-27　乌兰察布市百灵庙正殿东立面
（资料来源：《内蒙古藏传佛教建筑》）

寺庙殿堂影响明显，经堂与佛殿一体，在一层或二层藏式建筑平顶之上建汉式歇山顶建筑，在经堂前增加藏式门廊，典型代表为延福寺正殿（图 6-28），阿拉善地区此类形式汉藏结合是殿堂多有遗存，如达里克庙正殿、江其布那木德令庙朝克沁殿多为此类。但在传播中也出现了变体。其门廊仿汉式抱厦建筑形式，屋顶多为卷棚顶，但抱厦两侧建墙体封堵。这种形式多出现在锡林郭勒、鄂尔多斯地区，如锡林郭勒盟的新庙时轮殿，昭乌达盟的准格尔召千佛殿、陶亥召正殿。

（三）类型 C

此种屋顶形式现只存呼和浩特市乌素图召法禧寺正殿（图 6-29），造型非常独特。两层门廊如类

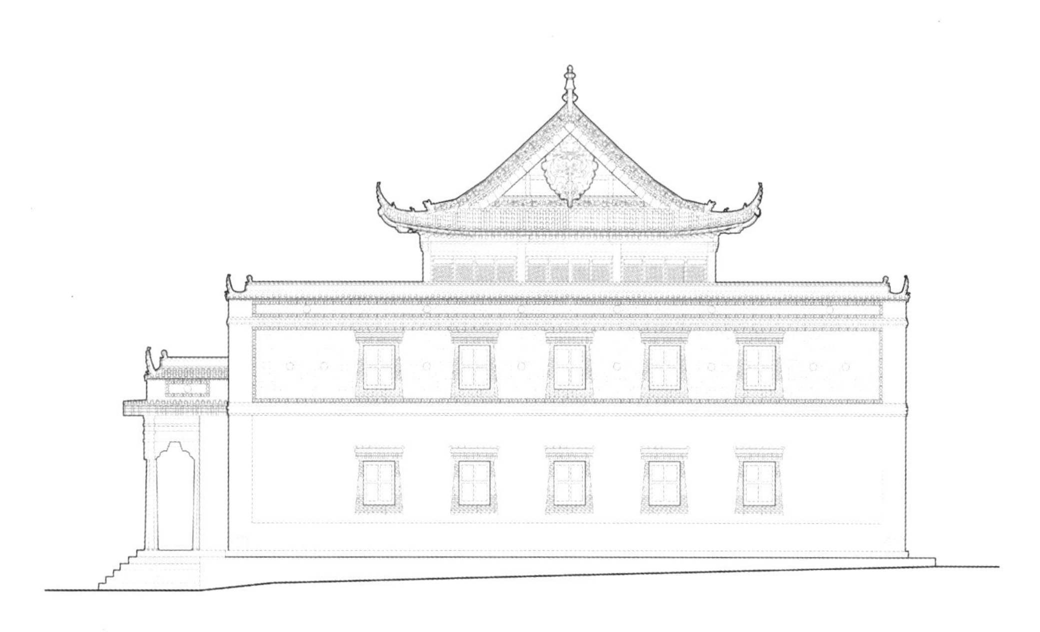

图 6-28　阿拉善盟延福寺正殿东立面
（资料来源：《内蒙古藏传佛教建筑》）

型 A 一样，一部分搭接在藏式经堂平顶之上，屋顶为藏式顶与汉式顶结合产物；佛殿为藏式平顶上建重檐攒尖顶，其一部分搭接在藏式经堂平顶之上，这种藏式平顶上建攒尖顶的屋顶形式曾在哲里木盟莫力庙的正殿屋顶出现过（今已不存），可能由于建筑体量的限制，使得经堂平顶上已无宽绰的空间再置歇山顶，因此形成了很特殊的一种屋顶组合形式。

（四）类型 D

此种屋顶组合见于经堂与佛殿分建形式，二者各自保留着一定的独立性，但又由于经堂与佛殿的功能关系，通过围墙等实虚关系加以意向性地连接。因此，在顶部处理上二者更为独立灵活，出现了多种组合形式。如席力图召正殿为经堂与佛殿分建，通过围墙连接。经堂屋顶为藏式平顶上建两座歇山顶建筑，佛殿为重檐歇山顶；梅日更召正殿为经堂与佛殿分建，通过围墙连接，门廊为藏式凸门廊，经堂屋顶为藏式平顶上建一座歇山顶，佛殿为叠涩藏式建筑，屋顶为藏式平顶（图 6-30）。

二、屋顶的装饰构件

内蒙古地区汉藏结合式寺庙殿堂的屋顶装饰由于融合了汉、藏、蒙古多民族的屋顶装饰文化，多种造型、多种材料共生一处，使得殿堂屋顶丰富多彩。

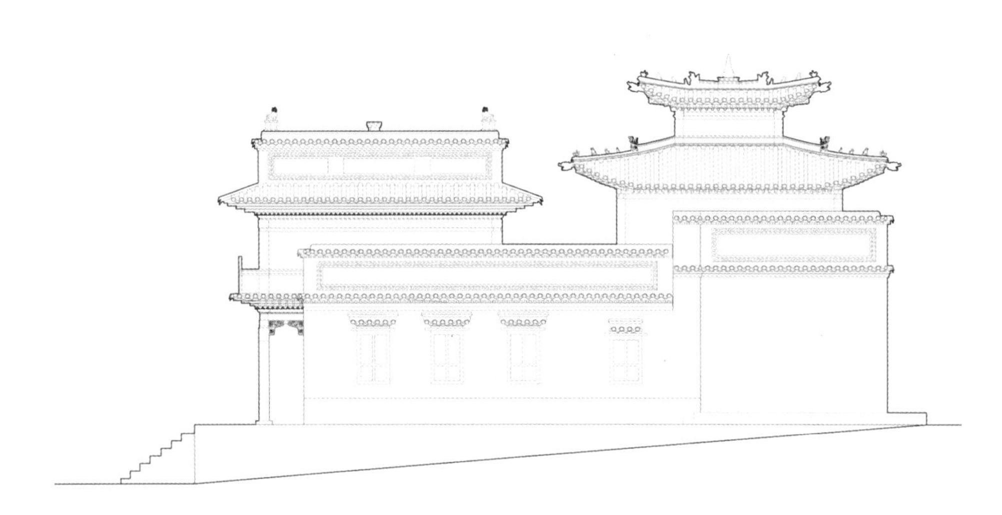

图 6-29　呼和浩特市乌素图召法禧寺正殿东立面
（资料来源：《内蒙古藏传佛教建筑》）

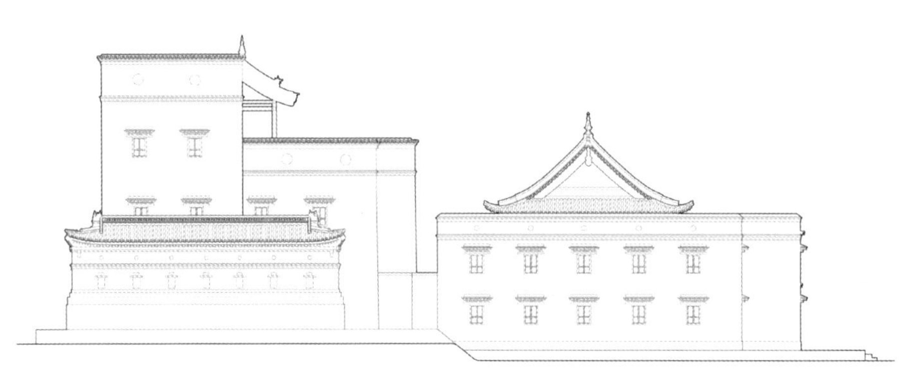

图 6-30　梅日更召经堂佛殿东立面
（资料来源：《内蒙古藏传佛教建筑》）

（一）宝顶

宝顶装饰是寺院建筑特有的装饰。在藏汉结合式殿堂或汉藏结合式殿堂的汉式歇山顶正脊居中多设置宝顶，根据《东嘎藏学大辞典》的注释："藏式屋顶上的宝顶装饰有印、汉两种类型，梵语称'甘杰热'，藏语称之为'佐丹'，而藏语中通用'甘杰热'这一词汇。"宝顶根据形状的繁简可分两种：一种如大钟形，一种如宝瓶形，前者是象征五方佛①，莲花座上的法轮象征大日如来，其上之钟象征不空成就佛，之上八瓣莲花象征无量光佛，之上之宝瓶象征不动佛；后者与钟形屋脊宝顶相比少了钟和法轮，宝顶象征大日如来，八瓣莲花象征无量光佛，摩尼顶象征不动佛，象征佛教三种姓佛在藏区仅限于佛教寺院中，在甘青藏地区藏传佛教寺院殿堂屋脊上常见屋脊中心置大钟形宝顶，两侧置小的瓶形宝顶（图 6-31）。

内蒙古地区汉藏结合式寺庙殿堂汉式屋顶上的宝顶多只在每座歇山顶正脊居中位置安放一座，依据屋顶大小体量有所差别，并且宝顶材质在早期亦有变化。如包头市美岱召正殿（图 6-32），佛殿初建于明代，入清后在佛殿之前增建经堂，形成汉藏结合式殿堂，其佛殿汉式屋顶采用灰瓦大面积铺设，

图 6-31　西藏大昭寺金顶
（资料来源：网络）

① 五方佛是佛教密宗金刚界供奉的五位佛，分别代表大日如来的五种智慧，又称五智如来。

在屋顶的正脊及宝顶、垂脊处采用琉璃装饰，而经堂汉式屋顶则采用鎏金铜制宝顶，这种金属宝顶在清代所建的内蒙古地区寺庙中一直沿用。

图 6-32　美岱召正殿不同材质的宝顶

（二）正脊、正吻

屋顶上前后两个坡面相交所产生的屋脊称为“正脊”，正脊两端与其他屋脊相交的节点处以高出屋脊的“正吻”装饰收口。

内蒙古地区的汉藏结合式寺庙殿堂建筑的正脊和正吻由于寺庙所建年代不同，体现出一些不同的特征（图 6-33）。以建于明末的大召正殿为例，其在清康熙年间殿顶换琉璃瓦，现正脊只有简洁的线脚无其他花饰，正吻由龙头、龙尾、一条龙腿、龙

a 席力图召正殿正吻

b 大召正殿正吻

c 美岱召正殿正吻

d 庆缘寺正殿正吻

图 6-33　汉藏结合式寺庙殿堂建筑的正脊和正吻

爪，背插宝剑，有背兽，表面刻有完整的仔龙形象，是一种官式建筑正吻做法。同样建于明晚期的几座寺院正殿，其材料由于寺院等级差异，呈现琉璃质和灰陶制两种，正脊装饰以龙纹或花卉为主。正吻为吞脊龙首，其形象与大召正殿正脊鸱吻相似，皆带有仔龙形象，龙尾高高升起，并向内卷曲，背上的宝剑也有取消，具有明代正吻造型特征。

从时间上看，早期的正脊和正吻在藏传佛教殿堂建造初期，应多是灰瓦，重要建筑多采用琉璃瓦件进行走边。正脊、鸱吻、垂脊、脊兽共同组成一条琉璃饰带。随后在寺院扩建、修缮过程中，一些殿堂屋顶全部采用琉璃瓦件更换，改变了屋顶最初原有的装饰状态，晋陕地区的屋顶装饰特征进入蒙古地区寺院殿堂建筑屋顶装饰中，但并未形成晋陕屋顶装饰的热闹场景。

（三）瓦当滴水与小兽

有装饰的筒瓦瓦头部分称之为“瓦当”，有字当和画当之分，滴水又称“滴水瓦”，是铺在屋顶檐口处的仰瓦，顶端有一块向下的瓦头，使雨水到达檐口时，能顺着瓦当滴至地面，从而保护仰瓦下面的屋面结构。

内蒙古汉藏结合式寺庙殿堂中由于有汉式屋顶形式的存在，瓦当及滴水大量存在，甚至在传统的藏式窗檐部分、屋檐部分也同样出现了瓦当、滴水，其材质视殿堂等级而定，等级高者通常采用琉璃瓦件，低者则使用普通陶制瓦件，在瓦当、滴水的装饰纹样中，植物纹、兽面纹、龙纹较多，偶尔也有凤鸟纹（图 6-34）。

小兽，又称作仙人走兽、走兽、戗脊兽等，传统宫殿建筑庑殿顶的垂脊上，歇山顶的戗脊上前端通常设置数量不等的瓦质或琉璃的小兽。起先为固定筒瓦，至明清，成为装饰，形成小兽系列，瓦兽的数目和种类有着严格的等级区别，小兽越多，建筑级别越高，在汉式建筑中通常在脊头处是骑鸡仙人，后面依次分别是龙、凤、天马、海马、狻猊、押鱼、獬豸、斗牛等。在明清官式建筑中，最高级别的殿堂屋脊用九只小兽，低一级别用七只小兽，依次往下减少，均为奇数。垂脊使用最多小兽的是故宫太和殿，其屋顶戗脊上用十一个小兽，成为等级最高的中国古建筑，象征皇权的至高无上。

寺院中殿堂屋顶上戗脊小兽在形象、数量、排列顺序上，往往较为杂乱，无一定式，有时小兽还带有民间特色，出现不同样式、形象。内蒙古地区现存汉藏结合式召庙殿堂屋顶戗脊上的小兽多反映出此种现象，可能是后世修缮中恣意改造所致，也可能是殿堂建造之时地方特色的显现（图 6-35）。

（四）悬鱼

悬鱼，其作用是对屋顶搏风板钉帽进行遮挡，主要集中在硬山、歇山等的屋顶形式上。对于悬鱼这种建筑装饰构件，产生的最初目的是其功能性，

图 6-34　瓦当与滴水

图 6-35　内蒙古地区汉藏结合式殿堂屋脊上的小兽

而后是其装饰性，再到后来甚至成为一种单纯的装饰构件。除去其本身的功能性、装饰性，还被附加上文化内涵，如灭火之意。

《营造法式》中谈到悬鱼（包括惹草）时说：“或用花瓣或用云头造。”意为悬鱼最初是用花瓣或用云纹造型，北方寺庙更多是卷云如意纹，这是悬鱼最原始的纹样，也是应用最多的一种。卷云亦称“如意云”，是以浮动相连的流云构成装饰图样，好像如意的端头，但在后期的发展中，不断地被填充吉祥纹样，使其先前较为单一、庄重的装饰意味变得世俗多样。

内蒙古地区现存的汉藏结合式殿堂中只有明代晚期建造的几座寺庙殿堂歇山顶中可以看到早期木质悬鱼的身影。木质悬鱼形式上更多取用花瓣或用云纹造型作为边缘造型，只作出外形，中心较少做装饰或不做装饰，悬鱼涂覆成赭红色，或素色或上绘金色纹样，整体纤瘦简化。大召、席力图召、美岱召、乌素图召的庆缘寺正殿皆存有早期卷云如意纹悬鱼，在美岱召正殿佛殿除了悬鱼，还有云纹状惹草，均反映出明代建筑的特征（图 6-36）。入清后，悬鱼的样式逐渐发生变化，惹草之类的装饰消失，悬鱼本身也逐渐变得宽短，装饰纹样也较明代丰富，材料由单一的木质悬鱼逐渐出现砖质悬鱼，琉璃质悬鱼，如准格尔召闻思学院山墙上巨大厚重的龙纹琉璃悬鱼（图 6-37）。

（五）胜利幢

胜利幢为藏传佛教吉祥八宝之一，其原为伞盖的丝织物，顶上装有宝珠，挂在长杆上，供在佛像前，如果上写经文，则称为经幢，象征着修成正果的胜利。后发展为独立形象，表现为摩尼宝顶，周身饰有飘逸的彩带、金柄及各种珍宝串的绫罗垂帷逐级重叠，上下共形成三层垂帷，表示佛身相圆满，又有表示佛的三身之说。因为佛有身如宝幢之妙相，所以宝幢供养给佛身，常安置于西藏寺院主体建筑大殿的屋顶四角（图 6-38）。

胜利幢形式各异，有鎏金铜幢、黑牦牛毛幢、五彩布幢等。藏族地区寺院主要殿堂屋顶普遍立鎏金铜幢，传入内蒙古地区后，风俗未变，在纯藏式建筑未传入蒙古地区时，胜利幢主要立于汉藏结合

图 6-36　美岱召正殿佛殿悬鱼

图 6-37　准格尔召千佛殿（闻思学院）悬鱼

图 6-38　西藏大昭寺屋顶胜利幢

（资料来源：网络）

图 6-39　小召琉璃制胜利幢旧时影像

（资料来源：《内蒙古古建筑》）

式殿堂的藏式平顶上，后期随着琉璃制品在内蒙古地区藏传佛教寺院中的大量使用，曾出现过琉璃制的胜利幢，今有影像为证的是小召曾在殿堂屋顶使用过琉璃制胜利幢（图 6-39），但其并非主流，内蒙古地区大量藏传佛教寺院无论是纯藏式或汉藏结合式殿堂藏式屋顶仍立鎏金铜制胜利幢。

（六）祥麟法轮

祥麟法轮又名“双鹿听经”，其造型正中为代表佛教徽相的八辐金轮，左右各有一只伸颈伏臣的金鹿，公鹿在左（有独角），母鹿在右，侧耳抬头，似倾听佛法。此装饰来源于佛陀时代双鹿听法的故事，传说释迦牟尼在鹿野苑初转法轮，讲经时诸般生灵都来听经，但只有一对鹿坚持到底最终领悟佛法，因此藏传佛教以一组雕塑象征持之以恒的精神，以此代表佛陀在野鹿苑初转法轮，是佛陀教义的象征，是喇嘛庙重要殿堂顶部特有的标志（图 6-40）。

祥麟法轮被安置在屋顶居中方位，但具体安放位置较为灵活，有的安置在藏式平顶上，有的安置在汉式歇山顶正脊上，并无特定要求，只要醒目突出即可。二兽形象有时也不尽相同，如西藏萨迦寺的屋顶上法轮旁即不是二鹿，而是一对孔雀，但象征含义相同（图6-41）。

在内蒙古地区的寺庙殿堂屋顶还可见到一种现象，法轮两侧的双鹿或为跪卧，或为站立。如席力图召大经堂屋顶上祥麟法轮中的双鹿即是一对站立的双鹿，此种现象还可见梅日更召正殿屋顶上、希拉木伦召正殿屋顶的祥麟法轮（图6-42）。探究其意，有一说与留宿有关，卧鹿代表寺庙可收留外人住宿，站鹿则代表不可留宿外人，因其居于寺庙主要殿堂的屋顶位置，在广袤的草原上，人们从很远就可以辨识。

（七）鎏金铜质跑龙

在殿堂屋脊装饰中出现鎏金铜质跑龙的实例并不多，代表性的三例为河北承德避暑山庄的普陀宗乘之庙的万法归一殿及须弥福寿之庙的妙高庄严殿、北京故宫的雨花阁，三者屋顶皆为金顶，全部

图6-40　西藏大昭寺殿堂屋顶祥麟法轮
（资料来源：网络）

图6-41　萨迦寺正殿屋顶上的祥麟法轮
（资料来源：《萨迦寺》）

a 席力图召大经堂屋顶祥麟法轮

b 梅日更召正殿屋顶祥麟法轮

c 希拉木伦召（普会寺）正殿屋顶祥麟法轮

图 6-42　内蒙古地区寺庙殿堂屋顶的祥麟法轮

图 6-43　妙高庄严殿屋顶鎏金铜质跑龙
（资料来源：网络）

图 6-44　万法归一殿屋顶鎏金铜质跑龙
（资料来源：网络）

图 6-45　雨花阁屋顶鎏金铜质跑龙
（资料来源：网络）

图 6-46　席力图召大经堂屋顶鎏金铜质跑龙
（资料来源：网络）

覆盖鎏金鱼鳞状铜瓦，在顶部皆有数条鎏金铜质跑龙，屋顶跑龙的出现反映了建筑自身等级的崇高（图 6-43 ～图 6-45）。席力图召大经堂顶部两座歇山屋顶的垂脊端头置有八条鎏金铜质跑龙（图 6-46），龙首向外，龙身曲曲而行，似向前奔跑，这种跑龙在非皇家敕建寺庙的重要殿堂屋顶上的出现，是一种尊贵的象征，更是一种皇权思想的体现，从此现象可见当时席力图召在清代漠南蒙古地区的宗教地位。

（八）苏勒锭

苏勒锭又称“苏鲁定”、“苏立德”，意为“长矛”、“旗帜”，为一高约 3 米左右的三叉矛，俗称“三股叉”（亦有单股叉）。矛头下为一圆盘，装饰有一圈黑色牦牛毛。在蒙古语中有旗杆和旗帜之意。在我国，古代时有用牦牛尾络于竿头装饰成旗帜，以作为敬贤礼圣的标志。据说，苏勒锭曾是成吉思汗当年出征作战时使用过的一种武器，以后配上牦牛尾作装

图 6-47　塔尔寺屋顶苏勒锭
（资料来源：网络）

图 6-48　拉卜楞寺屋顶苏勒锭
（资料来源：网络）

a 席力图召正殿屋顶苏勒锭

b 大召正殿屋顶苏勒锭

c 百灵庙正殿屋顶苏勒锭

图 6-49　内蒙古地区寺庙殿堂屋顶的苏勒锭

饰，成为蒙古族军徽和旗帜的标志。成吉思汗逝世后，蒙古族人民为纪念他，将苏勒锭作为一种圣物进行祭祀、供奉。

苏勒锭是长生天赐予成吉思汗的神矛，是成吉思汗征战所向披靡的标志，是威猛蒙古军队凝聚力的象征，也是蒙古民族象征精神力量的吉祥物。

翻开历史，可以清晰地看到蒙古人与西藏格鲁派之间的紧密联系。出生于蒙古黄金家族的四世达赖喇嘛，使蒙古人与格鲁派更加紧密地联系在一起。蒙古人保证，当格鲁派受到攻击，他们会给予军事上的支持，这一誓言也得以兑现，在格鲁派发展过程中，几次陷入困境，最终都是依靠蒙古这一强大的施主化险为夷，最终得以发展壮大。在藏族地区很多寺院是以蒙古族作为主要僧源，并与其他寺院有着广泛密切的联系，在西藏格鲁派六大寺院中后期所建的塔尔寺、拉卜楞寺的殿堂屋顶上可以看到高高竖起的苏勒锭，在表示敬畏的同时也有警示他人之意（图 6-47、图 6-48）。

内蒙古地区的藏传佛教寺院中，在殿堂藏式平顶四隅竖起苏勒锭现象更为广泛，这一点从大召、席力图召、百灵庙的正殿建筑屋顶可以清晰看到（图 6-49），从喇嘛库伦庙方形配殿的旧时影像中也可以看到竖立在藏式平顶四隅的苏勒锭，这是蒙古族文化的一种体现，也同时彰显了一种政治力量下的宗教庇护。

第四节 柱

柱子作为整座殿堂的主要承重构件，重复出现在整座殿堂中，有装饰、审美和标示建筑等级的作用。

柱式在内蒙古地区汉藏结合式寺庙殿堂建筑中的演变非常明显。

一、汉式圆柱

16世纪末藏传佛教再度传入蒙古地区后，由于当时蒙古地区建造资源的原因，由土默特部建造的蒙古第一座格鲁派寺庙大召，其建筑形制为汉式寺庙形制，只在核心建筑设计建造成汉藏结合式。殿堂建筑从外至内的柱子皆为圆柱，之后土默特地区陆续建造的寺庙殿堂，如乌素图召的庆缘寺、小召，包括同时期的鄂尔多斯地区的准格尔召也同样如此。

早期的门廊外檐圆柱柱式简单，柱础为简洁鼓形，柱头绘以彩绘，因受自然环境影响较重，目前彩绘多为重绘，无法对早期彩绘样式加以判定。

经堂内的圆柱柱身多为朱漆素色，柱头有部分彩绘纹饰，有的柱头绘有或雕塑有两角三眼兽面，如乃莫齐召正殿内柱头就有立体的兽面雕塑。亦有柱身满饰者，在红底柱身上绘制沥粉贴金五爪龙纹，周身围绕祥云，柱身下部绘海水江崖，柱头绘三色经幢，如兴源寺正殿经堂柱式即为此种（图6-50）。乌素图召法禧寺正殿经堂的圆柱同样表现出此种特征，柱身红底黑龙，龙身描金，柱身下部的海水江崖亦采用此法，华贵精美（图6-51）。

等级较高、财力雄厚者柱身多裹覆龙纹柱毯，其上多描绘为黄地蓝色五爪升龙戏珠纹，下为海水江崖，旭日东升，复杂一些的其中还组合有佛宝纹样。动乱中，柱毯多被拆走，移作他用。据记载，五当召在现代修缮过程中，全寺所能凑齐的柱毯无法满足一座殿堂的使用。现代很多寺庙殿堂中的柱毯为信众捐赠，在柱毯上往往有供养人姓名。

佛殿内圆柱通常在朱漆底纹上会通体彩绘纹饰，沥粉堆金。以大召正殿佛殿为例，在居中的柱上绘有龙纹，在两侧柱上则绘以牡丹、莲花等植物纹样，比经堂圆柱装饰更为丰富，活跃，显然是想通过这种色彩亮丽的纹饰绘制来增添佛殿的奢华神性。

更为引人注目的是佛殿中盘龙柱的出现，这种柱式在西藏大昭寺佛殿中早已出现（图6-52）。现存内蒙古汉藏结合式殿堂中这种柱式装饰存有四例，一处为大召正殿佛殿中，一处为席力图召古佛殿中，一处为希拉木伦召（普会寺）正殿佛殿中，一处为

图6-50　兴源寺正殿经堂柱式
（资料来源：网络）

图 6-51　乌素图召法禧寺正殿经堂柱式

图 6-52　拉萨大昭寺殿盘龙柱
（资料来源：网络）

图 6-53　大召正殿佛殿盘龙柱
（资料来源：网络）

乃莫齐召正殿佛殿中，大召中的盘龙柱更被誉为大召三绝之一（图 6-53）。席力图召古佛殿内的四根柱皆为龙柱，龙雕工艺与大召相同，但在制作水平上稍逊大召，其南侧龙柱的盘龙为升龙，盘曲升腾，呈二龙夺珠之势。北侧释迦牟尼佛前龙柱的盘龙为降龙，龙头两两相望（图 6-54）。希拉木伦召（普会寺）正殿佛殿中的盘龙柱，旧物为木雕，现为铁皮焊接而成。在先前文献中未见提及，其是否为原物，尚不可知。这种在释迦牟尼佛前设置龙柱的手法，应仿自西藏大昭寺佛殿龙柱。

图 6-54　席力图召古佛殿盘龙柱

另外，这种龙柱的出现还应与寺庙建造者有一定关系。大召的建造者为蒙古右翼土默特部阿勒坦汗，被明廷封为顺义王；席力图召的古佛殿为阿勒坦汗长子、第二代顺义王僧格都棱汗为迎请三世达赖喇嘛住锡土默特部弘法所建，此时的土默特部正值鼎盛时期，也是其政治、宗教性的体现。小召为阿勒坦汗之孙俄木布洪台吉所建，亦是阿勒坦汗家族建庙，由于其建筑被毁，无法知晓其正殿佛殿内部信息，但从大召、席力图召古佛殿中出现龙柱的现象，推测小召正殿佛殿中也应有龙柱出现。同时期建造的土默特地区其他寺庙，皆为民间建寺，在建筑风格、式样方面虽然多以大召为蓝本，但在殿堂中未见盘龙柱这种形式。

二、藏式楞柱

入清后，由于五世达赖喇嘛对格鲁派建筑形制的一些规定，藏式建筑特征开始出现在内蒙古地区的一些寺庙中，其中藏式多楞柱的出现成为明显的特征。藏式多楞柱一般出现在纯藏式和汉藏结合式殿堂中，在汉藏结合式殿堂中，主要出现在门廊与经堂部分。藏式柱断面一般为方形或折角方形，亦有圆柱，早期建筑如萨迦南寺大经堂及纳当寺即采用稍加砍削的原木作为柱子。

藏式柱从下而上依此由柱础，柱身，柱头栌斗，托木（元宝木、弓木），梁组成。

（一）柱础

藏式柱式的柱础通常呈方形，石质无饰，非常简单。

（二）柱身

内蒙古地区藏传佛教建筑的藏式柱多为木质，但在东部地区少量建筑的柱身采用石质。藏式柱身截面有圆形、方形、八楞、十二楞、十六楞、二十楞、瓜楞形式样（图 6-55），但在内蒙古地区汉藏结合式寺庙殿堂中多见方柱、十二楞柱，其中十二楞柱最为常见，方柱的四个面每个面加贴一块木板而成十二角折形，称之为十二楞柱。柱形带有收分，但不及藏地收分大，在顶部结合柱头栌斗常雕刻有纹饰。

（三）柱头栌斗

藏式柱头一般都有栌斗，简化柱式会省略去这部分。其形如斗形，与柱身上半部分通过暗销结合，进行雕刻装饰。但有时也见栌斗与柱身为一整体，统一做装饰处理。

（四）托木

托木为增加柱头承接面及枋承载力的结构构件。柱上有两层托木：下面较小的，形如元宝的，称之为元宝木，仅有两个半斗的长度；在其上，形如弓的称为长弓或修木（“修”藏语的意思为“弓”），约大于二分之一开间。元宝木外形两端做半圆弧线上收，弓木最简单的做法是在两端向上斜收，底面轮廓处理成垂云状，并用金线勾边，其上装饰各种纹饰，与柱头、柱身上半部共同形成“T”形装饰面，这部分装饰最为丰富多样。

图 6-55　藏式柱身截面形状

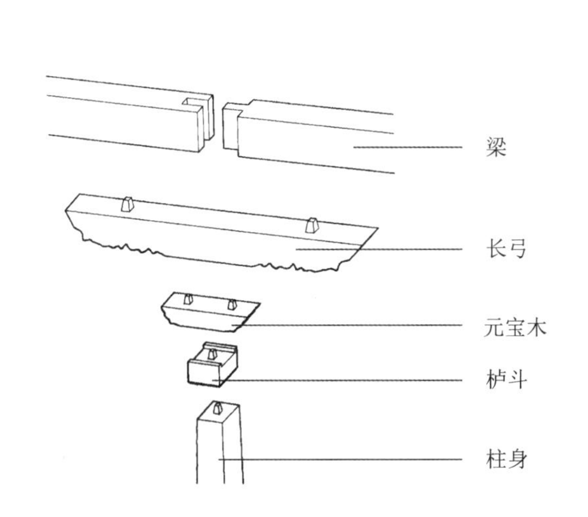

图 6-56　藏式柱构件搭接
（资料来源：《西藏乡土民居建筑文化研究》）

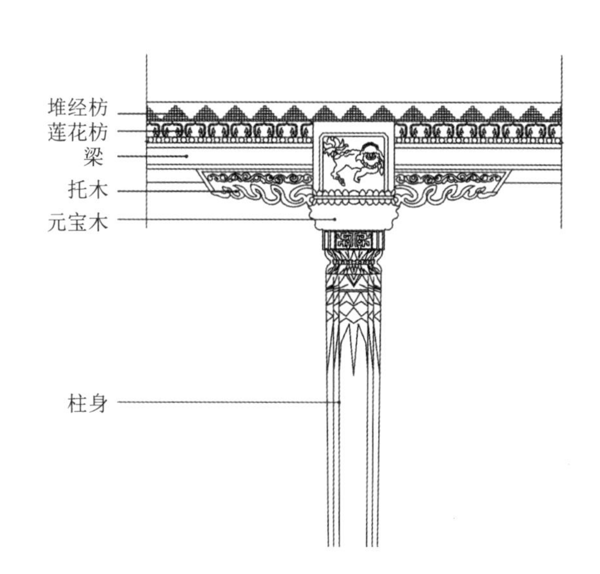

图 6-57　乃莫齐召正殿门廊柱头
（资料来源：张鹏举课题组）

藏式柱子与梁通过榫卯连接（图 6-56）。目前已知清康熙年间兴建的汉藏结合式殿堂已出现藏式柱式。如建于 1669 年（清康熙八年）的乃莫齐召，其汉藏结合式正殿外凸门廊饰以四根藏式楞柱，从下向上依次有兰札枋、连珠枋、莲瓣枋、蜂窝枋装饰，在托木及梁枋间方形单元内雕有瑞兽，较为硕大，将横向梁枋装饰带及弓木打断，这种打断梁枋连续性的装饰手法在后期殿堂的藏式楞柱中较为少见（图 6-57）。

从托木的形式大致可以判断出建筑的时代性和地区性。宿白先生在 1993 年参观 9 座呼和浩特以及其附近寺庙后，在其《呼和浩特及其附近几座召庙殿堂布局的初步探讨》一文中推断席力图召大经堂柱头托木下缘曲线并列的三垂云头特征为五世达赖罗桑嘉措时期的格鲁派殿堂装饰流行形制，说明西藏格鲁派的寺庙殿堂装饰风格此时已传入内蒙古寺庙，并得到仿效（图 6-59）。

大经堂建于清康熙年间，其门廊为藏式门廊，

图 6-58　席力图召大经堂门廊藏式柱

图 6-59　席力图召大经堂内部藏式柱

图 6-60　乌素图召法禧寺正殿门廊藏式柱

图 6-61　包头召正殿门廊藏式柱

一层由8根十二楞藏式廊柱组成，柱略有收分，柱头及托木装饰华丽。从下至上，雕刻有如意垂帘纹、连珠纹束腰的仰覆莲。托木宽大厚实，红地中心雕刻方形龙戏珠纹，周围填充云纹，动感极强，下方雕有火焰龛梵文十相自在纹，周边绕托木型装饰有宽大的金色如意卷草纹样。托木到檐口部分层层雕刻彩绘。托木承托之枋宽大厚重，自下而上为六层，依次为：下盖板、兰札枋、上盖板、连珠枋、莲瓣枋、蜂窝枋，非常见七层装饰带。经堂内明柱未见楞柱形式，均为朱漆方柱，方柱装饰集中在柱头，柱身多素色朱漆，偶裹有黄底蓝色龙纹的柱毯，唯中间通向二层顶棚的4根方柱周身绘朱地蓝龙纹样，绘制细腻，不施龙毯。柱头与门廊柱头相近，由于方形柱身，在如意垂帘纹方面有所变化，柱上托木不同于门廊，其厚度并未与柱头同宽，而向内收缩。托木红底，中心绘三眼两角、口含璎珞纹的黑身兽面，下方为黑地描金梵文十相自在纹，两边雕刻卷草如意纹。

其后，清雍正、乾隆年间建造的汉藏结合式寺庙正殿，其门廊柱式多采用了藏式多楞柱式，但与藏族地区的多楞柱式相比，由于受建筑开间大小的影响，外凸门廊出现的藏式廊柱体量渐瘦，远不如藏地的壮实厚重，但在柱式上半部装饰方面极尽装饰能事，如乌素图召法禧寺正殿门廊柱、包头召正殿门廊柱（图6-60、图6-61）。

另外，在通辽市库伦旗兴源寺汉藏结合式正殿门廊檐柱采用了石质与木质结合的藏式十二楞柱，其样式与木柱相仿（图6-62）。柱子为石质，其上托木部分为木质，柱头部浅刻浮雕，从上到下依次刻有太阳花、仰莲瓣、联珠、覆莲瓣、束叶卷草装饰，柱身色彩也并非常见红色，而被涂成绿色。石柱限于材料制作工艺问题，在纹饰雕琢上相对较简单。这种石柱在同处一地的万达日葛根庙门廊上也有出现（图6-63），同为绿色十二楞柱，柱头形式相似，柱头上的托木兽面雕刻较兴源寺立体感更强，这种材料、色彩改变后的藏式柱式，在目前遗存的其他地区汉藏结合式殿堂中还不发现，只见于通辽市这两处，是一种地方做法，具体内容值得有待深入研究。在存有都刚法式特征的殿堂中，空间中央通到二层顶棚的柱子通常彩绘纹饰，区别于一层的其他柱子。

图6-62 兴源寺正殿门廊柱式

图6-63 万达日葛根庙正殿门廊柱式

在彩绘同时，柱子或者加粗，如席力图召大经堂，一层为藏式方柱，红漆柱身，无纹饰，垂拔空间的通天藏式方柱则在柱身上部绘有硕大蓝色龙纹，并在体量上变粗；亦有改变柱形，通体彩绘，如赤峰市荟福寺正殿中两根通天方柱，通体彩绘兽面、龙纹，其余柱子则为红色圆柱，总之，垂拔空间中通天柱变化的目的皆为强调垂拔空间区域的重要性及神圣性。

相比较甘青藏地区寺院的柱式，内蒙古地区藏传佛教寺院殿堂的藏式柱式在其楞柱楞数、收分大小、柱子尺寸、雕饰的复杂程度方面不及藏地，即使是寺院的核心建筑汉藏结合式殿堂的藏式柱子尽管已很较汉式柱式复杂许多，但比起藏地寺院的柱式在其装饰度方面还是有些趋于程式化，缺乏灵活性，这可能是工匠在藏式与汉式柱式之间需求的一种审美平衡，抑或是格鲁派在其他传播地弘法建寺时的一种规制。

第五节 斗栱

斗栱在中国建筑中占有极为重要的地位，其位于立柱与横材（梁枋、檩子）交接的地方，是节点构件，从功能上讲，其在梁下可增加梁的承受力，在檐下可使出檐加深，并将屋顶的重量传递至注而达到柱础。在封建社会中，斗栱成为重要建筑的尺度标准和等级制度的一种象征。

斗栱常用于房屋内部梁架、檩枋间和楼层之间的平座以及顶棚藻井下。成形的斗栱盖出现于西汉，从盛唐至两宋，包括辽金这一时间段内，斗栱发展趋于成熟完善，这时的斗栱集实用、美观及制度化、标准化于一体，是斗栱发展史上最辉煌的时期。元、明、清三代是斗栱功能的衰落期，其各种结构作用，至此已逐次被梁架功能的发展改进取代，斗栱更多流于形式，成为一种象征性的装饰品。

藏传佛教再度传入蒙古地区的时间，已属明代晚期。在此之前，土默特部领主阿勒坦汗驻牧土默特地区，收拢反抗明朝政府的白莲教徒赵全等人，赵全人等欲借阿勒坦汗之力与明朝政府对抗，因此积极鼓动阿勒坦汗建国，并于 1565 年（明嘉靖四十四年）为阿勒坦汗修建“九楹之殿”作为阿勒坦汗金国的朝殿，即今日美岱召遗存之琉璃殿（图 6-64），琉璃殿为歇山顶三层楼阁，面阔三间，进深三间，斗栱形制为典型明式结构，因此可以说藏传佛教再度传入蒙古地区之前，带有斗栱的汉式建筑就已经出现在蒙古土默特地区了。

琉璃殿斗栱出现在一层、二层檐下。其明间、次间柱间斗栱皆为一攒。一层为重昂五踩斗栱，二层为单昂三踩斗栱（图 6-65）。

此时建筑中斗栱的作用已趋于装饰，彰显等级象征，在随后建造的内蒙古地区早期的藏传佛教寺庙中，斗栱主要出现在一些重要建筑中，如汉藏结合式的殿堂。

大召是蒙古部落领主正式皈依藏传佛教后建造的第一座格鲁派寺院，由于其当时的政治环境，在寺院营造方面不仅采用汉人工匠完成，更是得到了明朝政府在技术、物力、人力上的支持。其核心殿堂为蒙古第一座汉藏结合式殿堂，在斗栱施用方面，装饰精致华丽，为使用者增添了几分豪华气派，又体现出某种权威，反映出明代晚期斗栱的装饰特征。

大召汉藏结合式正殿建筑在门廊檐下使用斗栱（图 6-66），以托举之上的平座。门廊面阔三间，进深一间。门廊一层明间、次间柱间斗栱皆为三攒，山面斗栱为二攒，斗栱为重昂五踩，耍头装饰精美，被雕刻成象首、龙首、卷草式样。经堂藏式平顶上建一歇山顶建筑，檐下无斗栱。佛殿为重檐歇山顶建筑，其明间、次间、稍间、山面柱间斗栱皆为二攒。一层为三昂七踩斗栱。二层为单翘三踩斗栱（图 6-67）。

大召汉藏结合式正殿据载建于明万历年间，入清后，康熙年间在大召西仓建了另一座汉藏结合式的护法殿——乃春殿，其建筑形式与正殿相像，体量稍小。门廊面阔三间，进深一间。门廊明间柱间斗栱四攒、次间二攒，山面斗栱为三攒（图 6-68）。

图 6-64　美岱召琉璃殿

图 6-65　美岱召琉璃殿一层、二层斗栱

图 6-66　大召正殿门廊斗栱

图 6-67　大召正殿佛殿斗栱

斗栱为重翘五踩，耍头为麻叶云头；经堂藏式平顶上歇山顶建筑檐下无斗栱；佛殿为重檐歇山顶建筑，其明间、次间、山面柱间斗栱为三攒。一层已无斗栱出现，二层为单翘三踩斗栱。

通过大召两座分建于明晚期和清初期的汉藏结合式殿堂可以看出，斗栱在建筑中的使用逐渐减弱，在装饰方面清代斗栱明显不如明代斗栱装饰烦琐，这应该也与殿堂的等级地位及营建者有诸多关系。带有明代斗栱特征的两侧卷草在清代斗栱装饰中消失。二者的斗栱板装饰也出现较大差异，大召门廊斗栱板采用镂空雕刻，中心为佛教八宝纹饰，四周饰以祥云。相比之下，乃春庙正殿门廊斗栱板未作任何装饰，直接漏空（图 6-69）。

在大召建立后，藏传佛教格鲁派的弘法活动以此为基地，陆续在蒙古部落中展开，明代土默特地区作为弘法主要区域，也随后建造了几座寺院，其中既有蒙古贵族建寺，亦有民间建寺，但其中的汉藏结合式殿堂多仿效大召正殿建筑形式，这其中有席力图召古佛殿、乌素图召庆缘寺正殿。

古佛殿门廊与大召正殿门廊不同，据载历史上

图 6-68　大召乃春庙正殿门廊斗栱

图 6-69　大召正殿与乃春庙正殿栱眼壁比较

图 6-70 席力图召古佛殿经堂二层斗栱

图 6-71 席力图召古佛殿斗栱

可能经历过改建，其门廊为藏式柱式，梁枋处没有斗栱。在经堂藏式平顶上建一座歇山顶建筑，面阔三间，进深两间，明间柱间斗栱三攒、次间二攒，山面柱间斗栱为二攒，斗栱为单翘三踩斗栱，耍头为麻叶云头，两侧带三幅云（图 6-70）。

佛殿为重檐歇山顶建筑。其转经廊道一层斗栱为三昂七踩形式，南向开间明间、次间柱间皆两攒，稍间一攒。山面明间柱间三攒，次间两攒，稍间一攒。其二层开间方向明间、次间柱间斗栱为二攒，山面柱间斗栱为三攒，斗栱形式为单翘三踩（图 6-71）。

庆缘寺正殿与大召正殿形制相同，但其门廊梁枋处无斗栱。经堂藏式平顶上建一座歇山顶建筑，明间柱间斗栱三攒、次间二攒，山面柱间斗栱为二攒，斗栱为单翘三踩斗栱，耍头为麻叶云头。

佛殿为重檐歇山顶建筑，一层斗栱为三昂七踩形式，二层斗栱为单翘三踩形式。其明间、次间柱间斗栱为二攒，稍间柱间斗栱为一攒，山面柱间斗栱为四攒。

此外，在明朝晚期，同归蒙古右翼、一同参加了仰华会晤的鄂尔多斯部，也在本部住牧地于 1622 年（明天启二年）建寺供佛，与土默特部关系密切的漠北喀尔喀蒙古也在其驻牧地于 1586 年（明万历十四年）建起额尔德尼召，两座寺庙的重要殿堂梁枋皆有斗栱出现。额尔德尼召几座殿堂斗栱多为三昂七踩斗栱、重昂五踩斗栱（图 6-72）。准格尔召正殿佛殿斗栱为三昂七踩斗栱，经堂藏式平顶上歇山顶建筑斗栱为单翘三踩斗栱（图 6-73）。

从上述几座建于明晚期的殿堂斗栱使用信息，可以看出，内蒙古地区汉藏结合式殿堂斗栱在明晚期由于殿堂建造者的不同，在斗栱形式上还是出现了一些变化，如大召、席力图召皆为阿勒坦汗家族建庙，其斗栱带有官式建筑斗栱特征，斗栱两侧装饰浮云卷草，但民间建寺的乌素图召庆缘寺，则在斗栱的形制上没有浮云卷草的出现，显示出两种不同的明代斗栱形制，但在斗栱形制上多出现三昂七踩斗栱，体现出建筑的等级地位。

关于斗栱的设色，目前调研到的信息以柱头科为准，按青绿二色相间使用 ，当升、斗构件为绿地者，栱、翘、昂构件为青地，反之，调换使用，各构件周边作齐白粉线。

从上述斗栱数据信息，可知清康熙年间是内蒙古地区汉藏结合式殿堂建筑斗栱从有到无的过渡期。清康熙年间，在蒙古各部多次掀起建寺高潮，以政府敕建、赏赐匾额形式鼓励蒙古贵族与藏传佛教僧侣大肆建寺。早期一些殿堂斗栱仍少量出现，后期逐渐消失。如百灵庙汉藏结合式正殿虽然建筑形式是大召汉藏结合式正殿的风格的延续，但建筑上已无斗栱出现。

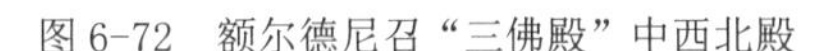

图 6-72　额尔德尼召“三佛殿”中西北殿

图 6-73　准格尔召正殿

后期随着藏式寺院建筑形式传入蒙古地区，殿堂建筑中的藏式特征被加大强调，经堂的藏式墙体延续至佛殿，使得原有佛殿外围柱廊檐下的斗栱减少甚至取消。同时由于清代梁架技术的发展，歇山顶檐下也偶有斗栱出现。

第六节 梁枋彩画

中国木构建筑上绘制彩画的历史源远流长，其集功能性与装饰性于一身。汉藏结合式殿堂建筑由于集藏式建筑及汉式建筑特征于一身，在梁枋彩画方面也表现出各自特征。

一、汉式梁枋彩画

战国时期，建筑彩画已发展成为一项专门的建筑装饰艺术，后经各朝代的发展，在清代达到顶峰。

明、清两代建筑中大量使用旋子彩画，其显著特点是在找头内使用了带卷涡纹的花瓣，即所谓的旋子、旋瓣。因整个旋子如围绕花芯开放的花瓣，故称旋花，中间的花芯叫作旋眼。1934 年梁思成先生在《清式营造则例》一书中，首次使用了“旋子彩画”一词，统一了这类彩画名称。但在民间，仍有“蜈蚣圈”、“学子”、“旋子”、“圈活”等称呼。

明代是中国古建筑彩画艺术鼎盛时期的开始。分官式做法及地方做法。“旋子彩画”是明代官式建筑彩画的主要形式，其从元代同类彩画演变而来，在构图上继承了元代“三段式”[①]的基本格局，纹饰方面极其简练，找头里有旋花形和如意形，色彩上以蓝绿冷色为主，红色作为点缀色出现。金色通常用于重要部位，工艺方面极其注意退晕，强调色彩的柔和性，还未出现以白色作为最潜色的退晕色，而以浅蓝、浅绿、浅粉作为最浅色。

明代晚期彩画较早期趋于程式化，其特征表现为出现龙纹、锦纹、八宝等纹饰方心，从一波三折逐渐过渡到宝剑头形状，方心尺寸接近找头的尺寸；找头多用 N 整 N 破的组合，旋花外轮廓趋向正圆，较少用如意头，在连接方式上已出现少量勾丝咬、喜相逢等画法，旋眼多为花瓣状。

蒙古地区于明代晚期率先由住牧在土默川地区的土默特部开始建造汉式宫殿建筑，土默特部领主阿勒坦汗收留白莲教赵全等人为其建造宫殿，建立塞北汗庭福化城。1571 年（明隆庆五年）明蒙签署“隆庆和议”后，土默特部政治中心即由福化城东迁至呼和浩特，1606 年（明万历三十四年）阿勒坦汗孙媳五兰妣吉将福化城改建成寺，并迎请西藏麦达里呼图克图来此坐床，掌管蒙古草原教务，寺院内遗

① 元代“三段式”指找头——方心——找头的“三段式”构图方式。

图 6-74　美岱召太后庙大梁找头彩画
（资料来源：《美岱召壁画与彩绘》）

图 6-75　美岱召太后庙梁枋彩画
（资料来源：《美岱召壁画与彩绘》）

存有明代晚期建筑。

太后庙即为其中一座重檐歇山顶建筑，功能为享堂，殿内顶部天花，每单元内绘八瓣无量寿佛纹样，中央主尊及周边八瓣莲花内皆为双手禅定持宝瓶的无量寿佛，绘制细致精美。从其大梁上所绘旋子彩画，符合明代晚期彩画特征（图 6-74、图 6-75）。

彩画按其位置不同分为外檐彩画及内檐彩画。外檐彩画由于受日照环境影响，比内檐彩画的保存寿命小，历史上多有重绘。新的彩画取代旧有彩画，属正常现象。但对于今日之后世修复，1935 年，梁思成先生早已阐明了观点：

我们今日所处的地位，与两千年以来重修时匠师所处地位，有一个根本不同之点。以往的修复，其唯一的目标，在将已破敝的庙庭，恢复为富丽堂皇、工坚料实的殿宇，若能拆去旧屋，另建新殿，在当时更是颂为无上的功业或美德。但是今天我们的工作却不同了，我们须对于各个时代之古建筑，负保存或恢复原状的责任。……于是这个问题也就复杂多了。[①]

内蒙古地区藏传佛教寺庙建筑彩画在现代修缮过程中遭到的损坏亦非常严重。从最初的庙宇无人问津，到现在的过渡修缮，尤其是建筑彩画部分。

① 梁思成. 曲阜孔庙之建筑及其修葺计划·绪言［J］. 中国营造学社汇刊，1935 年第六卷第一期.

图 6-76　20 世纪 90 年代大召正殿门廊二层外檐彩画
（资料来源：《中国建筑艺术全集－佛教建筑（3）》）

图 6-77　大召正殿现门廊二层外檐彩画

图 6-78　美岱召正殿佛殿内檐梁枋彩画
（资料来源：《美岱召壁画与彩绘》）

修缮者常不顾原有彩画特征，肆意篡改，已失其本来面目，致使今日对于内蒙古地区藏传佛教寺庙彩画的研究始终无法形成体系，这里也只能就几座殿堂的彩画信息论述其特征，希望起到抛砖引玉的作用。

大召作为蒙古第一座格鲁派藏传佛教寺院，其汉藏结合式正殿内檐彩画保护较好，外檐彩画全部重绘，从现有外檐彩画看，虽在构图上为“三段式”，方心绘二龙戏珠龙纹、梵文纹样，找头出现一整二破旋花，但与 20 世纪 90 年代出版的《中国建筑艺术全集（14）－佛教建筑（3）藏传》画册中的外檐彩画已大相径庭，对于目前彩画只作参考（图 6-76、图 6-77）。

美岱召作为内蒙古地区建造年代久远的一座由城改寺的寺庙，保留了大量珍贵的历史信息。美岱召的汉藏结合式正殿的经堂和佛殿从内檐梁枋上的彩画判断，应为不同时期的作品。有研究者提出，佛殿为明代建筑，经堂为清代后建。佛殿大梁上的绿底红花的西番莲纹样具有明代特征（图 6-78），并且将经堂与佛殿梁枋上的龙纹对比，也呈现出不同风格。佛殿的龙纹造型更为生动，整条龙盘绕于大梁之上，打破了常规的梁枋制式构图。经堂梁枋上的红底金色二龙戏珠纹，属于常规彩画构图造型，这种一座殿堂两种彩画绘制风格从一个侧面也可印证其经堂、佛殿并非同一时期建造而成（图 6-79、图 6-80）。

从建于清代康熙年间的大召乃春殿佛殿的梁枋彩画中可以看出当时的殿堂彩绘特征（图 6-81）。

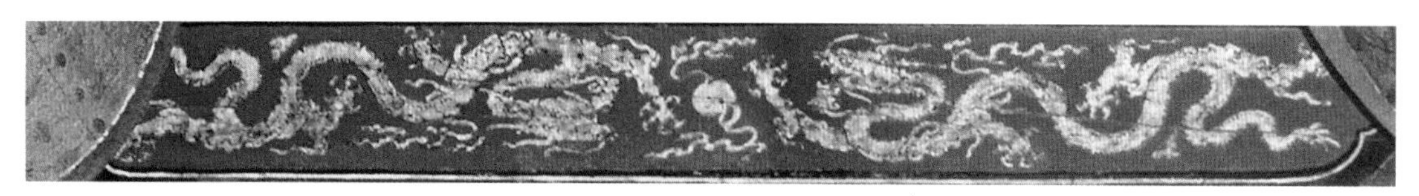
图 6-79　美岱召正殿经堂内檐方心彩画
（资料来源：《美岱召壁画与彩绘》）

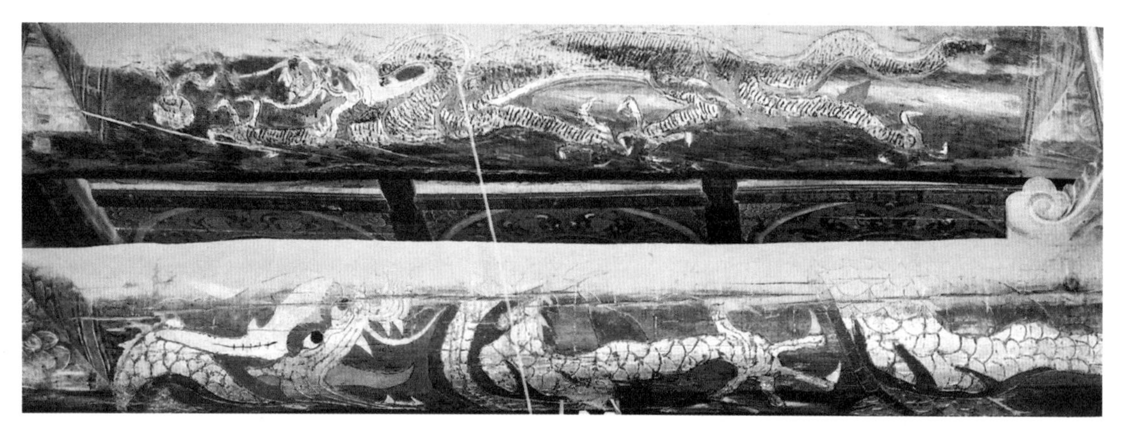
图 6-80　美岱召正殿佛殿内檐梁枋彩画
（资料来源：《美岱召壁画与彩绘》）

图 6-81　大召乃春殿佛殿内檐方心彩画

彩画为雅五墨彩画旋子彩画，方心内容丰富，有龙纹出现，也有黑叶子花方心，这种雅五墨旋子彩画从现存的一些汉藏结合式殿堂内檐彩画中同样可以看到，如建于清代雍正年间的乌素图召法禧寺正殿经堂梁枋，彩画亦为雅五墨旋子彩画（图 6-82），方心内容丰富，细节处理上又较大召乃春殿更为丰富，细腻。

约建于清康熙年间的包头召虽为蒙古贵族巴氏家族所建家庙，其身份为保佑家族平安的护法殿，从现存的殿堂内梁枋彩画也体现出上述特征，旋花

a

b

图 6-82 法禧寺经堂内檐梁枋心彩绘

为一整二破，但在方心纹样的处理上更为活泼、丰富，内容涉及龙、凤、麒麟、鹤等多种动物，且贴金处理，亦有宽大厚实的卷草纹、织锦纹、吉祥八宝等，蒙古族审美特色浓郁。虽然经后世修绘，笔法粗糙，但仍可看出一些最初的迹象。使用色彩方面比清代官式建筑的彩画色彩更为丰富，体现出民间特色（图 6-83）。

二、藏式梁枋彩画

藏式梁枋与汉式梁枋的装饰有别。汉式梁枋装饰多以绘画为主，而藏式梁枋则多以雕刻为主，辅以彩绘，如梅日更召经堂内、外檐梁枋彩绘（图 6-84）、席力图召门廊外檐彩绘。由于以雕刻为主，因此无论是内檐还是外檐装饰，在后世修缮中亦能

a

b

c

d

图 6-83　包头召正殿内檐梁枋彩画

保持初期的一些特征，使我们能了解到一些最初的装饰特征。与藏族地区的寺院殿堂梁枋装饰相比，内蒙古地区汉藏结合式殿堂建筑的藏式梁枋装饰在繁缛程度上不及藏地，且多呈模式化，变化较小，装饰带层次简单，自下而上，多以兰札、联珠、莲瓣、“堆经”纹样作为定式装饰纹样。

第七节 门窗

门窗是建筑立面装饰的重点。内蒙古地区汉藏结合式殿堂由于存在汉、藏两种建筑形制的结合特征，在门窗方面也自然表现为汉式、藏式两种形制的门窗共存于一座建筑的现象，并且受地域文化的影响，在某些方面还呈现出一些新的特征。

一、门

在内蒙古地区汉藏结合式殿堂中门的形式主要由藏式门、汉式门两种，其所处区域、位置不同。

（一）藏式门

在西藏地区，传统藏传佛教建筑形式来源于传统的藏式民居——碉房，并在此基础上发展而来。门多为板门形式，以平开门为主，以门轴链接单开或者双开。寺院殿堂大门或为三扇或为五扇，有“三解脱”和“五道”之意。门一般由门槛、门框、门楣、门斗栱、门扇、门头、门套、门帘等构成，但装饰复杂精美，门框、门楣处通常采用多层木雕装饰带装饰，层层叠叠，厚重而繁缛。

内蒙古地区的汉藏结合式殿堂正门皆为藏式门（图 6-85、图 6-86），其门上装饰与藏族地区寺庙大门无太大区别，只是装饰元素有所简化。不存在夸张的“T”形或者牛头形“巴卡”，只是在墙体上做简单的平开门窗；在铺首上系着五色哈达，也就是藏族的“金刚结”，藏族地区金刚结编制精致，作为寂静和勇猛本尊乃至诸佛菩萨神众做授，有保平安的寓意，寓意循环往复生命生生不息。内蒙古地区寺院中的金刚结编制较为简单，只是简洁的挽扣；在门框装饰层数上较藏族地区减少，门框多是做简单的彩漆处理外加连珠纹、堆经、佛龛等，色彩没有卫藏地区浓重，多彩雕、浮雕装饰。

（二）汉式门

这里的汉式门指槅扇门，主要用在一层经堂和佛殿间及二层各房间，用于划分功能区域。其样式通常为汉式六抹头槅扇门（图 6-87、图 6-88）。在内蒙古的寺庙中，槅扇门在传统汉式形制基础上，也曾加入蒙古元素，如百灵庙正殿佛殿南墙明间及两侧次间共 10 扇六抹槅扇门，上部格心现为斜方格纹，下部裙板无纹饰，据记载历史上槅扇门窗扇上曾有用蒙古文刻着的“广福”、“博缘”、“安乐”、

图 6-84　梅日更召经堂内檐梁枋彩绘

"恩惠"、"享福"等词语，可惜今已不见。

此外，一些殿堂中设有小门（图6-89、图6-90），往往设置于建筑的东、西侧墙或经堂北墙，在装饰水平上比正门简化，甚至无装饰，只是平板门，起到出入基本功能即可。经堂北墙的后门主要出现在明末清初建造的汉藏结合式建筑中，由此门通向室外转经廊道。

二、窗

窗不仅用于采光通风，还是塑造建筑立面形象

图6-85　百灵庙正殿大门

图6-86　毕鲁图庙正殿大门

图6-87　百灵庙正殿六抹头槅扇门

图6-88　大召乃春殿六抹头槅扇门

图 6-89　大召正殿经堂后门

图 6-90　百灵庙正殿经堂后门

的重要手段。汉藏结合式殿堂由于自身建筑特点，出现了两种不同形式的窗，即藏式窗和汉式窗。

（一）藏式窗

在藏族地区，鉴于环境气候高寒的特点，无论民居或是寺院的窗户都呈内小外大的斗形，便于更好地接受阳光照射，窗户多呈长方形，南向多开明窗，用于采光通风，北向或设盲窗装饰或不设窗，窗户的装饰一般主要集中在窗檐处，通常出挑 2 ～ 3 层小木椽，上层施红色，下层施绿色，在最上层用岩板和阿巴嘎土条做成一个小棚，窗口处绘制黑色梯形窗套，藏语称之为“那孜”。有时会在窗楣上悬挂红白蓝三色的香布，既有装饰之用，同时又可避免窗上彩绘或雕刻遭受日晒雨淋，延长使用寿命。

当藏传佛教传入蒙古后，在汉藏结合式殿堂上藏式窗的变化最大，产生了多种新的形态，虽大形未变，但在细节上已有别于纯粹意义上的藏式窗，并且在内蒙古地区，藏式窗更多见为盲窗形式，形式存在，但功能丧失，采光、通风更依赖于汉式窗。

据目前调研所知，内蒙古地区的汉藏结合式殿堂藏式窗分以下几种形式。

类型 A：长方形窗洞上下设过梁，上檐伸出两层方椽，最上面斜面盖板，如大召正殿经堂藏式窗（图 6-91a）。

类型 B：长方形窗洞上设过梁，下无过梁，上檐伸出两层方椽，最上面斜面盖板，如梅日更召正

a 大召正殿藏式窗

b 梅日更召正殿经堂藏式窗

c 席力图召大经堂藏式窗

d 百灵庙正殿藏式窗

e 准格尔召千佛殿（闻思学院）藏式窗

f 梅日更召正殿佛殿藏式盲窗

图 6-91　汉藏结合式殿堂藏式窗

殿经堂藏式窗（图 6-91b）。

类型 C：长方形窗洞上设过梁，下无过梁，上檐通常伸出二层方椽，上面覆灰瓦件；等级高的殿堂上檐出挑一般为 2 ～ 3 层，其上覆琉璃瓦，如席力图召大经堂藏式窗（图 6-91c）、法禧寺正殿藏式窗。

类型 D：长方形窗洞上设过梁，下无过梁，上檐伸出二层方椽，上覆琉璃瓦或灰瓦，并用青砖模仿屋脊造型，如百灵庙正殿经堂窗、乌素图召法禧寺正殿山墙藏式窗（图 6-91d）。

类型 E：受所在地区或邻近地区民居建筑的影响，在内蒙古一些地区的汉藏结合式殿堂上出现了拱券窗，鄂尔多斯地区准格尔旗的准格尔召汉藏结合式殿堂的经堂墙面多出现此种拱券窗，这是受到晋陕地区窑洞拱券窗影响的结果（图 6-91e）。

类型 F：长方形窗洞上设过梁，下无过梁，无檐，窗洞处镶嵌佛教人物砖雕，形成盲窗效果，如梅日更召正殿墙面的藏式窗（图 6-91f）。

（二）汉式窗

汉式窗往往用于门廊二层和经堂二层、佛殿的上部开窗，多为汉式槅扇窗，上饰菱花格纹，用于采光和通风。

建筑等级越高其窗上装饰越复杂，等级高的佛殿窗饰“三交六椀菱花”（图 6-92），等级较低的附属建筑则是用简单的木条组成方格，或斜交或正交上绘宗教纹样。

此外，在内蒙古东部地区，尤其是赤峰、通辽地区，现存的几座藏传佛教汉藏结合式寺院殿堂建筑上均有圆形窗，带有典型的汉式寺院特征迹象。如通辽库伦旗兴源寺正殿经堂二层设有圆形盲窗（图 6-93）；包头市昆都仑召小黄庙经堂南立面亦可看到殿门两侧各有一个圆形窗，内为八角形窗框（图 6-94）。

库伦旗万达日葛根庙（寿因寺）正殿墙面皆设圆形窗，经堂南向二层圆形窗棂还雕刻有汉式吉祥花鸟人物纹饰（图 6-95），汉式民俗韵味强烈，上述现象均反映出传统汉式寺庙建筑形制对藏传佛教寺庙建筑的影响。

第八节 室内地面

内蒙古地区藏传佛教寺院殿堂室内地面多采用方砖、条砖和宽大的不规则条木板装饰，还有用青石板铺设地面，仅见五当召殿堂。方砖的铺设方式有对缝或错缝铺装，亦有菱形铺装，在诵经区域空间有时会在地面上再铺设一层地毯。

图 6-92　席力图召大经堂二层槅扇窗

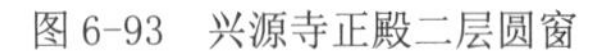
图 6-93　兴源寺正殿二层圆窗

图 6-94　昆都仑召小黄庙经堂圆窗

汉藏结合式殿堂室内空间主要以经堂和佛殿串联而成，二者室内地面装饰常见以下几种形式：

⑴经堂一层、二层地面采用不规则条木地板铺装，佛殿采用青砖铺装。如大召正殿、席力图召古佛殿。

⑵经堂一层、佛殿地面皆铺青砖。经堂二层地面采用不规则条木地板铺装。

⑶经堂一层、二层、佛殿地面皆采用不规则条木地板装饰（图 6-96）。

从调研数据可知，第三种形式目前遗存最多，应是当时内蒙古地区汉藏结合式殿堂的主要地面铺装形式，起到保温、隔热、防潮的作用。在个别空间中使用青砖铺地，应是受当时汉地佛寺殿堂内部空间地面铺设之法的影响。至于现今出现的陶瓷地砖、复合木地板等材料铺设，则是现代维修后所致，失去了原有状态。

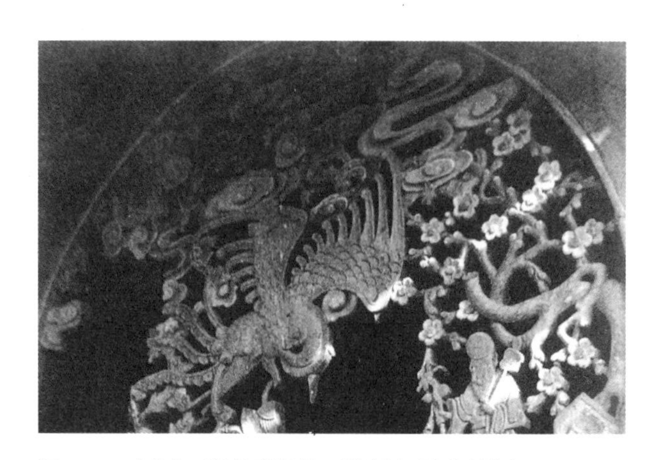

图 6-95　库伦旗万达日葛根庙（寿因寺）圆形木雕窗
（资料来源：《中国西部古建筑讲座》）

第九节 顶面

内蒙古地区的汉藏结合式殿堂在其发展过程中，存在着汉、藏两种不同建筑构架体系。在其发展过程中，经堂经历了早期汉式建筑构架向藏式建筑构架的转变，佛殿则自始至终保持着汉式建筑构架的特征。空间构架特征的变化、建筑屋顶造型的影响加之内部空间吊顶方式的采用与否使得殿堂内的顶面表现出不同的装饰效果。

内蒙古地区汉藏结合式殿堂空间顶面处理主要由天花和彻上明造两种装饰手法组合而成。佛殿顶面因为要设置藻井，通常都作天花处理，经堂顶面相比较为灵活，彻上明造做法与天花做法会根据需要单独或组合出现，藻井时常伴随天花出现。

图 6-96　美岱召正殿经堂地面

一、天花

天花在古代称作平棋（綦），即采用吊顶形式，在室内空间顶部以木条拼成方格，在木框间放较大的木板，板下施彩绘或贴以有彩色纹样的纸，这种形式因其仰看像一个棋盘，在宋代称为平棋（綦）。这种吊顶形式常用于宫殿、寺院殿堂空间的顶面装饰，在内蒙古地区藏传佛教寺院汉式殿堂中，亦为常用。在汉藏结合式殿堂中，由于有汉式建筑梁架结构融入其中，天花应用非常普遍，通常分隔的木框施以红色、绿色，金色走边，在美岱召正殿佛殿顶面的天花分隔木框上，红色底上还绘有一字金刚杵、梵文真言纹样，更显华贵，天花板构图形式多为中心圆形，四周岔角纹饰。

经堂天花板中心纹饰以梵文真言为多，乌素图召庆缘寺正殿经堂、百灵庙正殿经堂（图 6-97）、梅日更召正殿经堂（图 6-98）天花皆属此类。青海瞿昙寺小鼓楼内部天花板中心纹样也为梵文真言，相比较内蒙古地区藏传佛寺殿堂内部的梵文真言天花，文字较之表现得更加饱满（图 6-99）。也有另类图像，如包头召正殿经堂天花板中心绘制为十字金刚杵，与其护法殿身份有直接关系（图 6-100），美岱召正殿经堂的天花板中心则满绘曼荼罗纹样，如同佛殿。

图 6-97　百灵庙正殿经堂天花板

图 6-98　梅日更召正殿经堂天花板

图 6-99　青海瞿昙寺小鼓楼内部天花
（资料来源：网络）

佛殿天花板中心通常彩绘各种菩萨、护法。如席力图召古佛殿天花板即为此例（图 6-101），造像丰富，绘制细腻。早期寺庙佛殿天花会绘制大量曼荼罗纹饰，如 16 世纪末建造的美岱召正殿佛殿天花绘制诸菩萨、护法的同时，还绘制大量有威猛金刚部本尊的曼荼罗，这些曼荼罗的中央为蓝色，表示不动佛及其显现，下方为白色，表示东方的毗卢遮那佛，按顺时针方向分别为黄色（宝生佛），红色（阿弥陀佛），绿色（代替黑色，代表不空成就佛），可见藏传佛教金刚部曼荼罗在当时蒙古人信仰中的流行（图 6-102）。

图 6-100　包头召正殿经堂天花板

在天花形式中，常常伴随着藻井的出现。藻井在宫殿、寺庙重要的殿堂中多用在宝座、佛坛上方部位，以示尊贵，属室内空间天花装饰的独特部分。藻井一般做成向上隆起的井状，由细密的斗栱承托，平面有方形、多边形或圆形诸形，周围饰以各种雕刻、彩绘各种纹饰。据《风俗通》记载：“今殿作天井。井者，东井之像也。菱，水中之物。皆所以厌火也。”关于东井，西汉史学家司马迁在其所著我国现存较早的天文文献《史记·天官书》中注有：“东井八星主水衡。”这里的东井即指井宿，位列二十八宿，古人认为其主水，因此古人在殿堂、楼阁重要处作井，同时装饰以荷、菱、莲等藻类水生植物，希望借此防火，以护佑建筑物的安全。藻井使用历史久远，并不断发展变化。其构造在南北朝以前多为方井或抹角叠置方井；六朝隋唐时用斜梁支斗的斗四、斗八井；辽金时期大量采用斗栱装饰藻井；元明时期藻井式样发展更为丰富，平面有菱形、圆形、方形、八角形、星形等，在结构上增加了斜栱等异形

图 6-101　席力图召古佛殿天花

图 6-102　美岱召正殿佛殿天花

图 6-103　北京故宫紫禁城万春亭藻井
（资料来源：网络）

图 6-104　乌素图召庆缘寺正殿经堂天花藻井

斗栱，并趋于装饰烦琐，在井口周围添置小楼阁及仙人、龙凤纹样，清代的藻井雕饰工艺明显增强，在宫殿中央明镜部位常置以翻腾的蟠龙，被称为“龙井”，如北京故宫紫禁城万春亭藻井（图 6-103），极具视觉震撼。

藻井在内蒙古地区的汉藏结合式寺庙殿堂顶面中多有出现，主要是汉式特征的藻井形式。大召是蒙古人二度引入藏传佛教进入蒙古社会建立的第一座格鲁派寺庙，其正殿是蒙古地区汉藏结合式殿堂样式的鼻祖，且目前保存完好。大召正殿经堂、佛殿顶部中央各设一小斗八藻井，内设多层斗栱，其中心八角形区域各绘制圆形曼荼罗一幅。相同形式的斗八藻井在乌素图召庆缘寺经堂顶面也可看到，体现出明晚期蒙古地区藏传佛教寺庙殿堂顶面藻井的特征（图 6-104）。

图 6-105　包头召正殿经堂藻井

入清后，内蒙古地区藏传佛教寺庙殿堂藻井的表现形式出现藏式特征，从建于清康熙年间的包头召经堂藻井可以看到斗栱的消失，取而代之的是莲瓣和叠经装饰带，中心纹饰也由神秘的曼荼罗纹样变为了二龙戏珠纹样，体现出一定程度的世俗化特征（图 6-105）。

二、彻上明造

彻上明造也称“彻上露明造”，即不做天花直接将梁架展露出来的做法，使人在室内抬头即能清楚地看见顶面的梁架结构。

这种裸露梁架的方式在传统汉式建筑、藏式建筑中非常普遍。汉式建筑为制造出屋顶的坡度及屋角的起翘关系，采用举架（宋代称举折，清代称举架）的做法使室内空间顶部形成高大的“人”字形空间，后期根据需要即可保留现有效果，也可采用天花的方式将其遮挡，使室内顶面呈现平顶效果。西藏、青海地区由于常年雨水稀少，因此建筑屋顶不用考虑坡顶排水问题，采用密布木梁的方式做成平顶，省去了复杂的坡顶结构，内部空间顶部由于没有高耸的“人”字形空间，因此不做天花处理。

彻上明造做法在内蒙古地区汉藏结合式殿堂顶面中偶有出现。在百灵庙正殿经堂垂拔空间顶部可以看到这种形式，殿堂内檩、梁、枋、椽、望板都可以清晰看见，并直接在其上涂覆色彩，彩绘纹饰进行装点（图 6-106）。

图 6-106　百灵庙正殿经堂垂拔空间的彻上露明造

当传统藏式殿堂建筑做法传入内蒙古地区后，汉藏结合式殿堂内部空间多出现藏式做法，以柱、墙托梁，梁上为椽，椽上有木板承重层，这种藏式空间顶面的彻上明造做法在汉藏结合式的经堂、佛殿以及门廊空间顶面多被采用，考究的殿堂顶面会使用宽木板，如西藏阿里地区寺庙殿堂多使用宽木板，内蒙古地区的席力图召大经堂顶面即采用此种形式，板上无色无漆，亦无纹饰（图 6-107）；常见做法为殿堂顶面用规整的圆（方）木或凸面朝下的半圆木密布排列，等级较低的寺庙或次要空间常会选用不规整的（半）细圆木进行排列，如乌兰察布市百灵庙正殿门廊顶部（图 6-108）。

图 6-107　席力图召大经堂一层彻上明造

图 6-108　百灵庙正殿门廊彻上明造

天花做法和彻上明造做法在内蒙古地区的汉藏结合式寺庙殿堂顶面中使用灵活，根据殿堂实际情况采用不同手法。体量较小、高度较低的殿堂空间在顶面设计上更多选择彻上明造做法，相反，空间高度较高的殿堂顶面，天花（包含藻井）做法采用上更多一些。由于清代比明代在汉式屋顶建造中举架更高，因此屋顶显得更加高耸，内部空间高度也随之增高，在进行室内天花处理时无须分层，相比之下，建造于明代的殿堂则多出现天花分层处理，在大召正殿佛殿、美岱召正殿佛殿天花处理上都可看到这种分层现象，其中美岱召正殿佛殿顶面天花处理分三层进行，极好地利用梁架关系处理了建筑内部空间高度问题。

第十节　内墙面

一、壁画

藏传佛教寺院殿堂内的墙面装饰主要是以壁画装饰为主。藏语称壁画为“江塘”，通常指直接绘于殿堂墙壁或绘于与墙壁大小相同的布面之上并悬挂于墙壁上的绘画。其面积通常巨大，依据殿堂内部的空间高度而定，其题材广泛，内容主要依据殿堂供奉的主尊而定，围绕主尊故事展开。除此外还会有反映当地民俗的绘画内容，对研究当时的社会风貌有着重要的历史价值。

藏传佛教传入内蒙古地区后，随着大量寺庙的兴建，壁画的数量庞大，但由于其依附于建筑，不便转移保存，因此后世中在经历了战火、政治运动

内蒙古地区汉藏结合式召庙殿堂现存壁画统计表　　表 6-1

殿堂名	所属寺庙	壁画位置	绘制内容	推断时间
正殿	大召	经堂一层东、西、南、北壁	降六师、十一面八臂观世音菩萨、无量寿佛、四大天王	清代早期
正殿	大召	经堂二层东、西、北壁	宗喀巴、经变图	清代早期
正殿	大召	佛殿东、西壁、南壁	十八罗汉	明代晚期
乃春庙（护法殿）	大召	经堂东、西壁	佛、菩萨、大成就者、护法	清代早期
乃春庙（护法殿）	大召	佛殿东、西壁、北壁	白哈尔五身神、善相具海螺髻白梵天，具誓铁匠护法	明代晚期
乃春庙（护法殿）	大召	经堂二层东、西、北壁	黄帽高僧、菩萨、护法	清代早期
古佛殿	席力图召	佛殿东、西壁	十八罗汉、四大天王	明代晚期
正殿	美岱召	经堂天井东、西、北三壁	宗喀巴师徒三尊、佛、菩萨、传法图	清代早期
正殿	美岱召	佛殿东、西、南、北四壁	释迦牟尼传、宗喀巴传、三世达赖传、护法	清代早期
正殿	乌素图召庆缘寺	佛殿东、西壁	密宗护法诸神	明代晚期

后，存世很少。内蒙古地区虽然历史上记载在清代藏传佛教寺庙数以千计，但至今壁画遗存不多，多数随殿堂被毁而消失。这其中由于汉藏结合式殿堂体量巨大，在动荡年代多被作为存储仓库之用，侥幸使建筑及其内部壁画保存至今，其壁画尺度巨大，内容丰富，对于寺庙壁画遗存不多的内蒙古地区显得珍贵异常。

针对内蒙古地区召庙殿堂壁画的调研，现存壁画主要集中在原土默特地区，即现在的呼和浩特市、包头市，其中汉藏结合式殿堂中保留的壁画信息如表 6-1。

（一）大召正殿壁画

大召正殿在经堂东、西、南、北壁及二层东、西、北壁均绘有壁画；佛殿东、西、南、北壁皆绘满壁画。

1. 经堂壁画

经堂一层四壁、二层东、西、北壁均绘有壁画。经堂东、西壁画总长 20.3 米、高 2.58 米。1984 年落架维修时抢救性揭取，揭取时切割为 203 块，加框固定为 73 块，另有未固定的 3 块，共计 76 块，面积约 33 平方米，按画面内容可组成 68 幅较为完整的画面。经初步加固保护后入藏呼和浩特博物馆，现殿内壁画为后人仿绘。

东、西壁画主要内容取自佛教《贤愚因缘经 • 降六师缘品》，壁画描绘了公元前五、六世纪印度列国纷争时期，释迦牟尼为降服与佛教思想观点相悖的六种沙门思潮的代表人物——六师而进行的十五天神变故事。在壁画中，用六个人表现外道六师（图 6-109、图 6-110），代表六种沙门思潮。

壁画以故事发展顺序作画，呈“一”字形布局展开。西壁从北向南依次是弥勒菩萨、八日降六师神变图、金刚手（图 6-111）。东壁由北向南顺序是文殊菩萨、七日降六师神变图、宗喀巴师徒三尊、马头金刚（图 6-112）。

经变故事开始之前，经堂西壁第一幅壁画，安排了弥勒菩萨的造像（图 6-113）。弥勒菩萨之后的

图 6-109　外道六师 1

（资料来源：《蒙元壁画艺术与设计：蒙元图形元素在召庙壁画中的传承与演变》）

图 6-110　外道六师 2

（资料来源：《蒙元壁画艺术与设计：蒙元图形元素在召庙壁画中的传承与演变》）

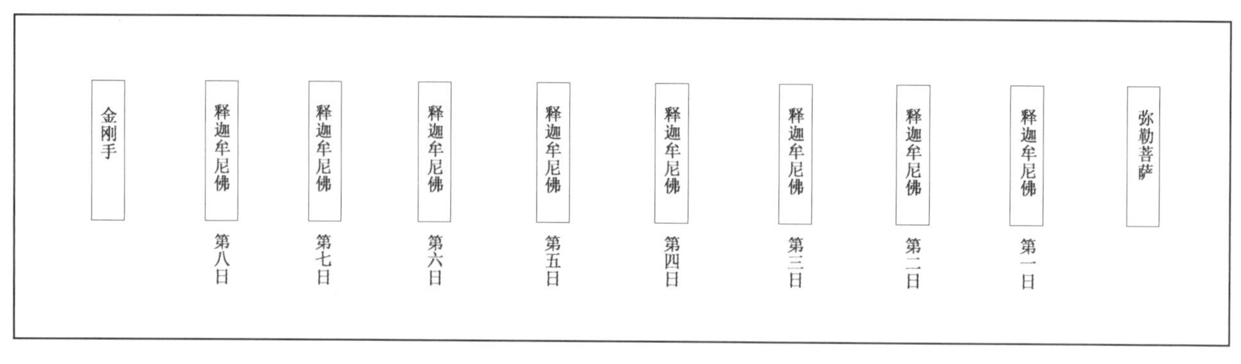

图 6-111　大召正殿经堂一层西壁主尊配置图

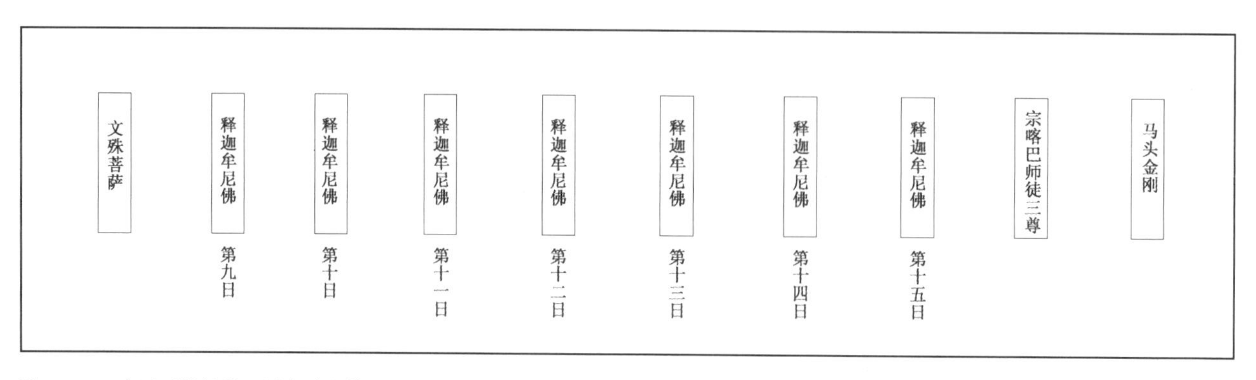

图 6-112　大召正殿经堂一层东壁主尊配置图

图 6-113　弥勒菩萨
（资料来源：《蒙元壁画艺术与设计：蒙元图形元素在召庙壁画中的传承与演变》）

图 6-114　宗喀巴师徒三尊
（资料来源：《蒙元壁画艺术与设计：蒙元图形元素在召庙壁画中的传承与演变》）

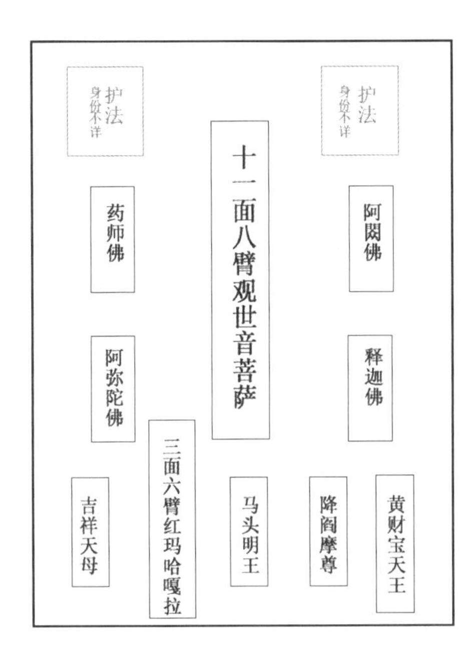

图 6-115　大召正殿经堂北壁西侧尊像配置图

降六神经变主题壁画，用 15 尊尺寸较大的主佛代表每一天神变内容。释迦牟尼在每一天里的神态、坐姿、手印皆都不相同。15 尊主佛上方绘以祥云烘托的伎乐天，左右是释迦牟尼率领众弟子出行和六师请战的情形，下方是印度各国臣民迎送佛主、聆听佛法的场面。壁画人物多达 777 个。经变故事壁画最后，是一幅宗喀巴师徒三尊画像（图 6-114），正中为宗喀巴大师，右侧为弟子贾曹杰，左侧为弟子克珠杰。

经堂南壁以经堂入口分为东西两面，东侧以寿者图为始，向东依次绘东方持国天王、南方增长天王，西侧以火焰剑为始， 向西依次绘北方多闻天王、西方广目天王，统一纵高 2.3 米。

图 6-116　大召正殿经堂北壁西侧壁面下方护法尊像
（资料来源：《蒙元壁画艺术与设计：蒙元图形元素在召庙壁画中的传承与演变》）

图 6-117　大召正殿经堂北壁西侧壁面下方护法尊像
（资料来源：《蒙元壁画艺术与设计：蒙元图形元素在召庙壁画中的传承与演变》）

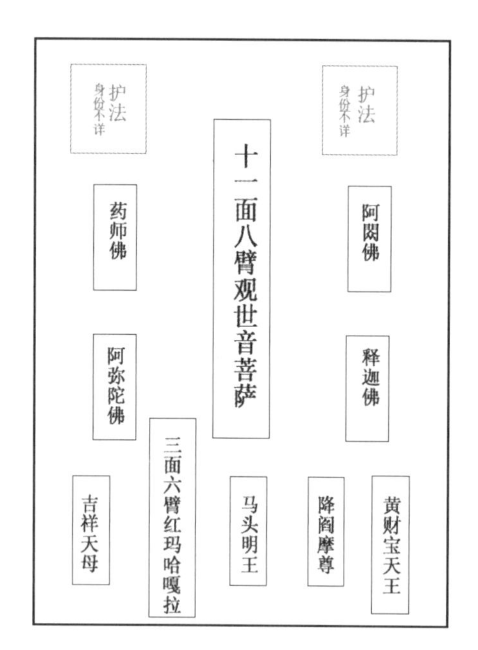

图 6-118　大召正殿经堂北壁东侧尊像配置图

经堂北壁与佛殿仅一墙之隔，中被佛殿门分割成左右两堵，因该墙实际上是佛殿的前檐墙，两幅壁画利用墙面画得极为高大，东、西两侧壁画长 3.45 米、高 4.76 米，仰视亦非全见。

北壁西侧一铺壁画主尊绘十一面八臂观世音菩萨立像（图 6-115），左右两侧各三尊像。画面左右上角分别为一护法。之后下方左侧为蓝色身像药师佛，右侧为绿色身像阿閦佛；再下方左侧为红色身像阿弥陀佛，右侧为说法印释迦佛。主尊下方为五尊护法，从左至右依次为：吉祥天母、三面六臂红玛哈嘎拉、马头明王、降阎摩尊、黄财宝天王（图 6-116）。

北壁东侧一铺壁画与西侧构图一样。主尊为宝冠无量寿佛坐像（图 6-117），主尊左右也同西侧各置三尊佛像。主尊下方为五尊像，但中间一尊尺度较其余四尊稍大。从左至右依次为：吉祥玛哈嘎拉、四面四臂玛哈嘎拉、白拉姆、姊妹护法、增禄佛母（图 6-118）。

经堂二层壁画分布在东、西、北三面墙上，南侧高窗采光。三面壁画以殿内金柱作为画面分隔。北壁分为五个单元，正中绘西方极乐净土变，长 3.4 米，左右对称绘宗喀巴传记图，每幅长 4.95 米，两端为两幅佛寺图（图 6-119）。

东、西两壁被柱子各分隔成三个单元，分别绘三幅经变或佛传图（内容尚无法辨识），三幅总长 10.19 米。上层壁画高统一为 1.28 米。经堂二层壁画特征为画面中出现了大量的藏式建筑，绿色的背景与白色的墙体及红色的边玛构成色彩间鲜明的对比，构图饱满，安排疏密得当，佛、僧众穿插其间，山体有晕染的特征。

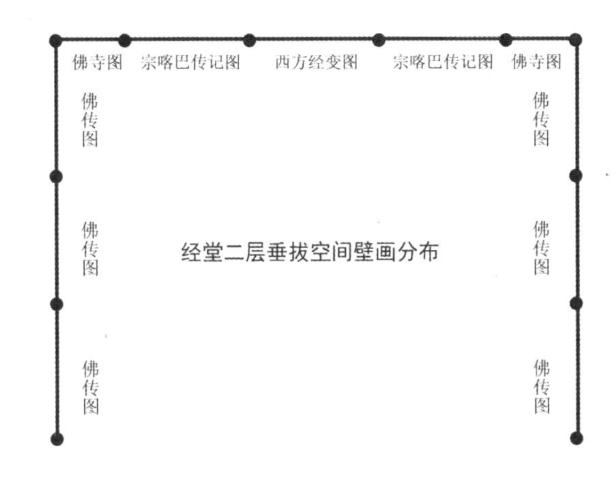

图 6-119　大召正殿经堂二层壁画分布图

2. 佛殿壁画

佛堂内壁画绘于南、北、东、西四壁上，因佛堂内塑像较多，殿内北壁、东壁和西壁壁画无法完整呈现。北壁长 16.5 米，高 3.9 米，壁上绘五佛图，因壁前佛像遮挡，壁画完全不可见；东、西两壁分别为长 13.25 米、高 2.67 米；两壁所绘内容为十六罗汉（图 6-120、图 6-121），每壁绘八位罗汉，罗汉之间的空处以及画面的上方绘制了一些佛像、度母、护法等；南壁东、西两墙各长 2.7 米、高 2.67 米。南壁东侧绘达摩多罗居士，西侧绘哈香尊者（布袋和尚），五个婴儿围绕嬉戏，周边绘山石树木。因殿内灯光昏暗，加之烟熏尘遮，壁画晦暗不清，各主尊具体名称无法判断，只能大约判断其主尊分布。

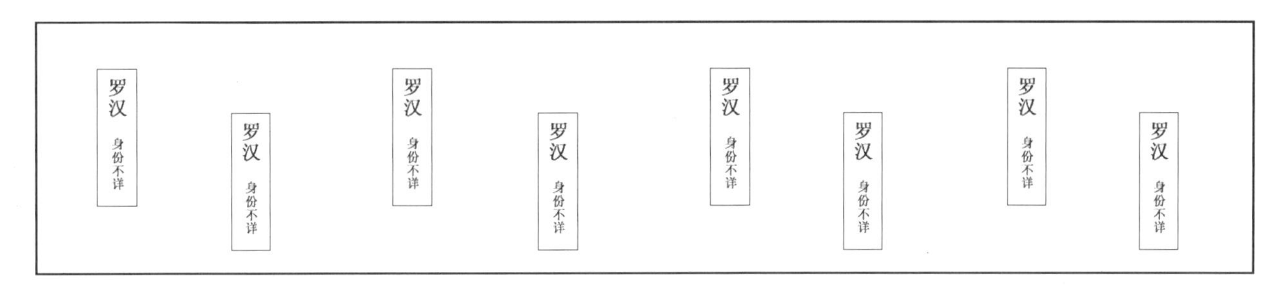

图 6-120　大召正殿佛殿西壁尊像配置图

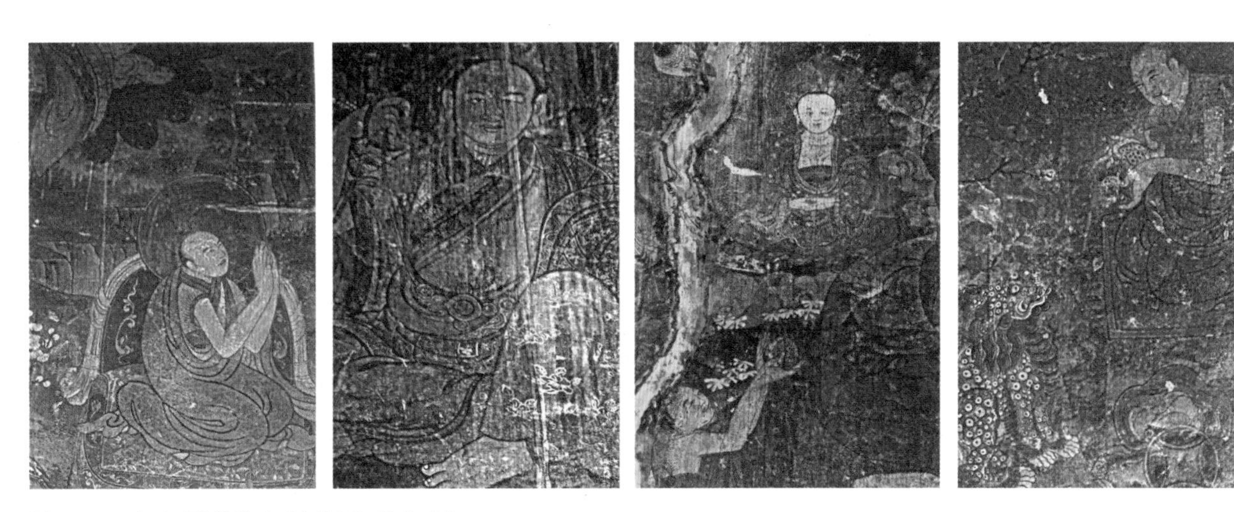

图 6-121　大召正殿佛殿壁画中的罗汉僧人形象
（资料来源：《蒙元壁画艺术与设计：蒙元图形元素在召庙壁画中的传承与演变》）

图 6-122　大召乃春殿经堂一层东壁壁画局部

（二）大召乃春殿壁画

乃春殿位于西路建筑的第一进院落，据说是归化城巴氏家族出资修建的巴氏家庙。建筑同样坐北朝南，风格为汉藏结合式，其建筑形式、内部功能皆同于大召正殿，分为门廊、经堂与佛殿。在经堂东、西、南壁及二层东、西、北壁及佛殿东、西、北壁皆绘满壁画。

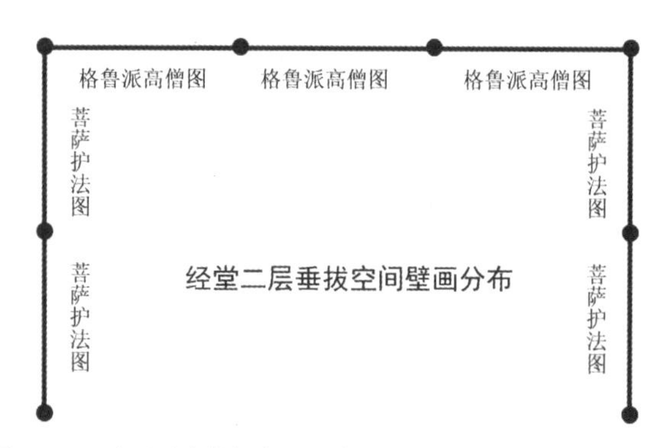

图 6-123　大召乃春殿经堂二层壁画分布图

1. 经堂壁画

经堂壁画只有东、西两壁为原作，各长 12.43 米，高 1.21 ～ 1.46 米。每铺壁画在构图上水平分为四层，最上层为佛，中层为大成就者（高僧大德），最下两层为护法众像（图 6-122）。

经堂二层壁画分布在东、西、北三面墙上（图 6-123），南侧高窗采光。三面壁画以殿内金柱作为画面分隔。北壁分为三个单元，东、西两壁分隔成两个单元。每组壁画水平分上下两层，北壁上下两

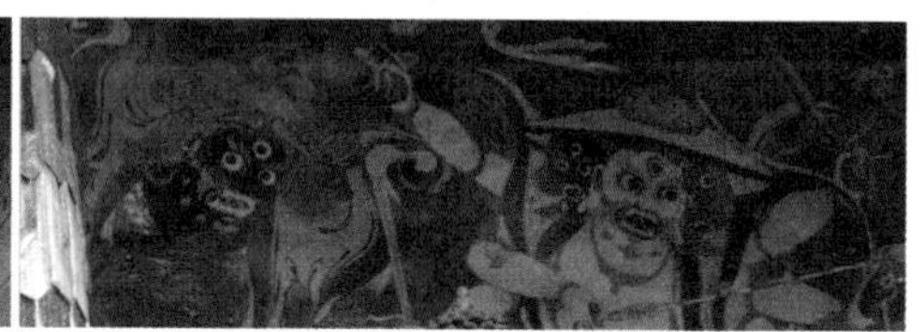

图 6-124　大召乃春殿佛殿北壁白哈尔五身神
（资料来源：《内蒙古藏传佛教建筑》）

层皆绘格鲁派黄帽高僧，东、西壁上层绘诸菩萨，下层绘护法诸神。

2. 佛殿壁画

佛殿内北、东、西三壁保存有较为完好的壁画。

北壁壁画长 9.1 米，高 4.7 米，主尊绘有白哈尔五身神像，尺度远大于壁画中的其他形象，中央的一尊像又稍大于左右四尊像，凸显其中心位置，五尊像上方为水平排列 13 尊像，下方及周围散布身量较小的尊像。

北壁壁画从左至右依次为：位东方的身之王门普布查、位南方的语之王战神一男、主中央的意之王帝释、位西方的功德王具木鸟形者、位北方的业之王白哈尔（图 6-124、图 6-125）。五位主神的周围有坐骑牵引人、明妃、大臣、喇嘛高僧、胡人、鬼怪等。

佛殿东、西二壁壁画各长 5.12 米，高 4.3 米。西壁壁画主尊为善相具海螺髻白梵天（图 6-126），周围有一些形体较小的伴神等形象。主尊上部为宗喀巴师徒三尊，下部有三尊较大的尊像，从南至北分别为武士、僧人及护法。画面北端约三分之一部分所绘为尸林（图 6-127）。

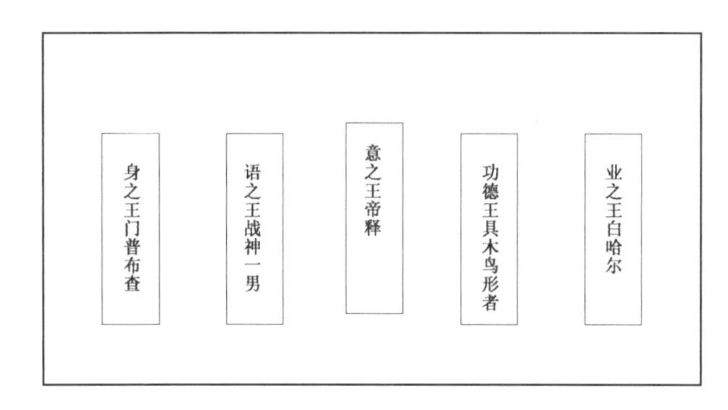

图 6-125　大召乃春殿佛殿北壁尊像配置图

图 6-126　大召乃春殿佛殿西壁善相具海螺髻白梵天

（资料来源：《蒙元壁画艺术与设计：蒙元图形元素在召庙壁画中的传承与演变》）

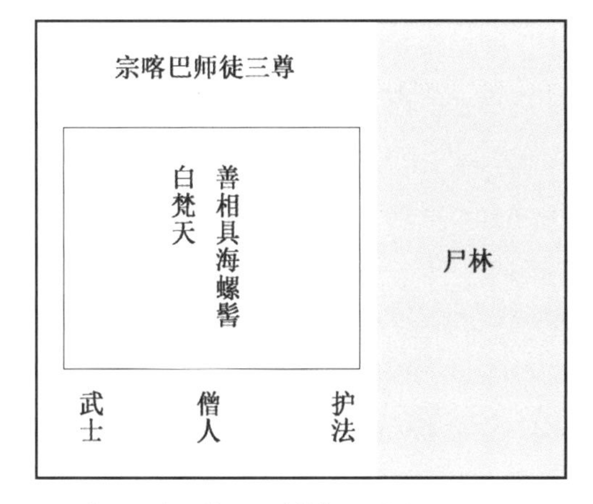

图 6-127　大召乃春殿佛殿西壁尊像配置图

图 6-128　大召乃春殿佛殿东壁具誓铁匠护法

（资料来源：《蒙元壁画艺术与设计：蒙元图形元素在召庙壁画中的传承与演变》）

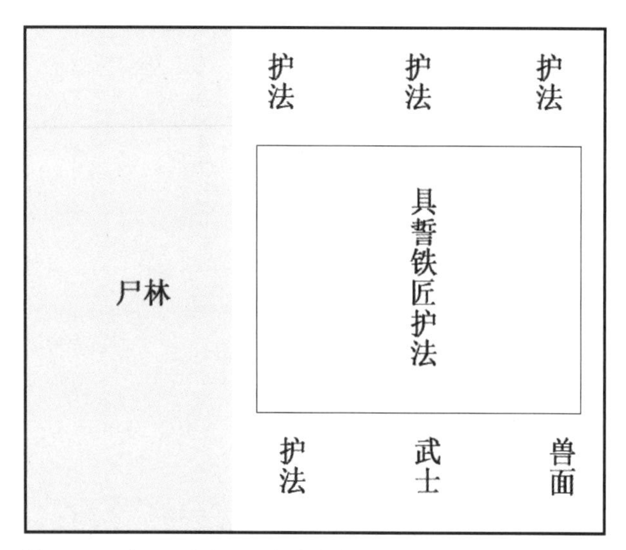

图 6-129　大召乃春庙正殿东壁尊像配置图

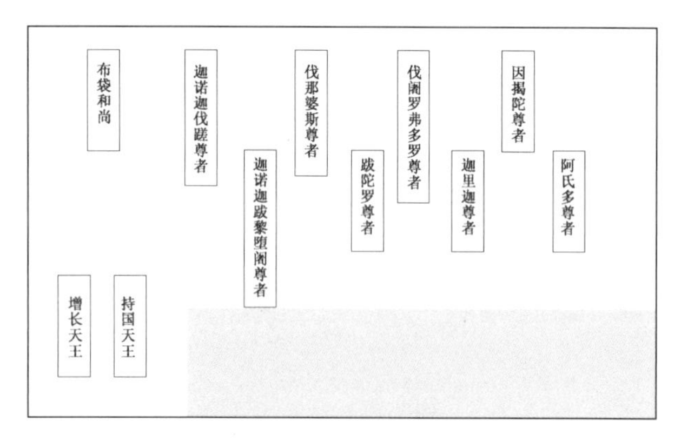

图 6-130　席力图召古佛殿西壁尊像配置图

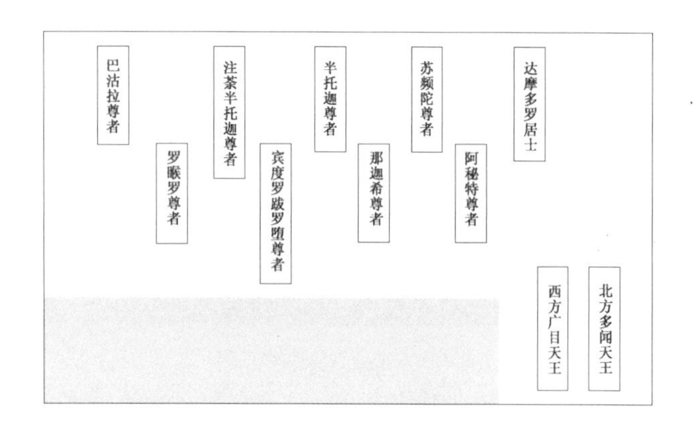

图 6-131　席力图召古佛殿东壁尊像配置图

东壁壁画主尊为具誓铁匠护法（图 6-128），主尊上方为三尊护法像；下部的三尊像为中间一尊武士像，左右各一护法像。画面北端是与西壁对称的尸林。

尊像分布见图 6-129。

（三）席力图召古佛殿壁画

古佛殿壁画主要存于佛殿内东、西、北三壁，但北壁前置有塑像将壁画几乎全部遮挡，壁画内容不详。只能见东、西二壁壁画。每壁分别长 8.8 米、高 5.15 米，总面积为 90 平方米。

佛殿东、西两壁绘十八罗汉和四大天王，与殿内所供三世佛、八大菩萨、二护法塑像相呼应，为佛殿常见题材。由于殿内神台的位置，使东、西壁面并未形成规整的长方形区域，而是在神台距离殿门的位置留有了一片壁面，形成了近似“¬”形的绘图区域，画匠依据此壁面形式进行壁画创作，每壁绘九尊罗汉及两尊天王，但将两尊天王安排在了靠近殿门多出的那片区域，推断四大天王因无法在佛殿南侧墙面绘制，而只好“挤”在罗汉题材壁画的一角，并呈半侧面立像。画面中罗汉安排较宽松，显得构图疏朗，每壁划分为上、下两层，上层五尊罗汉，下层四尊罗汉。每壁南部下角绘有的两尊天王，使构图有些向南部下角侧重。

佛殿西壁上层从南向北依次绘哈香尊者（布袋和尚）、迦诺迦伐蹉尊者、伐那婆斯尊者、伐阇罗弗多罗尊者、因揭陀尊者，西壁下层从南向北依次绘迦诺迦跋黎堕阇尊者、跋陀罗尊者、迦里迦尊者、阿氏多尊者。南侧下角绘南方增长天王、东方持国天王（图 6-130）。

佛殿东壁上层从南向北依次绘达摩多罗居士、苏频陀尊者、半托迦尊者、注荼半托迦尊者、巴沽拉尊者；东壁下层从南向北依次绘阿秘特尊者、那迦希尊者、宾度罗跋罗堕尊者、罗睺罗尊者。南侧下角绘北方多闻天王、西方广目天王（图 6-131）。

十八位尊者除达摩多罗外，均为坐像，面相着

图 6-132　席力图召古佛殿壁画中的罗汉形象
（资料来源：《蒙元壁画艺术与设计：蒙元图形元素在召庙壁画中的传承与演变》）

图 6-133　席力图召古佛殿壁画中的天王形象
（资料来源：《蒙元壁画艺术与设计：蒙元图形元素在召庙壁画中的传承与演变》）

图 6-134　美岱召正殿经堂一层残存壁画

装多被描绘为汉地风貌（图 6-132）。在尊像周围围以伴童，空隙处绘有山川流水、山石、树木、飞禽走兽等，画面填充饱满。

四天王服饰描绘细腻精致，其中两位天王面部样貌体现出强烈的中国中原汉地人物特征（图 6-133）。

（四）美岱召正殿壁画

美岱召正殿壁画存有明、清两个时期壁画，以清代为多，明代少量。

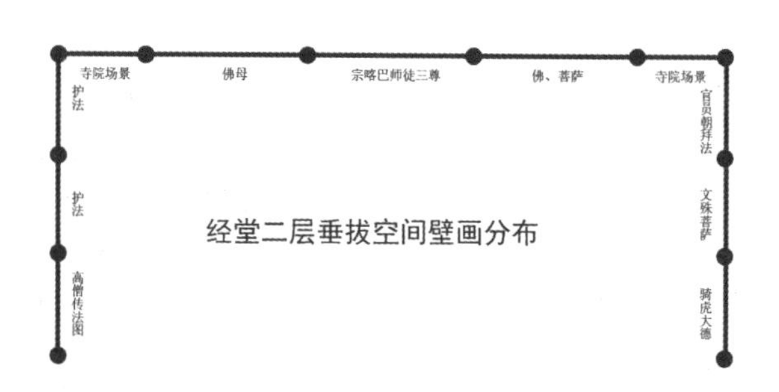

图 6-135　美岱召正殿经堂二层壁画分布图

1. 经堂壁画

由于在经堂天井南侧所绘的尊像中，出现有三个穿长袍马褂、顶戴花翎、身挎腰刀的清代官员模样的人物，经堂壁画被断代为清代所绘，并且经堂壁画属于同一时期绘画风格，没有覆盖痕迹。

经堂壁画在“文革”中受损严重，四壁壁画基本荡然无存，仅存有进入佛殿大门两侧的北壁上部分。

北壁东侧壁画绘三尊佛像，为释迦牟尼及二弟子、药师佛、无量寿佛，均跏趺坐于须弥座，背景为祥云绿地，人物绘制细腻。西侧壁画东半部分主尊已毁，两侧弟子不完整，西半部分绘一汉藏合璧的寺院，画面以青绿山水为特点，线条细腻，设色典雅，建筑复杂，其上有“药王山”藏文题记（图 6-134）。20 世纪 80 年代对壁画做过修补，但画工低劣，现经堂东、南、西壁补绘壁画已无艺术价值可言。

经堂有价值的一部分壁画保存在其中央垂拔空间的天井东、西、北三壁，由于空间较高，在“文革”

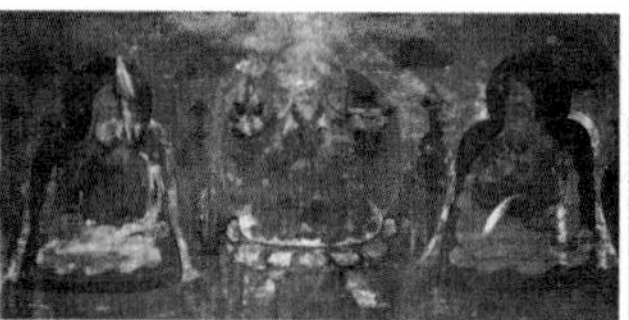

图 6-136　美岱召正殿经堂二层北壁壁画
（资料来源：《美岱召壁画与彩绘》）

图 6-137 美岱召正殿经堂二层北壁壁画中心——宗喀巴师徒三尊像
（资料来源：《美岱召壁画与彩绘》）

图 6-138 美岱召正殿经堂二层东壁壁画
（资料来源：《美岱召壁画与彩绘》）

期间幸免于难，保存完好（图 6-135）。

天井北壁壁画以墙柱分为 5 个单元，正中单元最大，绘宗喀巴师徒三尊像，由于外罩桐油，颜色深黄，是美岱召唯一一处外罩桐油的壁画。中心左侧单元绘尊胜佛母，白伞盖佛母，白、绿度母，摩利支天，背景为寺院、林木、山泉，僧人在草地辩经。中心右侧单元绘释迦牟尼佛、药师佛、阿弥陀佛，上绘文殊菩萨、无量寿佛，背景绿地、山石、树木、寺庙建筑、僧人诵经等。最左侧单元绘释迦佛、药师佛、寺院建筑、僧人法事等活动。最右侧单元内绘寺庙殿堂供奉释迦牟尼佛、菩萨、白度母、白塔、僧人在拜佛（图 6-136、图 6-137）。

天井东壁壁画为三单元，中心绘释迦佛、金刚手、吉祥天母、狮面佛母、大红勇保护法、双臂大黑天，背景为佛寺、山水、草地上僧人诵经。中心左侧单元内绘释迦佛、格鲁派大德传法图、高僧在向弟子讲法、诵经。中心右侧单元内绘宗喀巴、玛哈嘎拉、大白六臂护法，财神毗沙门天、降阎魔尊等护法尊像（图 6-138）。

天井西壁壁画为三个单元，中单元绘佛寺内供奉文殊菩萨，僧人朝拜。中心左侧单元绘大威德金刚、格鲁派高僧，寺院内供奉着宗喀巴像，三个穿

图 6-139　美岱召正殿经堂二层西壁壁画
（资料来源：《美岱召壁画与彩绘》）

图 6-140　美岱召正殿佛殿北壁壁画
（资料来源：《美岱召壁画与彩绘》）

清代服饰的官员进寺朝拜。中心右侧单元绘宗喀巴、骑虎坦上身的大德人物（图 6-139）。

天井内壁画大都以佛教尊像为主，除正面宗喀巴师徒三尊像形体较大外，其他尊像一般多为 30 ～ 40 厘米，绘画风格是典型的藏式绘画特点，造型严密，比例准确，色彩强烈。另一个显著特征是经堂内壁画上的尊像与早期其他建筑中相比，少了其他教派的祖师大德和所崇拜的神祇，所绘尊像都是格鲁派人物和格鲁派所崇拜的神祇，表明 17 世纪后格鲁派在内蒙古所处的绝对地位。

2. 佛殿壁画（清代重绘）

佛殿最后一排中间两柱间建高坛，原供奉银佛像，后银佛在“文革”中被毁，现佛像为后人塑。佛殿壁画高 12 米，周长 60 米，经考古勘测除顶棚木板画和南壁中间上方一小部分是原明代壁画外，其他均为清代覆盖泥层后重绘。

北壁表现为佛传图（图 6-140），正中一尊释迦牟尼巨幅画像，结跏趺坐，两侧为弟子侍立，左为舍利弗，右为目犍连。墙裙的腰线以下为须弥宝座

图 6-141 美岱召正殿佛殿东壁壁画
（资料来源：《美岱召壁画与彩绘》）

下部，其左侧从左至右绘北方多闻天王，西方广目天王、哈香尊者（布袋和尚）。其右侧从左至右绘达摩多罗尊者、南方增长天王，东方持国天王。

壁画最上层绘一排菩萨、护法、高僧大德。释迦牟尼巨幅画像上方为持金刚、左侧为热琼巴，右侧为达巴桑杰。以此为中心，左侧部分从左至右分别为文殊菩萨、四臂观音、金刚手、不空羂索菩萨、米拉日巴、弥勒菩萨。右侧部分从左至右为狮吼文殊、阿底峡、白上乐王佛、阿閦佛、无量寿佛、持金刚。

以释迦牟尼结跏趺坐尊像为中心，佛传故事环其周边展开，故事从中心释迦牟尼右侧上方展开，分别是“乘象入胎、太子出生、姨母养育、仙人看相，夜半出城、太子较力、太子出四门、牧女献糜、落发贸衣、调服醉象、左侧方面故事为梵天劝请、商人奉食、观菩提树、降服六师、金刚哭佛、华严大法、佛祖涅槃、造塔法式等”。

东壁表现为宗喀巴传图（图 6-141），构图与北壁相同，正中一尊宗喀巴巨幅画像，头戴黄色通人冠，身着橙色袈裟，内着右衽交领坎肩，双手当胸作说法印，结跏趺坐于莲花座上，两侧为其八大弟子。墙裙的腰线以下为须弥宝座下部，其左侧从左至右绘保帐护法、四臂玛哈嘎拉、六臂玛哈嘎拉。其右侧从左至右绘降阎魔尊、吉祥天母、骑鹿执矛女尊。宗喀巴巨幅画像两侧绘其从师学法、游学辩经、访学讲经、遍学密法、修葺寺庙、建立根本道场甘丹寺、瞻仰阿底峡尊者、大昭寺神变法会、为众说法、谢绝明成祖邀请等事迹。

西壁表现为三世达赖喇嘛传图（图 6-142）。正中绘一尊尺度巨大的三世达赖喇嘛坐像。面相方圆，戴黄色通人冠，脑后有褐色头光，着橙色袈裟，上绘密集的云纹。内着右衽交领坎肩，左手托盛满宝珠的碗，右手接触地印。坐于莲花座上，身后为圆形背光，背光分两圈，内圈单色，外圈绘发射光芒线。莲座下为须弥座，中间有花纹的梯形部分应该代表从神台走下的地毯。在其两侧为达赖三世喇嘛的两名弟子，右侧一位右手结说法印，左手托经书。左侧一位右手接触地印，左手结禅定印。围绕中心的三世达赖喇嘛，周围密集绘制了三世达赖喇嘛相关的事迹，绘制了佛、菩萨、高僧大德、众喇嘛僧人。

正殿佛殿西壁下方为阿勒坦汗家族礼佛图，也

图 6-142　美岱召正殿佛殿西壁壁画
（资料来源：《美岱召壁画与彩绘》）

图 6-143　美岱召正殿佛殿西壁下方南侧壁画
（资料来源：《美岱召壁画与彩绘》）

图 6-144　美岱召正殿佛殿西壁下方北侧壁画
（资料来源：《美岱召壁画与彩绘》）

图 6-145　美岱召正殿南壁明代壁画
（资料来源：《美岱召壁画与彩绘》）

图 6-146　美岱召正殿佛殿南壁东侧壁画
（资料来源：《美岱召壁画与彩绘》）

称阿勒坦汗家族供养人图。壁画画面长 14.1 米，高 1.9 米。画面中央被上方三世达赖喇嘛画像巨大的须弥座分为左右两个部分，左侧为五兰妣吉会面万达里活佛画面（图 7-143），南侧为三娘子礼佛壁画（图 6-144）。

佛殿南壁壁画存在明清壁画并存现象。大量为清代重绘，部分区域遗存明代壁画，绘画风格迥异（图 6-145）。

明代遗存的旧壁画均以黑框圈围。就壁画所绘的几个尊像，被缩小后仍在重绘的上方出现，主尊大威德金刚，财神毗沙门天，白拉姆，部分侍从人物等形体较小，旧壁画因下部分被覆盖，无法探明内容。

重绘后的南壁东侧所绘全部是女性尊像（图 6-146），下方是永宁地母 12 尊，长寿五姊妹等，侍从上方主尊人物为白拉姆，长寿五姊妹是祥寿、翠颜、贞慧、冠咏、施仁仙女，各骑狮、龙、马等兽，他们分别执掌福寿、先知、农田、财宝、牲畜。永宁地母 12 尊各守西藏边关口隘，管理情器世间，他们同样骑马、师、虎、鹿、大鹏鸟、龙等飞禽走兽，守护着纳木湖，珠穆朗玛峰，羊卓雍湖等雪山、湖泊。腰线下从左至右绘为执旗骑牛女尊、执彩箭骑鹿女尊、（因遮挡不能识别）、财源天母。

南壁西侧重绘壁画（图 6-147），均为男性尊像，主尊大威德金刚、财神毗沙门天，下方护从的为八骏财神，是他的伴神，各司八方宝库，身穿铠甲，手持鼬鼠，各骑骏马。这些在被覆盖的壁画中仍能看到部分。腰线下从左至右绘为黄色财续母、象鼻财神、财源天母、黑财神、黄财神。

（五）乌素图召庆缘寺正殿壁画

乌素图召庆缘寺正殿壁画主要集中在正殿佛殿东、西二壁。每铺壁画长 12.6 米，高 3.95 米，正殿佛殿内供五方佛，东、西壁面共绘 16 位藏传佛教护法诸神，被专家学者认定为明代晚期（北元时期）壁画，分布示图（图 6-148、图 6-149）。

壁画构图基本呈水平“一”字形，每壁绘八位护法，其中七位护法排布在一条水平线上，在靠近经堂与佛殿交界处的护法位置下又绘有一尊护法，形成视觉上的“¬”形构图。十六尊护法神组成了一个庞大的护法神体系，其中出世间护法数量远远多于世间护法，忿像多余善像（图 6-150），画匠依照诸护法级别，以南向为正，依次向北推进，级别不断升高，东壁以六臂玛哈嘎拉结束，西壁以大威德金刚结束，东、西壁上诸神在画面上形成了相互对应的布局关系。

图 6-147　美岱召正殿佛殿南壁西侧壁画
（资料来源：《美岱召壁画与彩绘》）

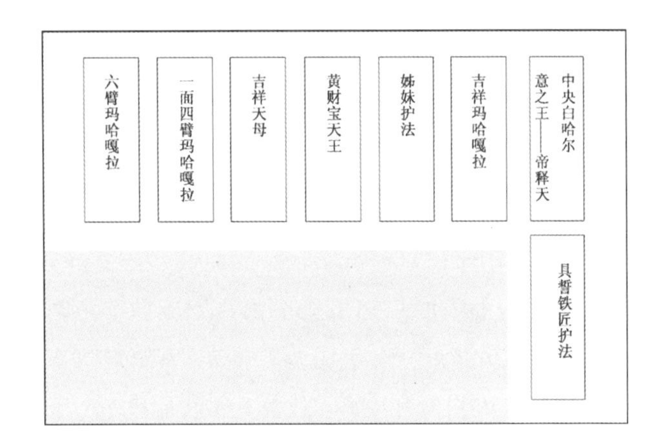

图 6-148　庆缘寺正殿佛殿东壁尊像配置图

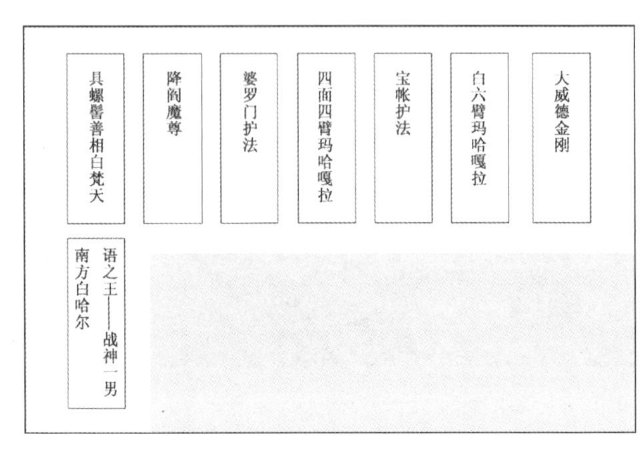

图 6-149　庆缘寺正殿佛殿西壁尊像配置图

a 大威德金刚

b 骑羊护法

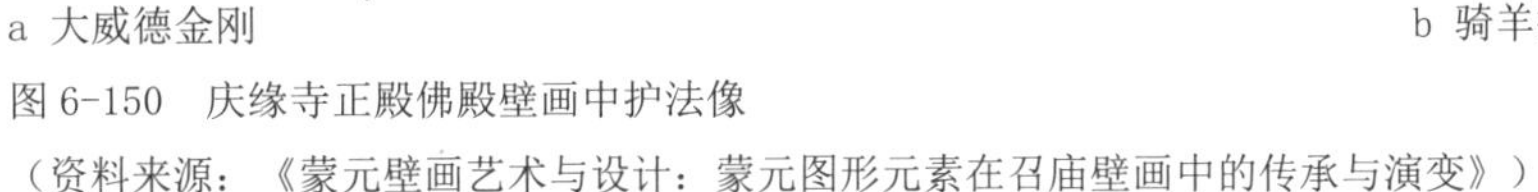

图 6-150 庆缘寺正殿佛殿壁画中护法像

（资料来源：《蒙元壁画艺术与设计：蒙元图形元素在召庙壁画中的传承与演变》）

如前所述，现存的汉藏结合式殿堂存世壁画主要集中在土默特地区，其壁画特征简单概括起来，即从明代晚期的“多样性”发展到清代的“标准一体化”，这一过程中涉及众多的历史原因，并且这期间还必然存在着一段过渡时期。

总结以下几个阶段：

第一阶段：明代晚期，由于土默特部与明朝政府交好，在引入西藏佛教的初期，明朝政府在建寺供佛方面进行了积极的帮扶，其中就有派出宫廷画师为阿勒坦汗及其子僧格都棱汗建造的寺庙绘制壁画，现存的大召正殿佛殿、席力图召古佛殿佛殿壁画就是例证，其体现出宫廷画法的严谨和皇家的华丽。同时，随着民间建寺的展开，临近内蒙古地区的山西民间画师也参与到土默特地区的寺院殿堂壁画创作中，其中不乏优秀作品，乌素图召庆缘寺佛殿壁画即为一例。这个时期展现出两种不同的风格。

第二阶段：明代晚期中的土默特部内乱时期，此时的壁画创作更多体现出民间绘制特征，水平良莠不齐。从同一时间建寺的乌素图召庆缘寺与美岱召壁画可以比较出来。

第三阶段：清朝早期，这时土默特地区仍然保持着明朝民间画师绘制寺庙壁画的特征，但在绘制水平上整体有所提高，但风格上仍呈现多样性特征。

第四阶段：清朝早、中期，西藏方面的新勉唐画派风格进入土默特地区，其“标准一体化”推行，使土默特地区的藏传佛教绘画艺术风格趋于定型。

虽然藏传佛教在蒙古地区传播发展过程中也有蒙古族僧人赴甘、青、藏地区深造学经，同时兼学“五明”技艺，后返回蒙古地区参与壁画或唐卡的绘制，传代弟子，甚至还出现了被称之为“蒙古风格”的唐卡、造像，但其整体上仍基本遵循西藏格鲁派制定的“标准化”造像仪轨，变化只是旁支末节，远未表现出另类新奇、独树一帜的风格特征，壁画方面更未出现令人信服的证据。

二、悬塑

悬塑是指悬插在壁面上的彩塑，是一种将雕塑与绘画相结合的壁塑艺术形式。现存最早的悬塑遗存是莫高窟唐代第27窟壁面上的众赴会菩萨一例。在正壁龛的主像圆塑和上方窟顶正披小龛的主像圆塑的两侧和两龛之间的壁面上，原悬塑赴会菩萨十二身，用以衬托上下两龛的主像圆塑，现仅存上下两龛之间的两身悬塑，其余悬塑已毁，只留壁面上悬插过彩塑的圆孔或圆孔内的木桩遗迹。此外，山西、河北寺庙殿堂中多遗存有明代悬塑装饰，如山西省洪洞县广胜上寺毗卢殿悬塑、山西省忻州市五台县台怀镇殊像寺大文殊殿悬塑、山西省隰县千佛庵小西天殿悬塑、山西省长治观音堂观音殿悬塑（图6-151）以及河北省正定县隆兴寺摩尼殿悬塑，这些悬塑贴金敷彩，精巧玲珑，从一个层面反映了明代悬塑在寺庙内墙面装饰的兴盛。

内蒙古地区藏传佛教寺院受邻近山西地区的影响，在寺院殿堂墙面装饰中，除大量的壁画外，也偶有悬塑这种墙面装饰艺术出现。据记载，席力图

图6-151 山西省长治观音堂观音殿悬塑
（资料来源：网络）

图6-152 昆都仑召小黄庙佛殿内通壁悬塑
（资料来源：《内蒙古藏传佛教建筑》）

召原乃琼庙，设有前殿和后殿，与现存的古佛殿建筑在形制方面基本相同，在佛殿内曾有三面通壁悬塑，塑有各种飞禽走兽，正中供奉三世佛像，两侧有护法神像，可惜殿堂后世被毁。目前在包头市昆都仑召小黄庙佛殿内可见三面通壁悬塑，但判断为现代重塑。据载昆都仑召小黄庙由其前身介布仁庙改建而成，寺庙初建于1729年（清雍正七年），建筑风格最初为汉式，后在汉式佛殿前加建经堂、门廊，使其建筑风格成为汉藏结合式。佛殿内三面通壁的悬塑形式应是受到明代汉式寺院悬塑装饰手法的影响（图6-152）。

第十一节 造像

藏传佛教寺院殿堂由于功能不同，其供奉的主尊亦不同。佛像在殿堂空间中占有重要位置，是僧众信徒膜拜的对象。

内蒙古地区藏传佛教寺庙造像随着寺庙的兴建开始，其最初的佛教造像来自西藏地区。大召为蒙古地区第一座格鲁派寺庙，其寺院正殿为一座汉藏结合式建筑，佛殿内沿东、北、西三面设高台，北壁前坛奉三世佛，正中为释迦牟尼像，为梵式造像，银质包金，头戴花冠，眉眼纤细（图6-153），银佛坐像高2.55米，平放在膝上的一只手从中指到手腕长60厘米。莲花台高0.33米，宽2米，整体用白银1.5吨，由尼泊尔匠人打造而成，火焰背光为木底银花，头顶上为孔雀羽毛制成的孔雀伞，验证了阿勒坦汗的建寺供佛诺言。其余诸像虽为泥塑，也皆为旧物，工艺精细，神态生动。西侧为过去燃灯佛，东侧为未来弥勒佛，高2.5米，三世佛两端各一宗喀巴，高2.45米。东西高台奉白、绿两大度母，八大菩萨、两大护法。东侧从南向北依次奉马头明王、四菩萨、绿度母，西侧从南向北依次奉金刚手、四菩萨、白度母，其中度母造像高1米（图6-154），菩萨造像高2.48米（图6-155），皆头梳高髻戴花冠，造像面部宽平，躯体结构匀称，宽肩细腰，造型端庄大方。衣纹采取中原地区表现手法，优美流畅，质感颇强，具有明显的明代造像特征。两尊护法金刚手、马头金刚造像高2.5米，体态威武，面目狰狞（图6-156）。

从大召的营建历史可知在寺院建造过程中，无论是明朝政府还是西藏的格鲁派都给予蒙古建寺的各方面支持。正殿内菩萨、护法等泥塑造像应随殿堂营建在本地完成，释迦牟尼银像所体现出的梵式造像特征指明其来自西藏地区，1586年（明万历十四年），三世达赖喇嘛来到呼和浩特，“晓示钟根哈敦，命巴勒布匠人制作金冠，顶戴于尊召释迦牟尼佛像，使成圆满安乐之身后为之开光。”[①]

此后在土默特地区，阿勒坦汗家族及一些外来僧侣陆续建了六座寺庙，与土默特部关系密切的蒙古部落也在自己部落领地开始建寺供佛，如鄂尔多斯部建准格尔召，喀尔喀部建额尔德尼召。这一过程中的造像活动应更多依赖于西藏方面的迎请或明朝政府的赏赐，蒙古人及蒙古地区尚不及展开造像活动之能力。

明朝政府从太祖起，就推行藏传佛教、礼遇西藏高僧的政策，以此安定西藏地区，在具体措施上吸取元代治藏的经验，把元代独尊萨迦一派的做法改为尊崇西藏各个教派，并对各派僧人加以封赏。在加强明代中央政府与西藏地方政权间政治、经济广泛交流的同时，极大地促进了藏传佛教艺术在西藏和明代宫廷的发展，在每次明朝中央政府和西藏各个教派交往过程中，都会相互赠送佛像、经书。

入清后，清朝政府仍然沿用明朝政府的对藏政策，协助格鲁派五世达赖喇嘛在藏区建立噶丹颇章政权，格鲁派取得了全面胜利，进入噶丹颇章时期。西藏地区改建、扩建寺庙，甘、青地区大量兴建寺庙，所以这个时期对于藏区来说是藏传佛教艺术创作的高峰时期。寺庙的兴建和扩建给各种艺术门类带来

① 珠荣嘎译注，《阿勒坦汗传》，1990年。

图 6-153　释迦牟尼佛造像
（资料来源：网络）

图 6-154　度母造像
（资料来源：艾妮莎课题组）

图 6-155　菩萨造像
（资料来源：艾妮莎课题组）

图 6-156　金刚手造像
（资料来源：艾妮莎课题组）

图 6-157　雍和宫万福阁弥勒菩萨造像

（资料来源：网络）

图 6-158 五当召却伊拉独宫弥勒佛造像

（资料来源：网络）

了广阔的发展空间。由于兴建工作庞大，在造像、壁画创造中出现了高度程式化特征，这一方面是应受《造像量度经》的规范影响，另一方面也是满足批量化生产的需要，尤其在佛像的造像方面。但对于高僧、活佛等上师的造像则不拘一格，出现了高超的写实性技巧。其内在原因对于可能此类群体不在《造像量度经》之列，另存在个体性，给了匠人充分发挥创作的可能。

针对内蒙古地区，掀起信奉藏传佛教的热潮，鼓励蒙古部落改信藏传佛教，并在本部落请僧建寺，大规模的寺院营建活动，推动了各地造像艺术的发展，尤其催生了各地的金铜造像产地生产。

除西藏外，四川、甘肃、青海、内蒙古、北京、承德以及蒙古的藏传佛像制作颇为兴盛。样式以梵式系统造像为主流。当时蒙古的多伦是建造佛像的主要产地，匠人蒙汉具有在造像艺术上卓有成就，闻名内外蒙古，并远播甘青藏地区。在蒙古地区金铜造像的发展过程中，逐渐出现风格差异，形成内蒙古的察哈尔造像艺术及外蒙古的喀尔喀造像艺术。

随着造像技术的日臻成熟，西藏、北京、蒙古地区一些财力雄厚的寺院开始出现巨型造像，以示佛法威严。相继在藏区多座寺院出现巨型造像，同时这种风潮向北京、内蒙古传播。北京典型的为雍和宫万福阁白檀木弥勒菩萨巨像（图 6-157），乾隆皇帝将雍和宫改为藏传佛教寺院后，认为寺院北面太过空旷，欲建一座高达楼阁作为屏障，七世达赖喇嘛献印度通高 26 米白檀木，雕成 18 米高弥勒菩萨巨像（地下埋 8 米）。

内蒙古方面，建于 1835 年（清道光十五年）的五当召却伊拉独宫内供奉弥勒佛（图 6-158），是五当召最高的两座大佛之一，高达 10 米。头戴宝冠，肩披莲华，上身袒露，手作说法印，全部为黄铜分

a 释迦牟尼佛像

b 释迦牟尼与七佛像

c 大威德金刚像

d 时轮金刚像

e 无量寿佛像

f 绿度母像

图 6-159　五当召小型金铜佛像

（资料来源：《五当召珍藏 - 佛像法器其他》）

铸焊接而制成，是多伦诺尔工匠的杰作；建于 1892 年（清光绪十八年）的喇弥仁殿，殿中供奉宗喀巴铜像，高达 9 米，是内蒙古地区藏传佛教寺庙中宗喀巴铜像中最大的一座；原清代察哈尔正黄旗十四苏木的佑安寺，其东仓佛殿内释迦牟尼铜塑像高二丈四尺，坐于莲座之上，用五百余斤铜片拼集而成，佛重两吨，怀中能坐 8 人，亦是多伦诺尔工匠制作。

小型佛像由于易于携带，其传播性广泛，每个庙宇都有数量上百的小型佛像，大寺更多，数目上千。有内蒙古当地铸造，亦有藏地传入，风格多样，年代不详，只可依其造像风格判定其时代。由于经历战乱、匪祸及“文革”运动，内蒙古地区藏传佛教寺院中大型佛像多被砸毁，小型佛像丢失严重，很多寺庙只剩几间摇摇欲坠的殿堂，殿内之物被席卷一空。

由于汉藏结合式殿堂空间体量较大，多被当作他用，幸得保留，殿内造像多破坏严重，其艺术特征无法做到正面直接进行表述，但有幸的是五当召历经磨难，现仍存有 327 尊佛像，可谓造像宝库，据包头市五当召管理处统计，五当召在造像方面统计，高于 1 米的铜佛像有近 20 尊，高 15 厘米～ 35 厘米金铜佛像最多，这些佛像除了来自北京及内蒙古多伦地区，还有不少来自西藏、我国其他省份，并且这些佛像造像特征明显（图 6-159），泥塑造像五当召也较其他寺庙保存得较多，仅喇弥仁殿供奉的一模而制的宗喀巴像就达 1000 尊，此外，还有几十尊较大的泥塑造像，当圪希德殿、苏古沁殿、阿会殿较为集中，苏卜盖陵、喇弥仁殿等存有少量。木雕造像相对较少，共数十尊，主要供奉于苏卜盖陵二楼和洞阔尔活佛府二楼。虽然五当召为一座纯藏式建筑组合而成的寺庙，其中未有汉藏结合式殿堂的出现，但同样可以从其遗存的造像情况反映出当时内蒙古地区藏传佛教寺庙关于造像的情况，非常珍贵。

第十二节 陈设

藏传佛教殿堂内的陈设装饰种类非常丰富，空间中除了供奉的诸神祇尊像外，大量的宗教陈设布满殿堂，以此强化宗教空间的氛围。

一、唐卡

唐嘎，系藏语，是藏传佛教特有的一种绘画形式，指用锦缎镶边的布轴画或丝绣，宗教色彩浓郁。唐卡通常绘于布帛和丝绢上，其形状多呈正方形或长方形，幅面大小不一，大者可达数千平方米，小者幅不盈寸，方便携带。

图 6-160　多伦县汇宗寺喇嘛诵经场景，殿堂内挂满唐卡（资料来源：《多伦文物古迹》）

据其所用材料分为“国唐”、“止唐”两类。二者在制作工艺上存在较大差异。“国唐”采用丝绢绸缎等材料以手工绣制、拼贴后缝合、编织或套版印刷等方式制作而成，细分有丝面、绣像、丝贴、手织和版印五种。“止唐”则相对简单，用颜料直接绘制在画布上，种类有金唐、赤唐、黑唐之分。其绘制内容广泛，包括宗教历史事件、宗教人物传记、宗教教义、风土民俗、地区民间传说、神话故事等，涉及政治、经济、文艺、历史、宗教、社会生活各个方面，与壁画表现内容有一定的相似之处。

多数唐卡常悬挂于寺院殿堂中，因其可以卷起随身携带，常作为礼品在各大寺院中赠送，使得一座殿堂内可能汇集不同历史时期制作工艺和绘画风格的多种唐卡。

随着藏传佛教在蒙古地区的传播发展，唐卡作为佛教教义的重要移动宣传工具，也随之进入内蒙古的社会活动中。虽然藏传佛教于明末再度传入蒙古地区，但今日所见遗存唐卡大多为清代唐卡，入清后，蒙古地区大规模的建寺风潮，对唐卡的需求量很大，加之唐卡便于携带，大量藏地唐卡进入蒙古寺院，挂满殿堂（图 6-160），少数进入蒙古百姓的家中。

同时随着西藏与蒙古宗教交流的日益频繁，许多蒙古族僧人也远赴西藏深造学习，兼学“五明”中的绘画技艺，返回蒙古后，传代弟子，推动了蒙古地区的宗教绘画艺术。据《蒙古族美术史》记载，清代的蒙古族画工有伊克昭盟（今通辽市）的噶勒桑、庆克；锡林郭勒盟的伦都布，贝子庙的活佛阿克旺罗布桑丹毕扎拉森，呼和浩特的希日布、吉米扬拉席等。从目前遗存的寺院唐卡中已发现多幅有蒙古文题记的唐卡。蒙古人在接受藏传佛教的同时，将本民族文化融入其中，如蒙古语称唐卡为“布斯吉如格”。并为供奉的神祇起了蒙古语名称，使这些神祇能更好地为蒙古人接受。如释迦牟尼佛称“包日汗”；弥勒佛称“麦达里”；药师佛称“敖特其”；

图 6-161　大召正殿经堂法座

图 6-162　百灵庙正殿经堂法座

罗汉称“班日达”；观音菩萨称“阿日雅宝勒”；文殊菩萨称“曼珠希里”；度母称“达日哈”，护法称“道格希德”。

内蒙古地区藏传佛教寺院中的唐卡在“文革”期间同经书，被大量烧毁或丢弃，但由于其便于隐藏，仍有一大批遗存。包头市博物馆现馆藏的一批唐卡，是 1981 年从包头市东河区废旧物资公司购回。据文物管理处鉴定，大部分唐卡可能来自伊克昭盟（今通辽市）寺庙，其题材丰富，绘制细腻，可以推想，藏传佛教在内蒙古地区发展的鼎盛时期，作为寺院重要建筑的汉藏结合式殿堂中到处悬挂的唐卡定为上乘之作。

二、家具

殿堂中的家具主要集中在经堂部分，无论经堂采用汉式还是藏式建筑结构，其中心区域一定为喇嘛诵经之地，寺院等级森严，因此经堂内的座次严格规矩，不能随便坐错。

每当诵经日，经堂内的座次是：大经堂内与门相对的正中设高座，为活佛的座位；于高座左右设次高座，分别为锡连达喇嘛和札萨克达喇嘛的座位。蒙古语中锡连是座位或桌案之意。居高位，受膜拜，地位极尊的达喇嘛称锡连达喇嘛，一般由年老退了职的具有最高行政权的执事喇嘛担任，论实权此级不及札萨克喇嘛，而受到的礼遇和尊荣却胜过札萨克喇嘛。札萨克达喇嘛是一座寺庙内活佛下具有最高行政权的执事喇嘛。锡连达喇嘛和札萨克达喇嘛座位下手又设稍低对向座位，为文扎德、拉胜文扎德座位，其二人为领导全寺僧众诵经的正、副经头；自此以下，依次为巴格文扎德（小经头）、嘎赖布文札德（预备经头）的座位。至入堂第一排明柱，一律为半尺高、三尺宽的长榻，为众僧的座位，一般分两行，如徒众甚多时，可增设几行，但大小文扎德必须在左右诸行的最上首坐。经堂的西南隅设一高座，为萨克沁格斯贵（为大经堂教律的最高监察执法者）面北而坐的座位。

在长方形区域内，各级喇嘛按照各自等级就座，家具亦有区别，以示等级差异(图6-161～图6-163)。

大召主持九九曾撰文记载：大召正殿经堂“正中上方设有长 2.15 米、高 2 米、宽 2.35 米的木椅一只，既有靠背又有扶手。往南的西边设有 1.35 米见方、高 2.26 米的木椅 1 只，东边 1 只是 1.03 米见方、高 1.32 米，都有靠背没有扶手。再往南是 4 条绺子[①]。”

① 4 条绺子指四排普通僧侣就座的区域。

图 6-163　准格尔召正殿经堂内陈设

三、供养法器

供养类法器专为佛教供养之用，内容范围较广，包括幢、幡、华盖、香炉、灯台、瓔珞、花笼，以及盆、杯、碗、盘、钵等。

图 6-164　大召正殿佛殿陈设场景
（资料来源：网络）

（一）香炉、灯台

香炉、灯台是佛教常用法器之一，也是佛教信徒用来拜神、敬神的常用佛具，供于佛像前，用来烧香和照明，通常用铜或金银制成，外表雕刻佛教用语或吉祥纹样。

如大召正殿佛殿就有这样的记载：“供桌上的铜制万年灯，灯捻儿系用棉花、龙须草制成，此灯常年不熄。宽 46 厘米、长 31 厘米、高 20 厘米、重 26 公斤的玲珑香炉，是用金银铜铁锡铸成，很是珍贵。供桌上有这样一段文字“归化城无量寺众僧人施银供献铜城壹座乾隆叁拾柒年玖月吉立经理人叭蜡增圪速贵”。可惜这件200年前的铜制艺术品在“十年动乱”中丢失。银制的满达供器，在金塔上镶有一颗珊瑚珠，在一对镀金奔巴瓶内插着孔雀翎。花、香、灯、水、塔供品也很名贵，盛水之碗及灯都是铜制品，水上经常撒着藏红花，花是很珍贵的白莲花（图 6-164）。

（二）幢幡

幢常与幡合用，指用宝珠丝帛装饰的竿柱，幢者为于柱头部分；幡者，则以长帛下垂者。在佛教寺院举办法会时，常用它装饰佛、菩萨道场。

佛教中的经幢源于印度，后进入佛寺殿堂中，多改为以丝质绸缎之类上写经文悬挂，其形制不一，整体上呈圆柱形，有羽毛、宝石、丝绢等种类，但以绢布为多，用五色布做成圆筒状一层一层缝接在一起的，其五色排列顺序不能错乱，分别象征天空、祥云、火焰、江河和大地。幢身上有 8 ～ 10 条丝帛，其上或绣佛像，或涂颜色（图 6-165），藏传佛教认为幢代表解脱烦恼，是得到觉悟的象征。

图 6-165　梅日更召正殿经堂的经幢

图 6-166　大召正殿经堂陈列的孔雀羽毛华盖
（资料来源：网络）

幡同时悬挂着，长条下垂，由丝帛制成，一般由幡头、幡身、幡手、幡足构成，长短大小各异，常用布制成，亦有金、铜、纸、玉、绢、丝等材质的，幡上涂有青、黄、赤、白、黑等色，有的绘制狮、龙等纹样。

（三）华盖

华盖源于古印度，由于气候炎热，人们出行多持伞盖，用于遮阳，伞上多以花朵装饰，俗称华盖。后华盖成为贵族出行时的仪仗器具，在佛教中用于供奉和装饰佛、菩萨像，成为供养法器，象征守护佛法、庇护众生，大召保存有清朝皇帝赏赐的孔雀羽毛华盖（图 6-166）。

（四）其他

内蒙古地区藏传佛教寺院中一些大型寺院，历史上多有皇帝、宗教领袖曾住锡于此，多有赏赐，寺院将赏赐之物也供奉殿中，借此来显示其地位的显贵。如大召佛殿就有这样的记载：“佛殿供桌上立有三块龙牌，上用满文书写圣祖汗位”（居西高 87 厘米）、“皇帝万岁万岁”（居中高 117 厘米），“圣母皇太后之位”（居东高 130 厘米）。佛殿上方悬挂三对宫灯、两对珍珠八宝灯，造型美观，工艺精细。三对古瓷瓶各高约 1.50 米，今日这些陈设有的还在，有的不知去向。

经堂内常会摆放各种经卷以及跳查玛所用的幡像服装、法器等，如白象、青牛法事用具（图 6-167），佛殿入口两侧通常会设置存放甘珠尔经，丹珠尔经的高架，这时的经书更多的是一种宗教经典的展示。

内蒙古地区汉藏结合式殿堂中的陈设与藏地寺

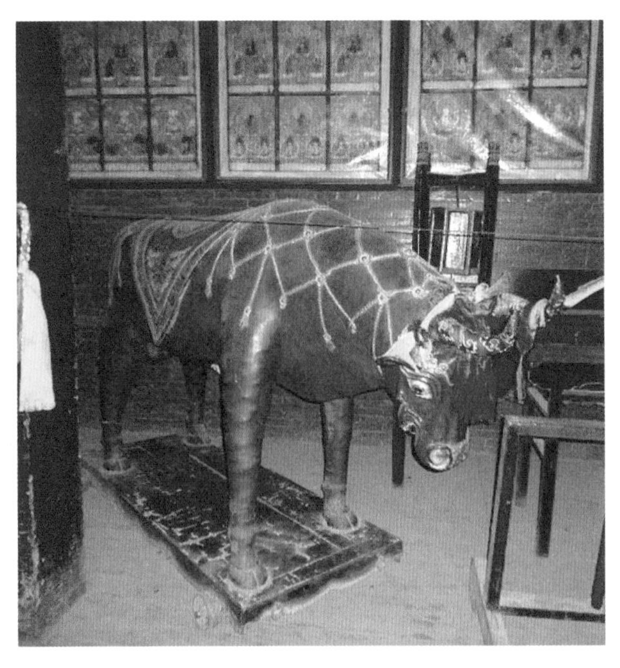

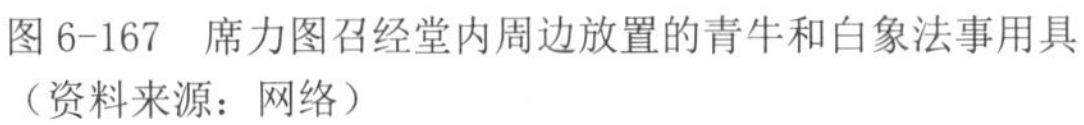

图 6-167　席力图召经堂内周边放置的青牛和白象法事用具
（资料来源：网络）

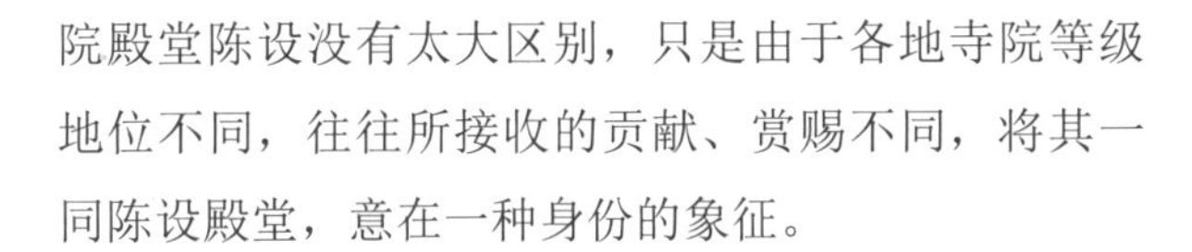

院殿堂陈设没有太大区别，只是由于各地寺院等级地位不同，往往所接收的贡献、赏赐不同，将其一同陈设殿堂，意在一种身份的象征。

第十三节 本章小结

本章从十二个方面入手，较为详细地分析阐述了内蒙古地区藏传佛教中汉藏结合式殿堂建筑装饰艺术要素，分别论述了其艺术形态及文化内涵的具体内容，构建起内蒙古地区藏传佛教汉藏结合式殿堂建筑装饰艺术的基本体系，从中不难看出，汉藏结合式殿堂在随宗教传播发展过程中，不同层面的外来建筑装饰艺术文化在特定的历史环境下对清代内蒙古地区各盟旗寺庙的营建装饰皆有影响、渗透，这也促使内蒙古地区汉藏结合式殿堂建筑装饰艺术在诸多方面形成自身艺术特征而有别于其他建筑。

汉藏结合式

第七章

内蒙古地区汉藏结合式寺庙殿堂建筑装饰材料及色彩

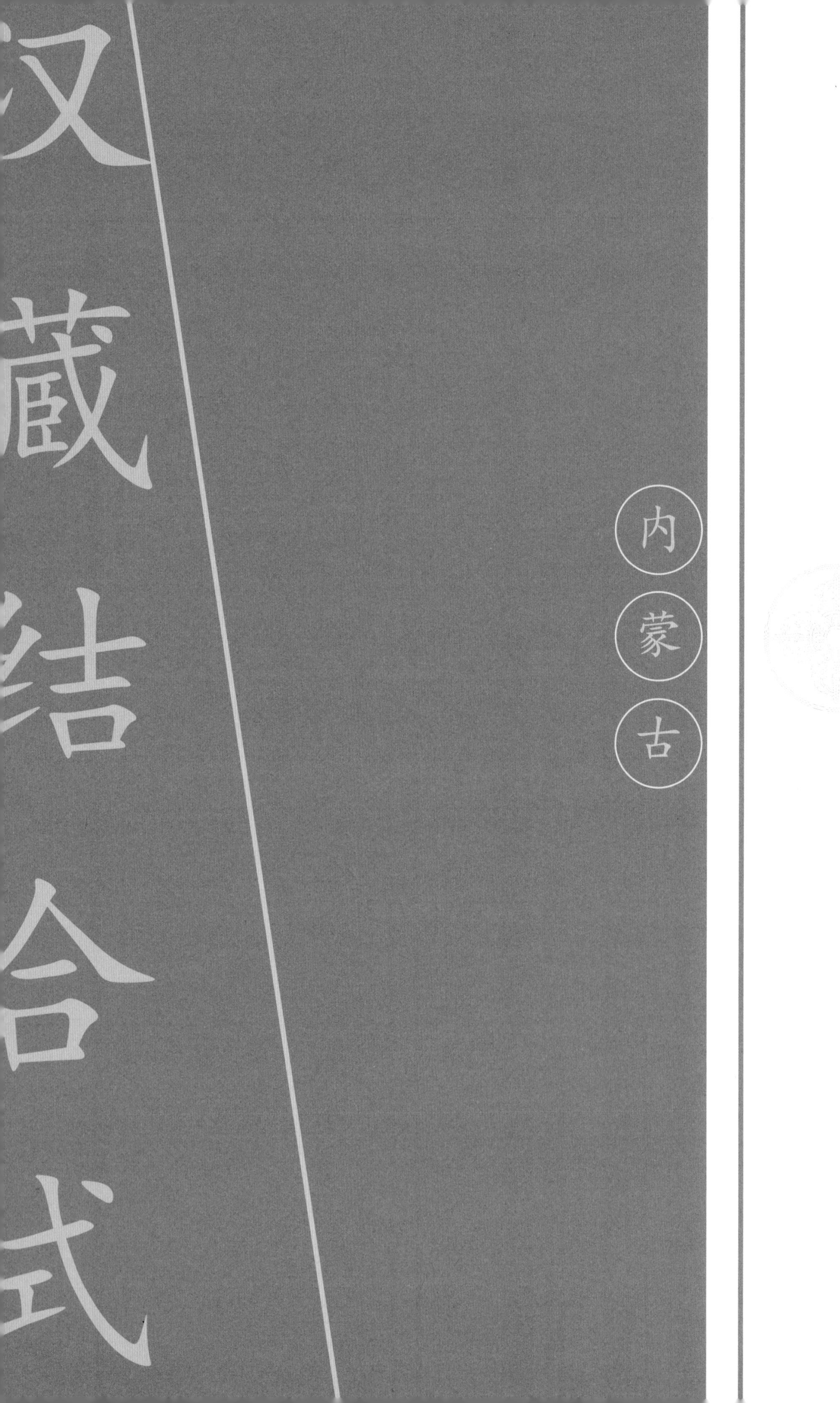

汉藏结合式
内蒙古

建筑的材料及色彩是造型的一种基本手段，有利于空间氛围的营造，能对观者的心理产生影响。对于宗教建筑而言，材料的选择和色彩的搭配都会对建筑风貌的表达产生重要影响，体现出一定的宗教教义特征。内蒙古地区汉藏结合式寺庙殿堂也不例外，其在装饰材料及色彩的使用上表现出多样化特征。

第一节　内蒙古地区汉藏结合式寺庙殿堂建筑装饰材料

藏族地区的藏传佛教寺庙建筑多以当地自然材料为主，用土、木和石等材料进行建筑营建，在建筑材料及营造工艺上呈现出强烈的地域特征和视觉效果。与之相比，蒙古族作为游牧民族，长期以来形成了游牧行居的生活方式，其传统建筑为搭建拆卸方便的蒙古包。当藏传佛教最初在蒙古传播时，限于条件限制，蒙古包即作为礼佛场所，直至固定式的寺庙建筑出现在蒙古草原上，而这种被植入的寺庙建筑形态作为外来宗教文化的一种物质载体，并非蒙古人传统建筑形式所固有，对于陌生的建筑形式及营造技艺，蒙古人只能依靠汉族工匠来实施完成。或是重金聘请邻近汉地的汉族工匠来蒙地完成，或是依赖生活在蒙地的汉族工匠完成，而这些汉族工匠最初对于来自藏族地区的宗教建筑形式不求甚解，于是在处理手法上基本按照汉传佛教寺庙建筑的营建法则来完成蒙古人委托的佛教寺院工程任务，只在寺院重要建筑上，依据藏地寺院的建筑形态及空间形制，采用汉式营造手法进行仿效，形成了内蒙古地区汉藏结合式殿堂建筑类型的最初形态。直至五世达赖喇嘛执政时期，随着格鲁派力量在蒙古的广泛传播及大力发展，纯粹的藏式寺庙形制才开始出现在蒙古地区，在殿堂建筑式样方面打破了蒙古地区藏传佛教寺院汉式建筑一家为大的局面。在随后的寺院建设发展中，很多寺院出现了汉式、藏式、汉藏结合式的殿堂建筑混合于一寺的现象，其间还有灵活的蒙古包根据需要穿插其中，形成汉、藏、蒙古多元建筑文化混合的佛寺形式。

基于上述历史原因，内蒙古地区汉藏结合式寺庙殿堂在建筑装饰材料的选择、使用方面多似汉传佛教寺院，汉地佛寺建筑通常采用的基层材料及表面装饰材料都大量的使用在此类建筑上，另外在藏族地区藏传佛教寺院建筑中使用的一些典型装饰材料也被融入其中，共同构建了内蒙古汉藏结合式寺庙殿堂的装饰材料系统。

一、青砖灰瓦

中国汉式建筑主要以梁柱搭建屋体框架，起承重作用，墙体只起围合作用，故有“墙倒屋不塌”的俗语。墙体通常以泥坯砌筑（图7-1），或外层抹泥，或外层包砖，亦有以青砖直接砌筑墙体，或裸露青砖或外层覆泥者，区别于藏式传统建筑采用垒石和夯土砌筑墙体的做法。内蒙古地区大部分藏传佛教寺院建筑墙体做法与汉式建筑相同，殿堂墙体大量采用内为泥坯，外层抹泥的做法，等级较高的建筑则采用内为泥坯，外包青砖的做法。在建造过程中，匠人往往就地掘土打坯，盘窑烧砖。汉藏结合式殿堂属于寺院中的重要建筑，其墙体往往采用内为泥坯，外包青砖的做法，也常见采用青砖直接砌筑墙体的做法。

图7-1　泥坯砌筑墙体

在大召正殿的外墙界面可以看到青砖在早期蒙古汉藏结合式殿堂中的使用特征，仿木结构的砖制构件已经出现在檐口部分，砖与砖之间采用错缝拼接形式排列（图 7-2）。

入清后，在清廷扶植藏传佛教政策的鼓动下，蒙古各部竞相建庙，汉藏结合式殿堂也随之大量出现，砖制构件在檐口的使用及装饰上开始趋于复杂，青砖排列组合形式及砖制构件样式更为多样丰富，

图 7-2　大召正殿经堂仿木构砖檐装饰

图 7-3　美岱召正殿经堂仿木构砖檐装饰

图 7-4　美岱召正殿梵文砖雕

如美岱召正殿经堂的边玛墙下檐口砖制装饰不仅层次丰富，还巧妙与梵文砖雕结合（图 7-3、图 7-4），显示出宗教建筑特有的装饰之美。

灰色瓦件主要在汉藏结合式殿堂的汉式屋顶、窗檐中被大量使用，为了凸显殿堂的华丽，在屋顶脊饰部分，多采用高浮雕手法的砖雕构件，饰以多

图 7-5 美岱召正殿汉式屋顶

种花卉连续纹样、双龙、双凤纹样，手法来自晋陕民间寺庙建筑屋顶装饰，属于剪边手法（图 7-5）。

二、建筑琉璃

琉璃在建筑物上的使用，从现有考古发掘推断，其至迟始于北魏。蒙古人与建筑琉璃产生关系，始于由其统治的元朝，元朝建筑大量使用了建筑琉璃。明代晚期，藏传佛教再度传入蒙古地区，建筑琉璃随寺庙的兴建开始出现在重要殿堂屋顶的装饰中。

大召在初建时正殿屋顶是否采用琉璃饰件不得而知，但其顶部至少应同美岱召早期的西万佛殿屋顶一样，顶覆灰瓦，绿琉璃砖镶边。据考古调查，西万佛殿是美岱召内最早的佛殿建筑，原是一座歇山式单层建筑，顶覆灰瓦，绿琉璃剪边，有围廊柱二十根，其占地面积几乎与琉璃殿相等。从今遗存的美岱召正殿屋面琉璃装饰遗存可以看出，早期建筑琉璃的使用主要集中在重要殿堂的脊饰上，美岱召汉藏结合式正殿佛殿汉式屋面虽为灰瓦，但正吻、正脊、宝顶、垂脊等饰件皆采用五彩琉璃花卉加以装饰，但藏式经堂的歇山屋顶则全部采用灰瓦装饰，通过屋顶材料的使用可见二者地位之差异。

与美岱召同年建造的乌素图召庆缘寺正殿，建筑式样与美岱召汉藏结合式正殿相似，屋顶材料使用原则一致，经堂屋顶皆为灰瓦，佛殿屋顶脊饰上亦采用五彩琉璃装饰，较美岱召正殿脊饰在纹样装饰上更加丰富，除了大量的各异花卉，在正脊中心还加入双凤朝阳纹样。通过上述几例，可以基本看出建筑琉璃在当时蒙古土默特地区汉藏结合式殿堂屋顶的使用原则。

与土默特部相邻的鄂尔多斯部，据记载，1623 年（明天启三年），鄂尔多斯左翼前旗的蒙古贵族

图 7-6　准格尔召正殿琉璃屋顶

明爱·岱青从沙圪堵城招募匠人，在乌力吉图山上选址，建造了一座黄绿相间琉璃瓦屋面的汉式大佛殿（图 7-6）。

入清后，建筑琉璃在蒙古寺庙建筑装饰中大放异彩，一些地位等级高的寺院中重要殿堂屋顶满覆琉璃装饰。清政府在多伦地区敕建的汇宗寺、善因寺，因其正殿屋面分别覆盖青蓝色琉璃瓦、黄色琉璃瓦，被民间称为“青庙”、“黄庙”，汉藏结合式殿堂中如土默特地区的大召正殿、席力图召大经堂、乌素图召的法禧寺正殿因某些政治因素顶覆黄色、绿色琉璃，可见建筑琉璃的魅力所在。

明清时期在建筑琉璃色彩使用方面有着明晰的等级界限，黄色等级最高，除了敕建寺庙屋顶可以使用黄琉璃外，民间建寺屋顶主色最高等级为绿琉璃瓦件及饰件，以绿色为主色，黄色进行剪边处理。这种采用琉璃装饰重要建筑屋顶的做法，直至民国，内蒙古地区寺庙营建中仍有建筑采用。

（一）满堂黄屋面

殿堂屋面采用满堂黄琉璃瓦件装饰。地位等级最高。如清康熙年间，小召内齐托音二世呼图克图请求康熙帝恩准为大召正殿屋面换满堂黄琉璃瓦（图 7-7）。雍正帝在多伦诺尔敕建善因寺，其大殿屋面亦采用满堂黄琉璃瓦件。

图 7-7　大召正殿满堂黄琉璃屋顶

图 7-8　法禧寺正殿绿琉璃屋顶

（二）绿（蓝）琉璃屋面

殿堂屋面采用绿（蓝）琉璃瓦件装饰，同属于屋面装饰系统的脊饰、吻兽、宝顶也为绿（蓝）琉璃。如清政府在多伦诺尔敕建汇宗寺，其大殿屋面采用青蓝色琉璃瓦；乌素图召法禧寺汉藏结合式大殿屋面采用绿琉璃瓦件装饰，传说为寺中喇嘛因医治好乾隆帝妃子的疾病，被皇帝特许屋面采用绿琉璃瓦件装饰（图 7-8）。

（三）剪边琉璃屋面

剪边为屋面做法的一种。常在屋脊和檐口部分使用色彩、种类与屋面不同的瓦件，以此明显突出屋面的边界线。在内蒙古地区汉藏结合式殿堂建筑中，常见屋面整体采用灰瓦，使用琉璃瓦件进行简单剪边，高等级寺院汉藏结合式殿堂屋面则整体采用琉璃瓦面，通过色彩进行剪边区分，常见绿色琉璃屋面，黄琉璃剪边。典型一例为席力图召的大经堂、佛殿皆为绿琉璃屋面，黄色琉璃剪边（图 7-9）。

同时，建筑琉璃的装饰使用范围也不断扩大，从琉璃顶的殿堂装饰发展到琉璃佛塔、琉璃顶的牌楼、琉璃的香亭。如慈灯寺的金刚座舍利宝塔（图 7-10）、席力图召、小召的牌楼（图 7-11），皆采用大量琉璃装饰，今日尚存可见。在乌素图召后山曾建有一座琉璃制覆钵式佛塔，小召曾有琉璃制的香亭、经幢，可惜后世皆毁。

三、铜材

铜材在藏传佛教寺院中的使用主要集中在三个方面，分别为建筑装饰构件、佛像、供器供品。

铜质建筑装饰构件主要出现在重要殿堂的屋顶与边玛墙面装饰构件上，通常采用鎏金工艺，以使其在阳光下熠熠生辉，增加佛性。在甘青藏地区，铜材被大面积使用在重要建筑的屋顶上，塑造成金顶。所谓金顶，即为铜质鎏金屋顶，各种构件及屋顶瓦饰材料皆为铜质鎏金，以显示殿堂的神圣重要性，同时也是寺庙权威地位的彰显。藏族地区等级

图 7-9　席力图召大经堂佛殿琉璃屋顶
（资料来源：王卓男课题组）

较高的寺院都有多座金顶建筑，如大昭寺、拉卜楞寺、扎什伦布寺、塔尔寺等（图 7-12），其中位于日喀则的扎什伦布寺，从清初起作为历代班禅的驻锡之地，全寺大小金顶设有 14 个，装饰金顶的经幢、宝顶、祥麟法轮及羽人、带有印度尼泊尔风格的鳌头都采用铜质鎏金工艺，制作精美。

藏传佛教再度传入蒙古地区后，由于建筑营造技艺方面的地域差异及铜材的缺乏、鎏金技术的生疏，藏族地区寺院中殿堂上的金顶从一开始就未在蒙古地区出现，从地位上取代金顶效果的是琉璃屋顶，铜质鎏金构件只小面积使用，用于屋顶经幢、宝顶，边玛檐墙的饰件上，数量减少了很多，但其象征意义并未随之减弱。

入清后，随着内蒙古多伦诺尔地区逐渐发展成为金属佛教造像的主要产地，大量的宗教金属用品产生于此，大到巨型佛像，小到供器供品，除供应北京及内蒙古各大寺院的佛教造像及建筑饰品，甚至其产品也传入西藏、青海地区。

四、木材

木材是古代建筑中的主要用材。无论是藏式传统建筑还是汉式传统建筑，木材在其构架体系中都扮演着重要的角色，被广泛用于建筑结构的梁柱承重和建筑细部的精美装饰。

内蒙古地区以温带草原植被为主，部分地区因过度放牧退化为沙地，甚至是沙漠。

明清时期内蒙古地区大量的寺庙建造中所用木材很多由其他地区运来，因此建庙成本较高。以康熙帝敕建的汇宗寺为例，1893 年（清光绪十九年）5 月俄国人波兹德涅耶夫在多伦诺尔进行考察后，在其《蒙古及蒙古人》一书中，描述多伦诺尔城所处地带是一片宽广、多沼泽的沙土平原，没什么树木。建寺资源非常贫乏。据史料记载，多伦汇宗寺建造时，工匠从京城和河北地区调集，石材大多取自 25 公里外的元上都遗址，木料从承德地区运来，建筑装饰性构件从京城运来，只有普通砖瓦在当地烧制。这种建寺方式形象地概况了清代内蒙古地区建造寺庙的情况。在很多寺庙的建造历史中都会提到匠人、材料外来之说。如原属锡林郭勒盟东苏旗的查干敖包庙，其建庙即从北京、张家口、多伦诺尔请来匠人，属乌兰察布盟（市）的百灵庙在建庙时请的是山西应州的匠人。但也不乏拥有丰富自然森林资源的地区。1944 年（民国 33 年）的阿拉善蒙古考察记中就曾记载：“以地区而论，从贺兰山山顶的西面起

图 7-10　慈灯寺金刚座舍利宝塔

图 7-11　小召牌楼

a 大昭寺金顶

b 拉卜楞寺金顶

c 扎什伦布寺金顶

d 塔尔寺金顶

图 7-12 金顶建筑

到山麓止，宽有二十多里，长有一百余里，由南寺到北寺都是自然林的区域，所产之树主要的为油松、华山松、柏木及山杨等树。”只是“蒙民对于森林任它自生自灭，不知开辟利用，殊属可惜。”①

以上资料说明木材作为殿堂建筑的主要用材，在明清时期蒙古各部建寺供佛时，由于周边环境的森林资源不同，所获取方式不尽相同。由于蒙古人对于森林资源的“不知开辟利用”，生态资源得以保护，但随着汉人大量涌入蒙地，开荒拓产，内蒙古地区的森林资源受到严重破坏。

五、石材

由于能源缺乏，西藏建筑采用垒石或夯土形式砌筑墙体。内蒙古地区的藏传佛教寺院由于地理环境、营造技艺的差异，更多倾向于汉式建筑的建造模式，主要以土木结构为主，辅以砖石。

石材的作用主要用于基础方面，如台基部分的土衬石、陡板石、埋头角柱、阶条石、柱顶石、门石、槛石等；用于墙身方面，如挑檐石、压面石、腰线石、

① 夜郎《礼拜六》1937 年，第 683 期，第 23-24 页 .

墀头角柱石等，种类主要涉及青白石、汉白玉、花岗石、青砂石等，通常在一座建筑中石材占比不大，但对于重要的宫殿、寺庙建筑，除了石材用量增大，往往还要在石材表面雕凿出繁缛华贵的纹饰或将石材雕刻成立体的三维造型，以此彰显建筑的等级地位。

明清时期的内蒙古地区地广人稀，物资匮乏，草原上建造寺庙的成本远远高于他地。在石材方面，虽然有阴山、贺兰山、乌拉山等山脉，其石质坚硬、整体性好、沉积岩少、石材种类多，但对于石材的开采运输、加工处理是建造过程中的一大难题，因此在内蒙古地区大量藏传佛教寺院建筑中的石材用量并不多，只在特定部位使用，并且减少一切烦琐装饰，能用青砖替代皆用青砖。如果寺庙依山而建，则就地取材。康熙帝敕建多伦诺尔汇宗寺时，其石材直接从正蓝旗的元上都遗址挪用，目的也是考虑到石材的开采、加工成本问题。坐落于呼和浩特市大青山南麓低缓山坡上的乌素图召法禧寺正殿台基采用垒石勾缝方式，呈虎皮踢面效果，非陡板石也非砖砌，就地取材特征非常明显。

图 7-13　席力图召覆钵式双耳白塔

内蒙古地区一些宗教地位较高的寺院，在石材的使用方面体现出使用量大，雕刻丰富的特点，通过这种方式来显现寺院财力的多寡。典型一例为呼和浩特市的席力图召。在漠南蒙古地区，除多伦诺尔掌教的札萨克达喇嘛章嘉呼图克图外，各地所存在的众多“转世”活佛系统中（驻京八大呼图克图除外），作为呼和浩特掌印札萨克达喇嘛的席力图呼图克图系统资格最老，地位最高，影响最大，为内蒙古地区其他各盟寺庙中的诸活佛无法相比，因此其位高权重，财力雄厚，其寺院营建过程中，石材的使用远远胜于其他寺庙。位于寺院东侧塔院中的覆钵式双耳喇嘛塔（图 7-13），坐落于石质须弥座上，整座建筑由白石建造，通体雕刻细腻花饰，为祈愿本寺活佛长寿而建，是目前内蒙古地区最为精美的一座覆钵式藏式佛塔。

除此外，雕刻的石材也用在席力图召核心建筑大经堂上。大经堂在不同历史时期多次被修缮，尤其是清光绪年间的修缮，使之成为内蒙古地区最为精美的大经堂。其墙体迎风石上都雕刻了富有吉祥寓意的花鸟异兽，在三座藏式板门两侧还增添了四个雕刻精美的抱鼓形门枕石（图 7-14）及两个全狮型门枕石，这样的做法皆在彰显其高等级的宗教地位，为其他寺庙所未见。

六、织物

织物在藏传佛教寺院殿堂上主要用于殿堂装饰，表现为轻盈与厚重两种。藏族地区由于日照强烈，往往采用丝绸制成香布，悬挂于门窗檐口，保护其檐下彩画的长久（图 7-15），殿堂内部则多悬挂丝绸经幢。由于藏族地区冬季殿堂内部寒冷，多在诵经区采用当地的藏式地毯、坐毯加以装饰，同时亦可起到保暖作用，并且在柱身包裹柱毯，达到装饰美化的效果。藏毯在藏族传统手工艺基础上，融合了我国的藏族、汉族和印度、尼泊尔等国家的多种文化因素，形成了独特的风格样式。

内蒙古地区藏传佛教寺院中织物的使用与藏族地区寺院无太大区别，只是在纹样上无印度和尼泊尔文化迹象，柱毯多以龙纹为主，底色有黄、蓝、红等多色。经堂空间中多悬挂丝绸制经幢，诵经区坐垫采用羊毛坐毯。由于内蒙古地区日照时数少于西藏等地，并且汉藏结合式殿堂多在经堂前设置外凸门廊，有效地起到了保温隔热的作用，因此在建筑上少见使用较为厚重的大面积香布悬挂于门窗下，个别建筑檐下会悬挂丝绸制成的香布。纯藏式的寺庙殿堂由于建筑形式完全仿照藏族地区，则织物使用方面如同藏地。

图 7-14 席力图召大经堂门廊的门枕石

七、边玛草

徐宗威在其主编的《西藏传统建筑导则》中对“边玛墙”的说明：“‘边玛草’是一种柽柳枝，秋来晒干、去梢、剥皮、再用牛皮绳扎成拳头粗的小捆，整齐堆在檐下，等于在墙外又砌了一堵墙，然后层

图 7-15 大昭寺殿堂悬挂的香布和牦牛毛编织的门帘
（资料来源：网络）

图 7-16　藏族地区的柽柳枝
（资料来源：网络）

图 7-17　用于制作边玛墙的柽柳束
（资料来源：网络）

层夯实，用木钉固定，再染上颜色。”其作用除了装饰外，主要是可以减轻房子重量。在藏区柽柳分布在高寒灌木丛中，质地很坚硬，对其的采集往往采用“就地取材”的方式获得，即从邻近周边地区的高寒灌木丛采集（图 7-16）。“诸如拉萨的建筑所需要的‘边玛草’，基本上都是离拉萨 100 多公里的墨竹工卡县的尼玛江热乡和门巴乡的深山里采集；青海塔尔寺‘边玛草’的主要来源地是金银滩；天祝天堂寺的‘边玛草’是在附近的石门沟采集。”①加之其制作工艺繁琐（图 7-17），成为一种等级地位的象征，多用于高等级寺庙殿堂、宫殿及贵族府邸的墙面装饰，普通民众的房屋不得使用。

内蒙古地区盛产一种叫红柳的植物（图 7-18），即多枝柽柳，为温带及亚热带树种，常生长于河漫滩、河谷阶地上，沙质和黏土质盐碱化的平原上、沙丘上，其性喜光、耐旱、耐寒，亦较耐水湿，极耐修剪。因此，常将其作为防风、固沙、改良盐碱地的重要造林树种。

目前没有研究资料显示，内蒙古地区藏传佛教殿堂中所见到的边玛墙中的柽柳材料来自本地区，文献也未见记载。但依据藏地柽柳与内蒙古地区的红柳同属一科，性能相同的特点，内蒙古地区对这种材料的获得远易于西藏地区。但不排除早期由于制作工艺的限制，从西藏地区直接输入的可能。虽然内蒙古地区有着较丰富的红柳资源，但在寺庙建筑营造过程中，严格遵守着边玛草的使用等级要求，并未使之普及化，只有宗教地位较高的寺院才可在重要殿堂上使用边玛草，从寺庙殿堂墙上边玛草使用情况，可以推知寺院的等级地位。

图 7-18　内蒙古地区的红柳
（资料来源：网络）

第二节　内蒙古地区汉藏结合式寺庙殿堂建筑色彩

色彩作为一种传递信息的视觉媒介，尤其在宗

① 陈祎．“边玛墙”考究 [D]. 西北民族大学，2010.

教建筑上，体现出更深层次的内涵。对于内蒙古地区的汉藏结合式寺庙殿堂建筑色彩的解读不能简单地理解为传统汉式建筑色彩与藏式建筑色彩二者的相加，而忽略蒙古民族在接受过程中的融合再创造问题。在多元文化的共同作用下，内蒙古地区的汉藏结合式寺庙殿堂建筑色彩呈现出其自身的地域、民族特征。

一、对汉式寺院建筑用色体系的继承

当藏传佛教继元朝后再度传入蒙古地区时，除了随部落迁徙的移动式蒙古包寺院，第一次出现了固定的寺院建筑形式。这种建筑形式的产生与当时蒙古寺院建造环境和背景有着必然的联系。藏传佛教格鲁派被引入蒙古之际，正是势力薄弱之时，急切需要强大的施主支持，巩固加强其宗教地位，而漠南蒙古土默特部在当时的政治时局下军事力量强大，又同明朝政府建立了通贡互市的友好关系，需要通过宗教来恢复往日政教合一的集权状态，二者一拍即合。格鲁派领袖索南嘉措与蒙古土默特部领主阿勒坦汗在青海湖畔的仰华寺举行了盛大的会晤，表明了蒙古右翼信奉藏传佛教的决心，并许下诺言，返回土默特后，要建寺供佛。但对于蒙古人而言，建寺的工作更多依赖于汉人工匠完成，阿勒坦汗为了建好大召，还向明廷寻求帮助，明廷鉴于修好的关系，派出汉人工匠帮助建寺。同时，西藏方面也派出东科尔呼图克图二世随阿勒坦汗一同返回土默特，进行弘法传教事宜，种种事件造就了早期蒙古寺庙是在依托汉人工匠建造基础上的汉式寺院或宫殿的翻版，在建筑色彩的使用上也完全是遵照传统汉式寺院的建筑色彩，红色或青灰色墙面、灰色屋顶、红色圆柱，色彩斑斓的梁枋彩绘共同组成了殿堂的基本色调。处于寺庙院落中心位置的汉藏结合式殿堂虽有藏式建筑元素介入其中，但在建筑色彩上汉式建筑色彩占有绝对地位，这种色彩调性从明晚期开始，及至进入清代的时间里，在蒙古土默特地区及周边地区持续了较长时间。

二、对藏式寺院建筑用色风貌的继承

内蒙古地区汉藏结合式殿堂建筑色彩中的藏式色彩部分是对藏地佛教寺院建筑色彩风貌的继承。在藏族地区，白色、红色、黄色、黑色、金色五种颜色的运用早已成为藏式传统寺院建筑中的主色调。红、黄、白多彩的外墙、黑色的梯形窗套、棕红色的边玛檐墙、金色的屋顶，这些色彩粗犷地构成了藏式传统寺庙建筑的基本色彩风貌，并且每种色彩都深含教理。以外墙为例，藏地的宗教建筑都会在墙体表面涂上鲜艳的颜色，通过色彩来向外界传递教派及建筑身份、等级信息，材料的真实面目往往被加以遮盖。灵塔殿和护法神殿外墙通常涂以红色，以示威严，是权力、等级的象征；扎仓殿堂、僧侣用房外墙通常涂以白色，以示吉祥、神圣和幸福；活佛府邸外墙通常涂以黄色，以示高贵。同时藏传佛教中教派林立，色彩成为区分教派、建筑等级的直观外在视觉方式，如萨迦派（花教）创始于1073年（北宋熙宁六年），因该教派主寺萨迦寺所在地山体呈灰白色，故得名萨迦（藏语意为白土）。寺院围墙常涂以红、白、蓝三色花条，分别以色彩来象征文殊、观音和金刚手菩萨，以此寓意善良、智慧、勇敢。

内蒙古地区的藏传佛教于明朝晚期由藏地传入蒙古而来，传入的是藏传佛教的格鲁派一支，格鲁派兴起于15世纪，创始人宗喀巴以头戴黄帽的形式以示严守戒律，被称为"黄帽派"。藏地佛教寺院建筑色彩的真正广泛使用是在清代，随着清政府对格鲁派在蒙古地区传播的支持，蒙古诸部掀起建寺高潮，大量藏地格鲁派僧人进入草原传教，兴建佛寺，将藏地佛教寺院样式传入内蒙古地区，同时，随着蒙藏两地的宗教交流，蒙古进藏朝拜、学习的喇嘛返回蒙古地区后效仿藏地佛教寺院样式建造寺庙，在传入寺庙殿堂建筑样式的同时，建筑的传统色彩也随之一并传入，使内蒙古地区出现了一大批纯正的藏式寺院建筑，如前文提到的包头市五当召及乌兰察布市四子王旗希拉木伦召（图7-19）。同时，

图 7-19　乌兰察布市四子王旗希拉木伦召（普和寺）
（资料来源：《内蒙古藏传佛教建筑》）

在汉藏结合式殿堂中的藏式部分也较藏传佛教传入蒙古地区之初，在建筑色彩的表达上更加注重藏式色彩特征的表达。

三、汉、藏寺院建筑色彩间的转换共生

内蒙古地区的汉藏结合式寺庙殿堂由于其结合了汉、藏两种不同建筑风格，二者在建筑色彩上的碰撞显而易见，但在其发展过程中，两种色彩文化在保持各自独立的状态下又存在着转化共生。

大召正殿作为明朝晚期蒙古地区建造的第一座汉藏结合式召庙殿堂，从其外观色彩上，更多地看到的是汉传寺庙的传统色彩，青灰色的经堂砖墙、红色的佛殿泥墙，黄色的琉璃瓦顶以及绚丽多彩的屋檐彩画。如果不是棕红色边玛檐墙的出现，这座汉藏结合式殿堂的藏式色彩特征往往会被人忽视。从这座殿堂的整体色彩中不难看出最初蒙古地区汉藏结合式殿堂色彩中的汉、藏色彩比例，汉式色彩占有绝对地位，藏式色彩做出了妥协。从现存的大召明代汉藏结合式正殿中，我们看到的是藏式殿堂的营建思想和具有明代宫殿建筑特征的营造细节。一虚一实，可看出二者的侧重，因此这时的殿堂色彩是以汉式色彩作为主导。

内蒙古地区藏传佛教早期的寺院殿堂形式由于偏向于汉式寺庙殿堂形式，偶有汉藏结合式殿堂出现，就整体而言，藏式殿堂特征偏弱，因此传统藏式建筑色彩特征体现也非常之弱，唯见边玛檐墙的棕红色。

这一现象在四世达赖喇嘛回藏坐床后，稍有改观。据载，席力图召的呼图克图一世在从西藏返回土默特后，就对自己接手掌管的这座寺院进行了改建、扩建工程，增加了藏式殿堂的比例，寺院中出现了汉、藏建筑混合的局面，想必传统藏式殿堂色彩也应随之增加，但其行为在当时的蒙古地区的藏传佛教寺院中并不具有普遍性。

入清后，清廷以宗教柔顺蒙古定为国策。1653年（清顺治十年）五世达赖喇嘛受到清廷正式册封，返藏以后，格鲁教派的统治地位和其建立的甘丹颇章机构权力大大加强，达赖喇嘛在全藏也更有号召力。

五世达赖喇嘛执政期是格鲁派发展的鼎盛时期，格鲁派寺院形制逐渐出现定制，传统的藏式殿堂特征开始在内蒙古地区得以强化。不仅出现了纯藏式建筑的寺庙，而且在汉藏结合式殿堂建筑中藏式成分也大幅度增加，体现在色彩方面，藏地寺院的红、白、黄、黑、金等色彩出现在内蒙古地区的藏传佛教寺院中。以汉藏结合式殿堂外墙为例，虽然青砖仍作为外墙主要材料，但此时多被涂上白、黄、红、黑诸色，其原有的青砖本色被彻底覆盖（图7-20、图7-21），与明代建造的寺庙在对青砖这种材料的审美认同方面发生了极大的变化，此时藏式寺庙色彩成为主流色彩，并且殿堂外墙的色彩因其功能的变化，也会在不同时间段发生变化，如包头市昆都仑召小黄庙早先外墙色彩为白色，后为迎接九世班禅的到来，而改涂黄色，以示尊贵（图7-22），梅日更召正殿早期墙身为黄色，后修缮改为白色。

但与此同时，青灰色或琉璃砖瓦覆盖的汉式屋面并未被西藏的鎏金铜皮金顶所取代，仍然展现着汉式寺庙殿堂特有的屋面色彩，这些使得内蒙古地区的汉藏结合式殿堂色彩虽在不同的历史场景下发生着比例的转化，但始终保持着一种独特的文化色彩共生现象。

四、蒙古民族尚青色彩情结的融入

蒙古族与藏族一样，由于地域环境的空旷无际，造就了蒙古民族的尚色心理，偏爱鲜艳亮丽的色彩，并对色彩赋予了深刻的情感含义。对于藏族而言，

图7-20　百灵庙正殿墙面色彩

图7-21　梅日更召正殿墙面色彩

图7-22　昆都仑召小黄庙墙面色彩

其文化发展史就是一部藏传佛教发展史，藏族对于色彩的喜好与宗教的教义有着密不可分的关系，这方面，蒙古人有着同藏族同样的色彩喜好。蒙元时期，蒙古人将白色视为最尊贵的色彩。成吉思汗建国时，树九斿白纛；元朝时贺正拜天，君臣皆穿白裘。吉、福、顺、吉皆言“白”，衣食住行无不以白为上。

青色为稀缺色彩，在可见光谱中是介于绿色和蓝色之间的颜色，有点类似于天空的颜色。元朝时受伊斯兰文化的影响，蒙古大汗追捧青色，用于各处。《元氏掖庭记》记载：“元祖肇建内殿，制度精巧……瓦滑琉璃，与天一色。”说明当时建筑上已使用青色琉璃瓦，在元大都和上都的宫殿遗址中，青色琉璃建筑饰件屡有发现（图 7-23）。

明代晚期蒙古右翼土默特部领主阿勒坦汗开始信奉藏传佛教，其以忽必烈转世自居，并以史书中“五色四藩”中的青色蒙古为中心之说，将新建的都城

图 7-23 锡林郭勒盟正蓝旗元上都遗址出土的龙纹黄、蓝、绿琉璃瓦当滴水
（资料来源：《元上都》）

命名为呼和浩特（汉译为青色的城），并与藏传佛教曼荼罗文化中色彩观念相结合。在藏传佛教中，有吉祥五色观念之说，五色观念与金刚乘及其五佛有密切关系，五色中青色居中，被奉为中心。美岱召早期殿堂天花遗存有大量曼荼罗彩画（图 7-24），这些曼荼罗中央为蓝色（青色），表示不动佛及其显现，下方为白色，表示东方的毗卢遮那佛，按顺时针方向分别为黄色（宝生佛）、红色（阿弥陀佛）、绿色（黑色，不空成就佛），从中可见金刚部曼荼罗在当时信奉藏传佛教蒙古人思想中多么盛行，受到极大的推崇。

现存内蒙古地区汉藏结合式寺庙殿堂中最能反映蒙古民族尚青情节的实例，即为席力图召大经堂墙体孔雀蓝琉璃砖的运用（图 7-25）。

大经堂内部空间九九八十一间，是典型的藏式经堂布局，其建造年代为清康熙年间，《内齐托音二世传》中提到的席力图召中双层大庙即为经堂，当时并未有墙体贴覆孔雀蓝琉璃砖的记载。正如同《蒙古及蒙古人》中所言，“据说 1887 年以前，席力图召同其他召没有什么区别，可是那年发生了一场火灾，使格根的住房和庙仓的全部房屋都化成了灰烬，召庙受到了严重的损坏。因此，两年前，这座召和它的正殿都被重新整修。”说明了琉璃的大量使用是在 1891 年（清光绪十七年）席力图九世呼图克图重修寺庙之时。此次的重修在很大程度上效仿了青海湟中塔尔寺的大金瓦殿使用琉璃装饰墙面的做法（图 7-26）。

1816 年（清嘉庆二十一年），塔尔寺第四十五任法台从各地募化白银万两再次修缮大金瓦殿，在本次修缮过程中将大殿中下层三面墙砌为绿琉璃砖

图 7-24 美岱召正殿佛殿曼荼罗彩绘天花板
（资料来源：《美岱召壁画与彩绘》）

图 7-25 席力图召大经堂蓝色琉璃砖墙面

图 7-26 塔尔寺大金瓦殿绿色琉璃砖墙面
（资料来源：网络）

图 7-27　希拉木伦召（普会寺）正殿外墙色彩

图 7-28　百灵庙正殿外墙色彩

墙，一层屋檐也铺设绿琉璃瓦。在历任席力图呼图克图中，对于席力图召建筑形态及装饰产生重要影响的两位呼图克图（四世、九世）均来自青海安多藏区，在塔尔寺的《经堂维修志》（藏文）中记载，在 1832 年（清道光十二年）对时轮学殿进行的一次扩修中，呼和浩特席力图召曾献马五匹，这从一个侧面反映出二者有一定的交往关系，并且席力图召对于塔尔寺的情况较为熟悉，当塔尔寺大金瓦殿墙体换成琉璃砖后，席力图召也在多年后借着灾后对寺院的修缮，将这一高等级建筑装饰手法施用在大经堂上。此时的席力图召执掌着呼和浩特掌印札萨克达喇嘛一职，寺院财力雄厚，与清廷关系密切，以琉璃装饰重要殿堂并非难事。大经堂墙面没有采用与大金瓦殿相同的碧绿琉璃砖，而是采用了孔雀蓝琉璃砖，更多应来源于蒙古社会信奉藏传佛教五色观念中青色为尊的尚青情节。清末蒙古族学者罗布桑却丹在其所著被称为蒙古族的“百科全书”的《蒙古风俗鉴》中说：“论年光，青色为兴旺，黄色为丧亡，白色为伊始，黑色为终结。”可见青色、白色皆为当时蒙古人认同的高贵色彩。

除此外，有一个现象应该引起研究者的注意，现归属于包头市的希拉木伦召（普会寺）、百灵庙的正殿外墙色彩被涂成深灰色（图 7-27、图 7-28），涂覆深灰色原因不得而知，毕竟在藏传佛教的色彩体系中没有涉及这种色彩。在刘明洋硕士论文中谈及建筑色彩部分时，提到其采访一位老人，据老人回忆 30 年前希拉木伦召正殿外墙颜色是青蓝色的。希拉木伦召为席力图召的属庙，鉴于从属地位关系，其正殿外墙墙面虽没有使用青色琉璃砖，但如果真如老者所说色彩为青蓝色，那笔者可以大胆推断，希拉木伦召、百灵庙的正殿外墙现在的深灰色最初应该是蓝色系列，体现出蒙古藏传佛教寺庙中以青为尊的色彩观念，深灰色是后世修缮中对宗教色彩误读的结果。

第三节 本章小结

内蒙古地区汉藏结合式寺庙殿堂由于地理环境、建筑营造技艺等因素，其建筑框架体系方面更接近于汉式宫殿、寺庙建筑，汉式建筑材料、色彩方面的表达在整体建筑中占有很大比例，后期随着藏式建筑风格的传入，基于宗教色彩理念，藏式寺庙建筑色彩开始加入其中并得以强调，使得内蒙古地区的汉藏结合式寺庙殿堂的色彩与汉式宫殿、寺庙建筑的色彩风貌表现出较大不同。一些地区甚至基于蒙古民族尚青的习俗，结合藏传佛教中的曼荼罗五色中青色为尊观念，将大面积蓝色在整个建筑色彩中强化，形成更加引人的色彩装饰效果。在材料方面，除了高等级寺院采用“边玛草”材料进行檐墙装饰，多数寺院限于等级要求，纷纷采用替代材料，完成意义上的表达。

汉藏结合式

第八章 内蒙古地区汉藏结合式寺庙殿堂建筑装饰题材及纹样

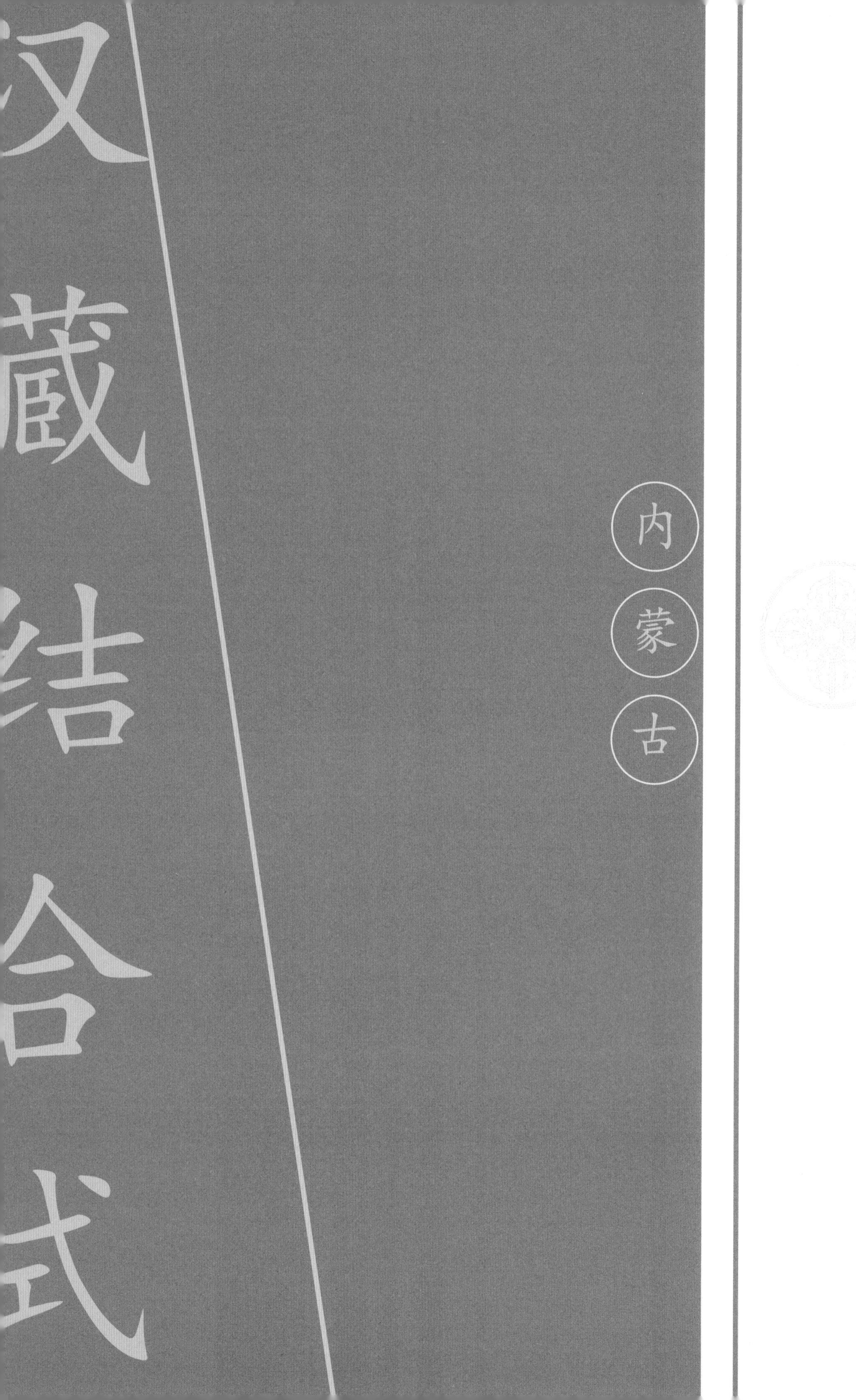
汉藏结合式
内蒙古

在中国传统建筑中，非实用性功能的装饰占有相当的比重，甚至有时占有主导地位，吉祥寓意和审美内涵常常凌驾于实用之上，从根本上讲，装饰是民族文化心理的一种深层反应，它凝聚了深刻的精神与文化内涵，借助建筑的装饰表达出来，更多体现的是一种文化准则和文化心理，许多装饰题材与纹样相对于建筑可以独立存在，形成具有独立艺术美感的图形作品，这也正说明了建筑装饰的独特性与完整性。内蒙古地区汉藏结合式寺庙殿堂建筑装饰由于融合了汉、藏、蒙古多种建筑装饰文化，因此表现出题材多样、纹样丰富的特点。

第一节 装饰题材

内蒙古地区汉藏结合式寺庙殿堂建筑在寺院中处于核心地位，只有重要殿堂才能享用此种建筑形式。其汇聚汉、藏、蒙古建筑文化于一身，建筑装饰题材方面表现出丰富的多样性。

一、宗教题材

藏传佛教文化在蒙古民族文化中占有很大比例，从装饰题材角度出发表现突出。自13世纪始，蒙古人开始接受藏传佛教，虽经朝代更替、教派更换，最终藏传佛教一支的格鲁派将藏传佛教从雪域高原传遍蒙古草原，尤其清王朝统治者以“兴黄教以安蒙古”为政治目的，多次在蒙古地区掀起建庙高潮，鼓励高僧大德、蒙古贵族积极建庙，并以政府赐名的形式，保护和推动其发展，使得藏传佛教在蒙古民族中的影响不亚于甘青藏地区，对蒙古民族影响巨大，渗透颇深。在蒙古人聚居之处，移动的蒙古包中会设有佛龛，固定的仿汉式宅院中会建有佛堂，富人以金银制造佛像，贫者以泥塑造像，或仅供图像，华朴不等，蒙古人日日礼佛，宗教已完全融入蒙古人的日常生活，成为大多数蒙古人的精神信仰。藏传佛教作为一种异民族文化传入蒙古地区后，与蒙古传统文化相互融合，这一过程是蒙古文化佛教化和藏传佛教蒙古化的过程，除了为蒙古地区带来了广博深奥的佛教教义，藏传佛教还为蒙古地区带来了独特的宗教艺术，其深刻影响着蒙古人的生产、生活，对蒙古族传统文化发挥了补充作用，已深深融入蒙古人的精神世界和审美体验中，其特征反映在蒙古民族的各类艺术领域中，散发着佛性的光辉。对于内蒙古汉藏结合式寺庙殿堂建筑而言，其本质功能决定了自身在装饰题材方面的宗教性，宗教性装饰题材是整个建筑的核心装饰题材，具体通过三维的宗教建筑实体及二维的宗教纹样加以抽象或具象的表达。

二、民族题材

蒙古民族属于北方游牧民族，其草原游牧的生产和生活经验皆从大自然而来。对所依赖的草原充满着感恩和敬畏之情，血脉中有着朴素的生态观念。据《元史·祭祀志》载：蒙古族“最敬天地，每日必称天”。几乎所有的蒙古族祭祀词都会呼出天父地母，因此在蒙古人的伦理观念中，存在于自然的万物皆有灵性，皆是自然不可或缺的部分，深深植根于他们的生命观、自然观以及他们与自然相适应的和谐观中。蒙古人对植物、动物有着特殊的感情，同时对自然环境下人的渺小、生命的脆弱有着更深的认识，在蒙古人的民族艺术中随处可见对于大自然的讴歌，对于生命长久的祈盼。纹饰在蒙古语中被统称为“贺乌嘎拉吉”。蒙古人将自然界的花草形象加以纹饰化，用于装饰生活的方方面面，或表现为主体纹饰，或表现为边角纹饰，提炼出的卷草纹弯曲缠绕、连绵不断，通过线条卷曲的魅力，传递出蒙古民族祈盼吉祥长久的寓意。

随着蒙古人全面信奉藏传佛教，在蒙古地区的藏传佛教寺院建筑中具有蒙古族特色的装饰题材也悄然融入，最典型的例子是美岱召汉藏结合式正殿经堂中的蒙古贵族礼佛壁画，壁画不仅记录了蒙古贵族礼佛的盛大场景，其中还包含了大量关于土默特部蒙古族服饰、发饰、乐器、生活用具、生活习惯等细节的记录；乌素图召庆缘寺汉藏结合式正殿佛殿壁画虽然画面主体绘制的是藏传佛教中的十六位护法尊神，但其配景的描绘反映了明末土默特地区的自然环境及民间生活，以上二者将蒙古民族题材融入壁画，对于后人研究所在时期、地区蒙古人的社会环境、生活习俗有着重要且珍贵的记录作用。

三、汉俗题材

这里的汉俗题材具体指汉地民俗题材。由于蒙古人的游牧生活特征，草原上的固定建筑最初是随着汉地流民进入蒙地而逐渐出现的。随着农耕文明进入草原，蒙古人的生产、生活诸多方面发生了巨大变化。明朝建立后，虽然明朝政府明令禁止邻近的汉民进入蒙地，但仍有大量流民涌入蒙地谋生。有清一代，清廷将蒙古各部划旗管理，并有目的地将汉族人口迁入蒙地，山西等地大量商贾进入蒙地进行商品贸易，并在蒙地开店置业，建宅定居，及至清乾隆年间，蒙古各旗均形成“蒙汉杂居”局面。16世纪末，随着藏传佛教在蒙古的再度兴起，蒙古各部陆续掀起建寺礼佛的高潮，鉴于营造技术及工程方面的诸多原因，营建工程多为汉族工匠作为主体完成，虽然有记载蒙古族匠人也参与其中，如1606年（明万历三十四年）蒙古人希古尔达尔罕、拜拉达尔罕，鳞集蒙古匠人在乌素图那尔太山阳之地兴建了乌素图西召（庆缘寺），但更多的建寺记载中记述了蒙古贵族及高僧喇嘛从邻近汉地重金聘请工匠建寺的事实，这种聘请汉地匠人营建寺院的方式也必然导致了汉地民俗题材进入蒙古藏传佛教殿堂建筑装饰中，成为其中重要的组成部分。尤其汉藏结合式建筑本身既有汉式传统建筑因素混合其中，并且寺院地位崇高，因此汉族工匠更是极尽装饰之巧事。清朝乾隆年间，由于受到这一时期“满饰”潮流风格的影响，以吉祥为主题的汉地装饰题材大量出现在蒙古藏传佛寺的建筑装饰上，而汉藏结合式殿堂又是寺院中最为华美的建筑，汉地吉祥题材的应用遍及整个建筑，尤其在建筑外部，利用雕刻、彩绘手法将吉祥文化集大成。

四、政治题材

在历史长河中，藏传佛教往往被统治阶级利用作为巩固统治秩序的精神支柱，因此在宗教建筑装饰中，一些与统治阶级关系密切的寺院，其建筑装饰中往往隐含政治题材。藏传佛教在元代由于蒙古皇室的推崇，在蒙古贵族中广为传播，盛极一时。明朝建立后，明太祖出于稳定西部边疆及怀柔藏人的政治需要，对藏传佛教示以亲和态度，此后各代明朝统治者也多效仿此法，尤其在明隆庆年间，与蒙古土默特部建立通贡互市的友好关系后，明朝政府更是通过对蒙古人兴佛建寺的帮扶，稳定了边疆安宁。满族人在夺取中央政权的过程中，充分利用蒙古人信奉藏传佛教这一特点，康熙、乾隆两朝多次在蒙古各部掀起建庙高潮，鼓励蒙古各部积极建庙，并将以宗教驾驭蒙古的意图定为国策，使蒙古地区的藏传佛教在清代达到蒙古民众全面信教的程度。民国时期，蒙古地区的藏传佛教发展虽有衰落现象，但袁世凯的北洋政府、国民党的南京政府也同样延续了清朝对蒙古藏传佛教的政策，使其得以继续发展，以上可知，蒙古地区的藏传佛教皆与政治有密切关系。汉藏结合式殿堂建筑由于其身份的重要性，一些与中央政府关系密切的高等级寺院，往往不遗余力地花费重金打造，并在建筑装饰中有意识地融入一些政治元素，如大召正殿的满堂黄琉璃屋面，席力图召大经堂廊墙的黄色琉璃盘龙，皆表现出强烈浓重的政治意味。

第二节 装饰纹样

装饰纹样是装饰题材的具象反映。内蒙古地区汉藏结合式寺庙殿堂建筑由于自身汇聚了多种文化内涵，因此其建筑装饰纹样方面也可谓集多元文化之大成，纹样丰富多样。

一、动物纹

动物纹在建筑装饰中常常表现为单一出现或以一个场景中的主体出现。

（一）龙纹

龙纹在不同民族文化中有着不同的含义，但总体喜好倾向是一致的。在西藏地区原有的苯教信奉中，把世界划分成三部分，即天、地、地下，认为天上有神，名为“赞”；地上有神，名为“年”；地下有神，名为“乐”（有的发音为“鲁”，即人们常称的龙）。

佛教中龙为大日如来的坐骑，佛教传说中共有八大龙王。[①]

龙的样子，据《尔雅·翼·释龙》云：“龙，角似鹿，头似驼，眼似兔，项似蛇，腹似蜃，鳞似鱼，爪似鹰，掌似虎，耳似牛。”其能走、能飞、能泳、能兴云降雨。龙为鳞虫之长。《礼·礼运》云：“麟、凤、龟、龙，谓之四灵。”

汉文化中对龙的认识是帝王的象征。满族努尔哈赤在建立后金政权后，在沈阳修建皇宫，完全吸收汉文化中帝王对龙的认可，大量采用龙纹装饰空间，强化集权特征，渲染王权。在封建社会，龙纹不为常人所用，被允许使用龙纹，是一种赏赐，清朝统治者在前期大力扶植蒙古地区的藏传佛教，希望通过宗教信仰统治蒙古这一彪悍民族，对于与清廷一心的寺院，更是大力赏赐，提高其地位，除了常规的赏赐寺名，对于重要的寺庙，其中很重要的一项是允许装饰龙纹的使用。内蒙古地区藏传佛教寺庙中的重要殿堂中一般都有龙纹装饰，龙纹数量的多少也反映出殿堂的等级及政治地位，如拥有精美汉藏结合式大经堂的席力图召，寺院各处装饰大量龙纹，其呼图克图在清朝作为掌管呼和浩特地区十五大寺院的掌印札萨克达喇嘛，具有可直接面奏皇帝的特权。

龙纹多装饰在重要殿堂的梁枋和柱上。对于汉藏结合式正殿，无论经堂、佛殿分离形式，还是经堂、佛殿一体形式，出现在梁枋上的龙纹多为彩绘，一般沥粉贴金，多在方心位置出现二龙戏珠纹（图8-1）。汉式圆柱、藏式楞柱上大多装饰盘龙纹，或绘或雕，圆柱往往采用沥粉贴金手法，制造出凹凸有致的质感效果。方柱上也偶尔见绘有盘龙纹，在席力图召大经堂的中心垂拔空间有八根大柱直通至二层天花，柱身较殿内其他方柱明显加粗，在柱身上彩绘青色龙纹。殿堂中即使柱身不作龙纹彩绘，也会采用织有龙纹的柱毯进行包裹。

此外，还有大量雕、塑立体龙纹。大召正殿、席力图召古佛殿、希拉木伦召正殿都有雕、塑盘龙柱，大召由于被封为帝庙，正殿的瓦当滴水也皆装饰龙纹（图8-2），席力图召大经堂东西廊心壁保存有直径巨大的黄色盘龙纹琉璃砖雕（图8-3），戗檐板也装饰有精美的五彩琉璃龙纹（图8-4），这种大量立体龙纹在寺院中的装饰应用，与其政治环境有密切关系，体现出寺院政教合一的特征及身份等级。

（二）凤纹

凤纹在汉藏结合式寺庙殿堂建筑装饰中也会出现，但不单独出现，常与龙纹相伴，有龙纹出现的地方，凤纹出现的概率也较大，常见纹样为双凤朝阳，与二龙戏珠相对应，多出现在汉式屋顶的正脊两面装饰、梁枋装饰中，双凤纹同双龙纹一样，多被设计在正脊中心位置，双凤列于宝顶两侧，如乌素图

图 8-1　大召正殿门廊梁枋方心二龙戏珠纹

① 罗毅．安多藏族传统家具纹样的文化探析［J］．设计艺术（山东工艺美术学院学报），2015(02):66-69.

图 8-2　大召正殿龙纹瓦当滴水

图 8-3　席力图召大经堂廊心墙琉璃盘龙

图 8-4　席力图召大经堂琉璃盘龙戗檐板

召庆缘寺正殿佛殿歇山顶正脊装饰，南向中心装饰双龙纹，北向中心装饰双凤纹（图 8-5、图 8-6），准格尔召正殿佛殿梁枋方心处也同时绘制双龙、双凤纹（图 8-7）。但未见龙凤一体纹样，这与宗教空间性质有关。

图 8-5　乌素图召庆缘寺正殿佛殿正脊南向龙纹

图 8-6　乌素图召庆缘寺正殿佛殿正脊北向凤纹

图 8-7　准格尔召正殿佛殿梁枋方心双龙双凤纹

（三）狮纹

狮纹在建筑装饰中运用也较多，其在佛教中为智慧化身。藏传佛教中常出现绿鬃雪狮形象，在内蒙古地区寺庙壁画中亦可看到红鬃雪狮形象，并且狮纹在民间逐渐世俗化，被封为瑞兽，赋予美好的象征寓意，如以大狮小狮称作“太师少师”，祈愿官运亨通，或以“九狮图”寓意家族兴旺，或以“双狮戏绣球”表现喜庆欢快。在乃莫齐召汉藏结合式正殿的门廊柱托木正中，雕绘有神态生动的绿鬃雪狮形象（图 8-8），在延福寺正殿门廊廊墙下雕有一组砖雕，其中有狮舞绣球砖雕（图 8-9）。

图 8-8 乃莫齐召正殿廊柱柱头狮纹木雕

图 8-9　延福寺正殿廊墙下狮纹砖雕

（四）麒麟纹

麒麟是中国古代传说中的一种瑞兽，其形象略似鹿，独角、牛尾、全身披鳞甲，古人视作吉祥象征，主太平、长寿。在内蒙古汉藏结合式寺庙殿堂建筑装饰中，也可见此装饰纹样，多见麒麟望月题材。如准格尔召汉藏结合式大经堂墀头装饰有麒麟望月砖雕戗檐板（图 8-10），陶亥召正殿墀头亦装饰有麒麟望月砖雕戗檐板，在麒麟周围还雕有方胜、

图 8-10　准格尔召正殿麒麟纹砖雕戗檐板

图 8-11　陶亥召正殿麒麟纹砖雕戗檐板

图 8-12　延福寺正殿廊墙下麒麟纹砖雕

图 8-13　巴丹吉林庙正殿麒麟纹砖雕戗檐板

磬等杂宝纹样（图 8-11）。延福寺正殿门廊墙下，巴丹吉林庙正殿墀头都可见麒麟纹砖雕（图 8-12、图 8-13）。

（五）鹿纹

古人将鹿视为瑞兽，其谐音“禄”，有祥瑞之兆。有《符瑞志》载：“鹿为纯善禄兽，王者孝则白鹿见，王者明，惠及下，亦见。”鹿纹在建筑装饰中也较为常见，多以双鹿形象出现，在通辽市兴源寺汉藏结合式正殿南墙迎风石上，雕刻有两只体型巨大的鹿纹，东侧为母鹿，上方飞有一只蝙蝠（图 8-14a）；西侧为公鹿，口衔灵芝，两只鹿身刻梅花，在灵芝丛中相向而视，周围绕以祥云（图 8-14b）。同样，

a

b

图 8-14　兴源寺正殿墙下鹿纹石刻

图 8-15　兴源寺正殿抱枕石双鹿石刻

图 8-16　延福寺正殿门廊墙下鹤鹿同春砖雕

图 8-17　席力图召大经堂殿门两侧抱鼓石瑞兽纹石刻

兴源寺正殿大门抱枕石雕刻纹饰也可见双鹿纹样（图8-15）。或者鹿与鹤形象组合，形成“鹤鹿同春”典型纹样，延福寺正殿门廊墙下砖雕中，就有一幅雕刻有寿星的砖雕，寿星对面雕刻双鹿、双鹤纹样。

动物纹样中除了龙凤、麒麟等神话瑞兽，还会为配合装饰对应法则，出现其他瑞兽，如天马、犀牛、凤凰、孔雀等，席力图召大经堂门前抱鼓石上刻有天马望日、犀牛望月、单凤朝阳、孔雀高鸣纹样（图8-17）。

二、植物纹

在建筑装饰中植物纹较动物纹使用频率更高，随处可见。

花卉纹在建筑装饰中往往成组成系列出现，形成装饰单元。清代所建藏传佛教寺院中，殿堂屋顶脊饰多以几种花卉的砖雕和琉璃雕装饰，或以某一种花卉进行重复排列，或以三种花卉为一组，重复排列装饰，这种脊饰采用花卉进行装饰的手法主要来自山西地区，高浮雕的砖雕手法，加之写实的塑造表现，使屋顶装饰花团锦簇（图8-18）。兴源寺正殿大门的抱枕石刻中出现了大量花卉植物纹（图8-19）。

花卉纹样往往结合植物、动物、器物，共同组成一个适形构图，或方（长方）形或圆形。

a 百灵庙正殿佛殿屋顶正脊花卉纹

b 美岱召正殿佛殿屋顶正脊花卉纹

c 准格尔召正殿佛殿屋顶正脊花卉纹

d 乌素图召庆缘寺正殿佛殿正脊花卉纹

e 陶亥召正殿佛殿屋顶正脊花卉纹

图 8-18　寺庙正殿正脊花卉纹

图 8-19　兴源寺正殿殿门两侧抱枕石刻植物纹

三、兽面纹

兽面纹源于古代的饕餮纹，早期被统治阶级用于器物装饰，借助猛兽形象来杜撰神灵，威慑民众，后也用于建筑装饰，常装饰在瓦当滴水、柱头位置，其中柱头兽面装饰较为明显，或绘，或雕，或塑，手法不同，室外常采用雕塑手法，空间内部则常采用彩绘手法，皆塑造出环眼圆瞪，宽鼻狮口，头顶长角的凶猛形象，这种纹样不止出现在藏传佛教寺院装饰中，在一些民间戏台、庙宇建筑的柱头处也有出现，二者虽形式上较为接近，但在代表寓意上有所差别。在内蒙古汉藏结合式寺庙殿堂建筑装饰中，在建筑外部柱头存有兽面雕塑的是大召乃春庙正殿二层柱头（图 8-20），这一造型在大召的山门柱头同样出现（图 8-21），兽面或呈绿面或呈蓝面，额头正中多一眼，但二者式样并不相同，相比之下，山门兽面塑绘更加精细，侧面反映出明朝政府对大召援建的事实。在清乾隆年间建造的位于希拉木伦草原上的希拉木伦召（普会寺）正殿门廊柱头也存有兽面雕塑，但此时的兽面已更接近藏传佛教中的典型形象（图 8-22），已不似藏传佛教传入蒙古早期时的模样。同样，位于通辽市库伦旗库伦镇的万达日葛根庙正殿门廊柱头上的兽面木雕（图 8-23），藏式特征更加明显，说明这一时期藏式固有兽面纹样形象已完全进入蒙古地区的寺庙建筑装饰中。

图 8-20　大召乃春殿门廊二层柱头兽面

图 8-21　大召山门柱头兽面

图 8-22　希拉木伦召（普会寺）正殿门廊柱头兽面

图 8-23　万达日葛根庙正殿门廊柱头兽面

四、人物纹

人物纹主要大量出现于殿堂墙面的壁画中及天花板绘制中，主要内容为佛、菩萨、护法及各教派的高僧大德。天花板居中绘制的人物纹多程式化特征，墙面壁画多表现圣者传记故事等大型题材，如宗喀巴传、佛本生传等，因此场面多宏大，涉及人物众多，同一题材内容由于创作者不同，所呈现出的艺术特征也不相同，这些人物纹样往往会在服饰方面传递出时代特征，对研究当时社会风貌及建筑历史断代有一定帮助。

另有一些人物纹伴随故事情节出现在建筑的梁枋彩绘中。清代中、后期常见有西游记故事、罗汉故事，世俗化特征趋于明显。最初西游记这类题材在唐代玄奘法师西行取经路途或邻近地区的寺院中以壁画形式多有出现，尤以甘肃地区最为集中，据统计，有 13 处之多，后在明清时期，逐渐扩展到更广大的区域，包括蒙古地区的藏传佛教寺院。兴建于清雍正年间的乌素图召法禧寺汉藏结合式正殿的梁枋上即绘有精美的西游故事彩画及降龙、伏虎罗汉形象（图 8-24）；在延福寺正殿门廊内墙下的一组砖雕中，也出现了降龙、伏虎罗汉砖雕（图 8-25）。

另外，在殿堂建筑外墙面出现了大型砖雕人物纹。典型一例为梅日更召汉藏结合式正殿佛殿东、西、北墙上，采用藏式盲窗形式雕刻了二十三组佛教人物形象（图 8-26），包括一佛二弟子、四大天王、十八罗汉，人物线条流畅，神态生动，还在盲窗上设置龛额，雕刻有“吉祥”、“如意”、“吉庆”等字样，“土地神”、“山神”字样也在其中（图 8-27），方便普通民众祭拜，这种在藏传佛教寺院重要殿堂建筑装饰中出现的汉地民间神祇文化，体现出强烈的汉地民俗性，从中可见汉地民俗文化在蒙古藏传佛教中的融合。

a

b

c

图 8-24　乌素图召法禧寺正殿经堂梁枋故事彩绘

图 8-25　延福寺正殿廊墙下降龙、伏虎罗汉砖雕

a

b

c

图 8-26　梅日更召正殿佛殿盲窗罗汉形象砖雕

图 8-27　梅日更召正殿佛殿盲窗一佛二弟子形象砖雕

五、几何纹

几何纹是用几何符号组成有规律的纹饰，常可见万字纹、回纹、方胜纹等，常见以立体的形式出现在寺庙殿堂建筑的窗棂、栏板装饰上或以彩绘的形式描绘于殿堂梁枋之上，在表现抽象几何形式美的同时，又在纹样中蕴含着吉祥寓意。百灵庙正殿门廊的二层木制栏板中采用不同组合形式的几何纹镂空装饰，使栏板装饰富于变化（图8-28、图8-29）。

图8-28　百灵庙正殿门廊二层栏板

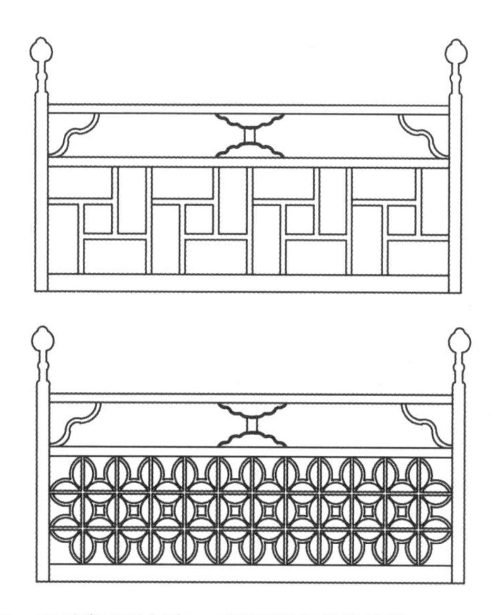

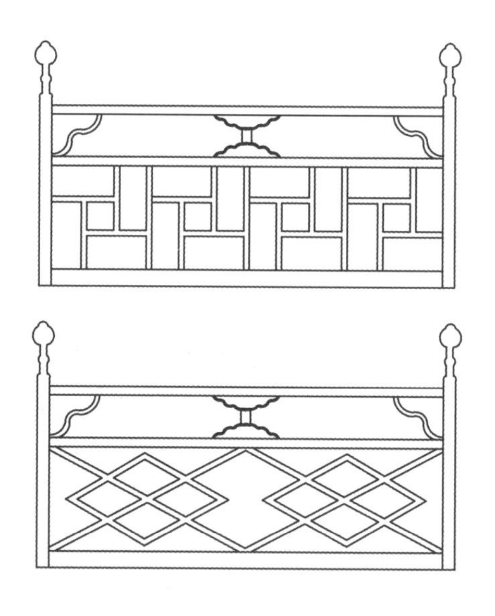

图8-29　百灵庙正殿门廊二层栏板几何纹样线图

六、器物纹

器物纹表现主体为各式器物，通常成组系列出现。

（一）鼎、炉、瓶纹

鼎、炉、花瓶作为汉地吉祥纹饰中常见器物，多与琴棋书画，文房四宝汇集一处，并结合民间杂宝共同组合成系列纹样，用在成组的单元装饰中。如希拉木伦召（普会寺）正殿在东西山墙边玛墙中，以砖代草，并在砖面上灰塑出宝鼎、香炉，瓶花等纹样（图8-30），使得其边玛墙装饰不同于他处，独具特色。兴源寺在其正殿四角的迎风石上以瓶花为单元题材，塑造出八种不同形式的瓶花造型，相似中又显示不同（图8-31）。

图 8-30 希拉木伦召正殿边玛墙上的器物纹

图 8-31 兴源寺正殿墙体瓶花石刻

（二）暗八仙纹

“暗八仙”作为一种由道教八仙纹派生出来的宗教纹样，此种纹样中并不出现人物，而是以道教中八仙各自的所持之物代表各位神仙。暗八仙以扇子代表汉钟离，以宝剑代表吕洞宾，以葫芦和拐杖代表李铁拐，以阴阳板代表曹国舅，以花篮代表蓝采和，以渔鼓（或道情筒和拂尘）代表张果老，以笛子代表韩湘子，以荷花或笊篱代表何仙姑。

随着藏传佛教在蒙古地区传播过程中的世俗化，暗八仙器物纹样也出现在藏传佛教寺庙的建筑装饰中。如在席力图召东跨院有一座藏传佛教覆钵式白石塔，塔座下方四周就雕刻有暗八仙器物纹样（图8-32），同样，在大召汉藏结合式正殿门廊斗栱两侧的卷草中同样出现有暗八仙器物纹样（图8-33）。在内蒙古地区藏传佛教寺院中，暗八仙纹样时常与佛家八宝或民间杂宝共同出现。

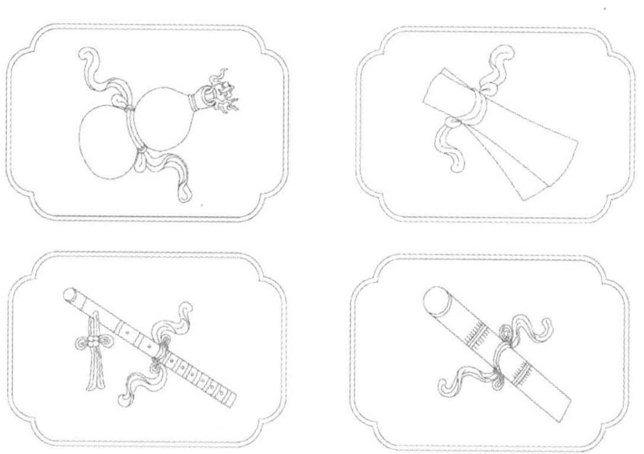

图8-32　席力图召覆钵式白塔塔座“暗八仙”石刻纹样

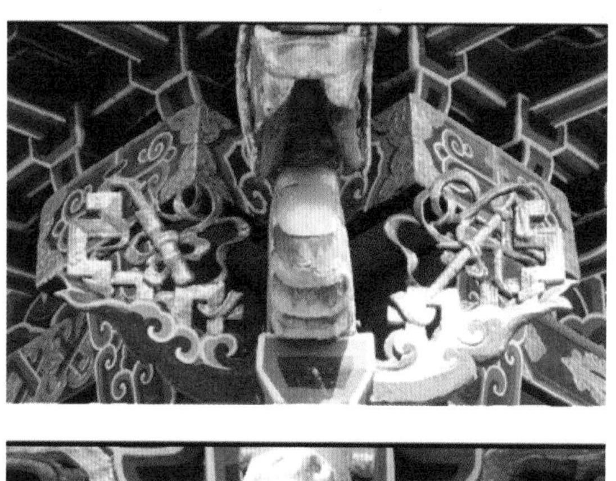

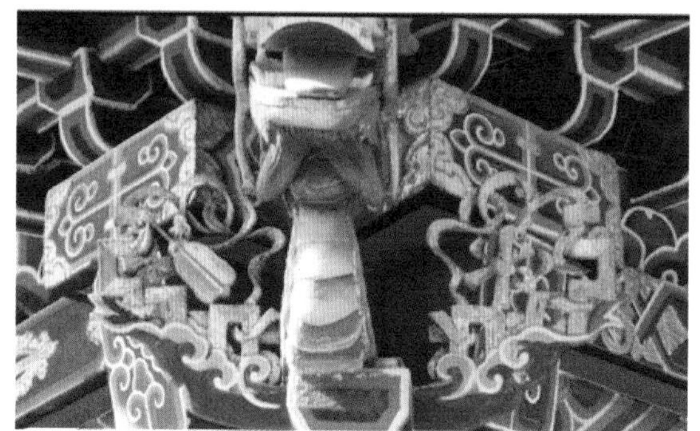

图8-33　大召正殿门廊柱斗栱上的暗八仙纹样木雕

七、文字纹

文字纹多以梵文装饰为主，集中装饰在梁枋的方心位置及天花板的中心位置，凸显藏传佛教教义的宗教色彩。

（一）真言纹

真言纹多出现在殿堂天花、梁枋彩绘装饰上，有五字、六字等不同字数的梵文真言，五字真言源自《文殊菩萨五字心咒》，来自《金刚顶瑜伽文殊师利菩萨经》；六字真言较为常见，又称六字大明陀罗尼、六字箴言、六字真言、嘛呢咒，是观世音菩萨心咒。在大召正殿经堂天花、乌素图召庆缘寺正殿经堂天花中均可见绘于莲花形内的梵文真言（图8-34、图8-35）。在百灵庙正殿门廊、万达日葛根庙正殿门廊及毕鲁图庙正殿经堂内的梁枋方心皆绘有呈“一”字形的梵文真言纹样（图8-36～图8-39）。

图8-34　大召正殿经堂天花板梵文真言纹

图8-35　乌素图召庆缘寺正殿经堂天花板梵文真言纹

图8-36　百灵庙正殿门廊梁枋方心梵文真言纹

图 8-37　百灵庙正殿梁枋彩绘梵文真言纹

图 8-38　万达日葛根庙正殿门廊梁枋彩绘梵文真言纹

图 8-39　毕鲁图庙正殿经堂内部梁枋绘六字真言纹
（资料来源：《内蒙古藏传佛教建筑》）

（二）十相自在纹

藏语称为“朗久旺丹”，是藏传佛教时轮宗的一种极具神秘力量的图符（图 8-40），其由 7 个梵文字母加上日、月、圆圈共十个符号组成，象征着人体的各个部位与物质世界的各个部分，它们之间有一套复杂的宇宙辩证理论体系，图符中的五种颜色象征着宇宙中的水、火、风、地、空五种基本元素。在内蒙古藏传佛教寺院中，这种纹样多出现在门口上方位置或寺院中重要殿堂的南向边玛墙面中部装饰（图 8-41、图 8-42、图 8-43）。

图 8-40　十相自在纹

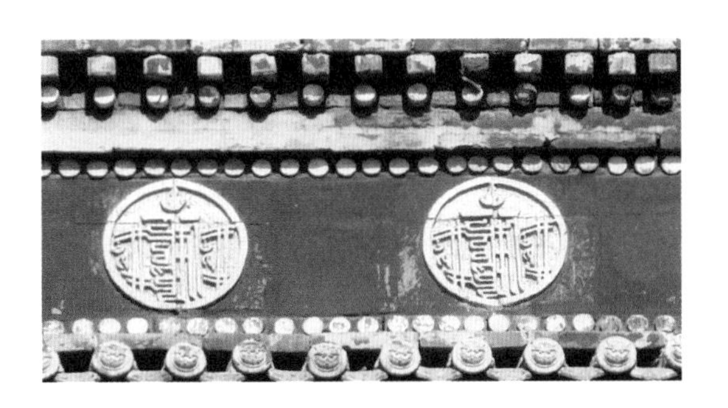

图 8-41　包头召正殿边玛墙十相自在纹砖雕

图 8-42　大召正殿经堂小门上方十相自在纹砖雕

图 8-43　希拉木伦召（普会寺）正殿经堂南墙十相自在纹砖雕

八、宗教纹

（一）曼荼罗纹

曼荼罗是梵文的音译，意为“轮集”或“坛”、“坛城”、“坛场”等，其目的用于入教和修禅。其有多种表现形式，或方或圆，或立体或平面。就平面而言，又分为：大曼荼罗、三昧耶曼荼罗、法曼荼罗。其三者的区别：

大曼荼罗，也称绘画曼荼罗，其特点以青、黄、赤、白、黑五色绘制出诸佛、菩萨形象，表示他们前来聚集。使用的五色分别代表地、火、水、风、空。

三昧耶曼荼罗，不直接绘画出佛、菩萨形象，而只以描绘象征某佛或菩萨的器杖和印契，如汉文化的“暗八仙”，修行者见到所绘器物图案如同直接拜见佛或菩萨。

法曼荼罗，也称种子曼荼罗。用诸尊名称前的第一个梵文字母作为种子来表示诸尊，修行者看到这些字母也如同直接拜见某佛或菩萨，意同三昧耶曼荼罗。

平面曼荼罗常出现在殿堂的壁画中或天花板装饰中，在内蒙古地区汉藏结合殿堂中大量出现在天花板装饰中，非常引人注目（图8-44）。这种纹样被认为会给前来参拜的信徒带来福分，当信徒拜倒在诸佛面前，福分就会落在人们的身上。

图8-44　美岱召正殿佛殿天花曼荼罗纹样

（资料来源：《美岱召壁画与彩绘》）

（二）藏式连续装饰纹

这是一组由若干纹样排列组合而成的装饰带，藏语称为“白玛曲杂”。其主要用于藏式空间的梁枋及门框装饰，按照自上而下、自内而外的顺序主要包括有“堆经”纹、莲瓣纹、联珠纹，纹样上下顺序不能随意调换，这条装饰带有繁、中、简三类，繁者在其中还会加入多种纹样，最繁华层数达21层，中等的有13层，简易的有9层。内蒙古地区藏传佛教殿堂装饰较藏族地区殿堂装饰简单，往往采用简易的装饰层带（图8-45）。

“堆经”纹，又称“叠经”。通常以木质雕凿出高高低低错落有致的方块，并施以五彩或将其绘于梁枋之上，象征经书万卷。

莲瓣纹兴起与佛教的盛行有关，此种装饰带中莲瓣纹以仰莲形式作为连续单元。

联珠纹以圆形串联成带，形成连续效果。

a 包头召藏式装饰带纹

b 梅日更召藏式装饰带纹

c 席力图召藏式装饰带纹

d 希拉木伦召（普会寺）藏式装饰带纹

图8-45 内蒙古地区汉藏结合式寺庙殿堂藏式装饰带纹

（三）八吉祥纹

“八吉祥”又称“佛教八宝”，包括轮、螺、伞、盖、花、罐、鱼、长八种图像（图 8-46），被认为是眼、耳、鼻、音、心、身、意、藏所八种感悟显现而生。其或被描绘成八种单独纹饰，成组出现，或将八种纹饰组合成一种纹饰加以表现，清代乾隆时期常将这八种纹饰制成立体造型，作为寺庙供器。在内蒙古汉藏结合式殿堂装饰中八吉祥纹样多以八种单独纹样出现（图 8-47）。

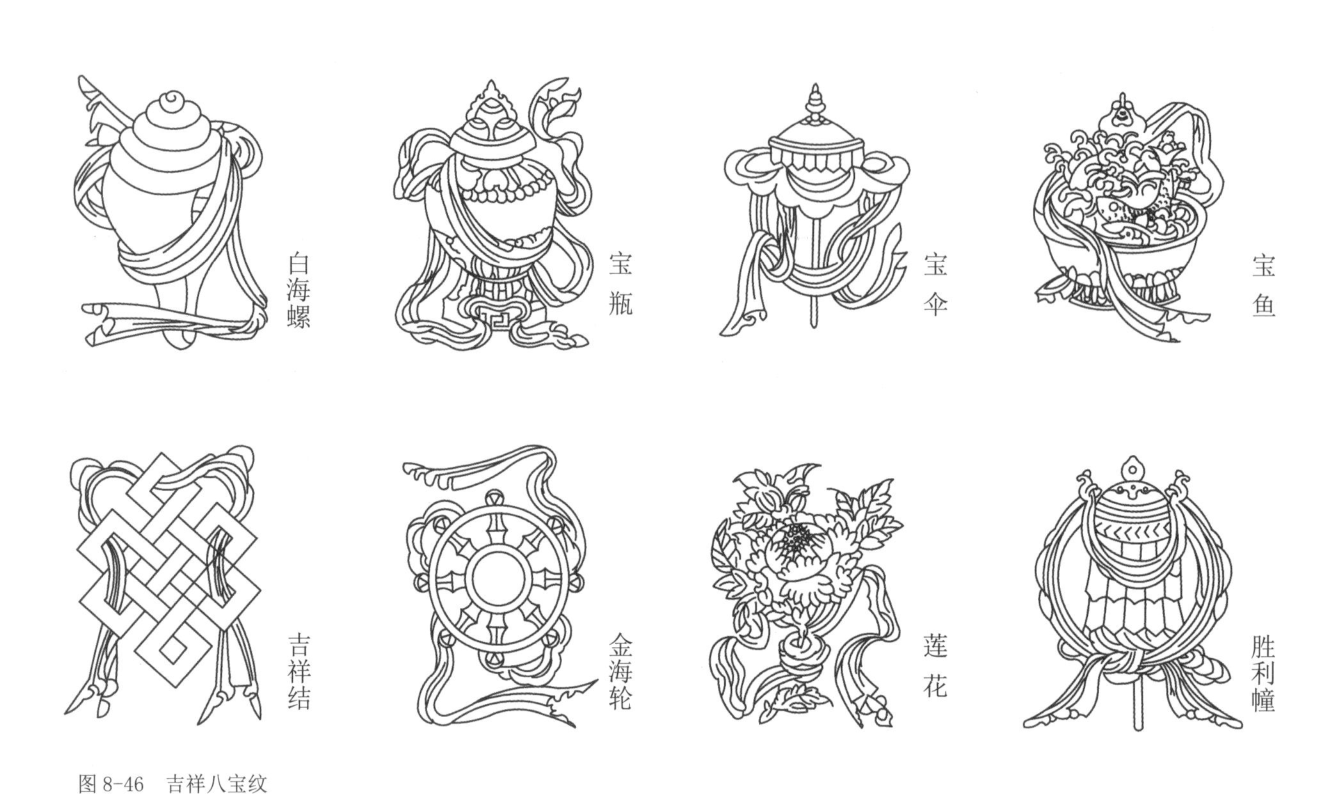

图 8-46　吉祥八宝纹

图 8-47　席力图召大经堂屋顶吉祥八宝琉璃屋脊

（四）七政宝纹

“七政宝”指轮宝、象宝、马宝、君宝、臣宝、摩尼宝、后宝，象征智慧法轮常转，七种图像又可作为人心的七种表现，分别为知足、感恩、精进、服从、忠实、满愿、柔软。七政宝纹样在内蒙古藏传佛教寺院中汉藏结合式殿堂装饰中多有出现，一般以彩绘形式表达，高级者采用雕刻形式加以表现，并与吉祥八宝纹样一同出现，席力图召大经堂门廊二层栏板即采用雕刻彩绘手法同时表现出七政宝和八吉祥纹样，其样式精美为内蒙古藏传佛教寺庙所未见，这里将其一并列出（图 8-48）。

乌素图召法禧寺正殿佛殿门楣上方墙面亦有七

图 8-48　席力图召大经堂门廊二层栏板雕刻吉祥八宝纹和七政宝纹

政宝及其他杂宝纹饰（图 8-49），在百灵庙正殿门廊二层跑马板上同样绘有七政宝纹样（图 8-50），其中的王宝服饰带有明显的清代服饰特征，借此可以判断彩画的绘制年代，与藏地传统的七政宝纹样相比，时代特征强烈。

（五）金刚杵纹

金刚杵，又名宝杵、降魔杵等。原为古代印度之武器。由于质地坚固，能击破各种物质，故称金刚杵。在佛教密宗中，金刚杵象征着所向无敌、无坚不摧的

图 8-49　乌素图召法禧寺正殿佛殿门楣上方墙绘七政宝纹样

图 8-50　百灵庙正殿门廊二层跑马板七政宝中的王宝、后宝形象

智慧和真如佛性，它可以断除各种烦恼、摧毁形形色色障碍修道的恶魔，为密教诸尊之持物或瑜伽士修道之法器。建筑装饰中常见一字金刚杵纹、十字金刚杵纹，常以多种形式表现，在席力图召白塔塔座雕刻有一字金刚杵纹（图 8-51），在大召正殿门廊梁枋彩画中亦绘有金刚杵纹，席力图召大经堂在蓝色琉璃砖墙上连接固定内部木柱的铁件设计成十字金刚杵效果，显得精致华丽（图 8-52）。

图 8-51　席力图召白塔塔座一字金刚杵石刻

图 8-52　席力图召大经堂琉璃墙面十字金刚杵饰件

第三节　本章小结

建筑装饰中题材和纹样的特征显现，反映出当时所处社会环境的审美取向及装饰定式，宗教建筑亦然。内蒙古地区汉藏结合式殿堂由于殿堂属性原因，建筑装饰繁褥华丽程度大大优于其他殿堂，尤其是汉藏结合式正殿建筑，大量装饰纹样汇聚一身，这其中虽然会有一些特定的宗教题材、纹样用于建筑装饰，凸显宗教空间特征，传播教义，但同时不可避免地融入了大量汉地建筑中的吉祥纹饰，个别地方还融入了蒙古民族的喜好纹饰，三者共同在一座建筑上汇集，皆取吉祥之意，虽然彼此间并未有多少内在联系，但共同彰显出一种绚丽多彩、纷繁复杂的装饰效果。

参考文献

一、专著

[1] 徐宗威．西藏传统建筑导则 [M]. 北京：中国建筑工业出版社，2004.

[2] 陈耀东．中国藏族建筑 [M]. 北京：中国建筑工业出版社，2007.

[3] 康•格桑益希．藏族美术史 [M]. 成都：四川民族出版社，2005.

[4] 宋卫哲，李懿，尤其红．宗教与艺术的互生——藏式家具研究 [M]. 昆明：云南大学出版社，2014.

[5] 汪永平．拉萨建筑文化遗产 [M]. 南京：东南大学出版社，2005.

[6] 王森．西藏佛教发展史略 [M]. 北京：中国社会科学出版社，1997.

[7] 熊文彬．中世纪藏传佛教艺术：白居寺壁画艺术研究 [M]. 北京：中国藏学出版社，1996.

[8] 谢继胜，谢继胜，熊文彬，罗文华，廖旸，等．藏传佛教艺术发展史 [M]. 上海：上海书画出版社，2010.

[9] 金维诺，杜滋龄．中国壁画全集．藏传寺院 4[M]. 天津：天津人民美术出版社，1993.

[10] 于小冬．藏传佛教绘画史 [M]. 江苏：江苏美术出版社，2006.

[11] 杨贵明．塔尔寺建筑艺术史 [M]. 北京：民族出版社，2015.

[12] 孙昌武．北方民族与佛教：文化交流与民族融合 [M]. 北京：中华书局，2015.

[13]（宋）李诫撰，王海燕注释，袁牧审定．营造法式译解 [M]. 北京：华中科技大学出版社，2011.

[14] 王效清，等．中国古建筑术语辞典 [M]. 北京：文物出版社，2007.

[15]（英）勃罗特彭特．建筑设计与人文科学 [M]. 北京：中国建筑工业出版社，1990.

[16]（美）拉德米拉•莫阿卡宁．荣格心理学与藏传佛教：东西方的心灵之路 [M]. 北京：世界图书出版公司，2015.

[17] 燕宁娜，赵振炜．宁夏清真寺建筑研究 [M]. 银川：宁夏人民出版社，2014.

[18] 乌云毕力格．青册金鬘：蒙古部族与文化史研究 [M] 上海：上海古籍出版社，2017.

[19] 中国政治协商会议，内蒙古自治区委员会文史和学习委员会．内蒙古喇嘛教纪例（第四十五辑）[M]，北京，1997.

[20] 石硕． 西藏文明东向发展史 [M]. 成都：四川人民出版社，2016.

[21] 葛鲁嘉．宗教形态的心理学——宗教传统和研究的心理学智慧 [M]. 上海：上海教育出版社，2016.

[22] 胡日查，乔吉，乌云．藏传佛教在蒙古地区的传播研究 [M]. 北京：民族出版社，2012.

[23] 乔吉．蒙古佛教史 [M]. 呼和浩特：内蒙古人民出版社，2008.

[24] 宿白．藏传佛教寺院考古 [M]. 北京：文物出版社，1996.

[25] 额尔敦昌．内蒙古喇嘛教 [M]. 呼和浩特：内蒙古人民出版社，1991.

[26] 牙含章．达赖喇嘛传 [M] ．北京：华文出版社，2013.

[27]（韩）金修成．明清之际藏传佛教在内蒙古的传播 [M]. 北京：社会科学文献出版社，2006.

[28] 金海等．清代蒙古志 [M]. 呼和浩特：内蒙古人民出版社，2009.

[29] 张鹏举．内蒙古藏传佛教建筑（上中下册）[M]. 北京：中国建筑工业出版社，2012.

[30] 唐思吉．藏传佛教与蒙古族文化 [M]. 沈阳：辽宁民族出版社，2007.

[31] 王磊义，姚桂轩，郭建中．藏传佛教寺院美岱召五当召调查与研究（上、下）[M]. 北京：中国藏学出版社，2009.

[32] 吐娜，潘美玲，巴特尔．巴音郭楞蒙古族史——

东归土尔扈特、和硕特历史文化研究［M］. 北京：中国言实出版社，2014.
[33] 才吾加甫 . 新疆蒙古藏传佛教寺庙［M］. 北京 : 人民出版社，2014.
[34] 李顺庆. 藏彝走廊北部地区藏传佛教寺院研究［M］. 成都：巴蜀书社，2016.
[35] 达茂旗政协文史资料编辑委员会. 达茂文史资料（第一辑）［M］. 1997.
[36] 李江，吴晓冬，杨菁. 张掖大佛寺建筑研究［M］. 天津：天津大学出版社，2016.
[37] 黄奋生. 百灵庙巡礼［M］ . 北京：中国青年出版社，2012.
[38] 曹志高编. 老包头印记［M］ . 呼和浩特：内蒙古人民出版社，2015.
[39] 乌盟政协文史资料研究委员会编. 乌兰察布史略（乌兰察布史料第十一集）［M］. 1997.
[40] 呼和浩特市委党史资料征集办公室，呼和浩特市地方志编修办公室编. 呼和浩特史料第二集［M］. 1983.
[41] 呼和浩特市政协文史资料委员会编. 呼和浩特文史资料第十二辑［M］. 1998.
[42] 张继龙. 阿勒坦汗和土默特［M］. 呼和浩特：内蒙古人民出版社，内蒙古出版集团，2016.
[43] 乔吉. 蒙古族全史・宗教卷［M］ . 呼和浩特：内蒙古人民出版社，2011.
[44] 迟利. 呼和浩特现存寺庙考［M］ . 呼和浩特：远方出版社，2016.
[45] 苗润华，杜华. 草原佛声 —— 蒙古地区黄教第一寺美岱召记［M］ . 呼和浩特：内蒙古大学出版社，2008.
[46] 楼庆西. 屋顶艺术［M］. 北京：中国建筑工业出版社，2009.
[47] 白初一. 内喀尔喀五部历史研究［M］. 北京：民族出版社，2017.
[48] 罗宏才. 佛教艺术模式与样式［M］. 上海：上海大学出版社，2017.
[49] 王晓华. 中国古建筑构造技术［M］. 北京：化学工业出版社，2013.
[50] 郭华瑜. 明代官式建筑大木作［M］. 南京：东南大学出版社，2005.
[51] 杜常顺. 明朝宫廷与佛教关系研究［M］. 北京：中国社会科学出版社，2013.
[52] 陈捷，张昕. 五台山汉藏佛寺彩画研究［M］. 南京：东南大学出版社，2015.
[53] 何孝荣. 明代南京寺院研究［M］. 北京：故宫出版社，2013.
[54] 谢继胜. 汉藏佛教美术研究［M］. 北京：首都师范大学出版社，2010.
[55] 张驭寰. 中国西部古建筑讲座［M］. 北京：中国水利水电出版社，2010.
[56] 昂巴. 藏传佛教密宗与曼荼罗艺术［M］. 北京：人民出版社，2011.
[57] 姜怀英，刘占俊. 青海塔尔寺修缮工程报告［M］. 北京：文物出版社，1996.
[58] 明・额尔敦巴特尔 . 16-18 世纪蒙古佛教史研究［M］. 呼和浩特：内蒙古人民出版社，2018.
[59] 杨钧期，刘慧，张续，罗自强 . 民国阿拉善纪事［M］. 银川：阳光出版社，2015.
[60] 石硕，邹立波，黄博 . 西藏古文明中的中原文化因素［M］. 北京：社会科学文献出版社，2016.
[61] 李安宅 . 藏族宗教史之实地研究［M］. 北京：商务印书馆，2015.
[62] 芈一之，张科 . 青海蒙古族简史［M］. 西宁：青海人民出版社，2013.
[63] 李玲，李俊，冀科峰 . 中国古建筑和谐理念研究［M］. 北京：中国社会科学出版社，2017.
[64] 武沐，金燕红 . 13-19 世纪河湟多民族走廊历史文化研究［M］. 北京：中国社会科学出版社，2017.
[65] 于洪 . 北京藏传佛教史［M］. 北京：宗教文化出版社，2011.
[66] 乌云毕力格，白拉都格其. 蒙古史纲要［M］.

呼和浩特：内蒙古人民出版社，2006.
[67] 王金平，徐强，韩卫成 . 山西民居 [M]. 北京：中国建筑工业出版社，2009.
[68] 土默特志编纂委员会 . 土默特史料（第二十一集）[M]. 呼和浩特：土默特左旗印刷厂，1986.
[69] 李文君 . 明代西海蒙古史研究 [M]. 北京：中央民族大学出版社，2008.
[70] 阿·胡图荣阿 . 阿鲁科尔沁三百年 [M]. 呼和浩特：内蒙古人民出版社，2009.
[71] 王东，张耀 . 吐蕃王朝 [M]. 北京：中国国际广播出版社，2013.
[72] 李瑞哲 . 龟兹石窟寺 [M]. 北京：中国社会科学出版社，2015.
[73] 何泉 . 西藏乡土民居建筑文化 [M]. 北京：中国建筑工业出版社，2017.
[74]（清）钟秀，（清）张曾编 ，王静主编. 清代蒙古汉籍史料编 . 第一辑，古丰识略 [M]. 呼和浩特：内蒙古人民出版社，2016.
[75] 傅清远，王立平 . 承德外八庙 [M]. 北京：中国建筑工业出版社，2013.
[76] 梁丽霞 . 阿拉善蒙古研究 [M]. 北京：民族出版社，2009.
[77] 王玉海，王楚. 从游牧走向定居 - 清代内蒙古东部农村社会研究 [M]. 哈尔滨：黑龙江教育出版社，2012.
[78] 吴庆洲. 藏传佛塔与寺庙建筑装饰 [M]. 北京：中国建筑工业出版社，2013.
[79] 王贵祥. 中国汉传佛教建筑史：佛寺的建造、分布与寺院格局、建筑类型及其变迁 [M]. 北京：清华大学出版社，2016.
[80] 张海斌. 包头老城 [M]. 呼和浩特：内蒙古大学出版社，2009.

二、译著

[1]（俄）A·M·波兹涅德耶夫，蒙古及蒙古人 [M] . 刘汉明等译. 呼和浩特：内蒙古人民出版社，1983.
[2]（日）长尾雅人. 蒙古学问寺 [M]. 白音朝鲁译. 呼和浩特：内蒙古人民出版社，2004.
[3]（丹麦）亨宁·哈士纶 . 蒙古的人和神 [M] . 徐孝祥译. 乌鲁木齐：新疆人民出版社，2010.
[4] 鸟居龙藏 . 蒙古旅行 [M] . 戴玥，郑春颖译. 北京：商务印书馆，2018.
[5]（蒙古）沙·比拉 . 蒙古史学史 [M]. 陈弘法译. 上海：上海古籍出版社，2015.
[6]（日）原广司 . 空间 —— 从功能到形态 [M]. 张伦译. 南京：江苏凤凰科学技术出版社，2017.
[7]（瑞典）斯文·赫定 . 帝王之都 —— 热河 [M] . 赵清译. 北京：中央编译出版社，2011.
[8] 赵娟编译. 鲍希曼与承德地区的寺庙建筑 [M] . 北京：社会科学文献出版社，2019.
[9]（法）埃米尔·马勒 . 图像学 :12 世纪到 18 世纪的宗教艺术 [M]. 梅娜芳译 . 曾四凯校 . 杭州：中国美术学院出版社，2008.
[10]（法）海瑟·噶尔美 . 早期汉藏艺术 [M]. 熊文彬译 . 上海：上海书画出版社，2010.

三、期刊

[1] 韩瑛，李新飞，张鹏举 . 基于都纲法式演变的内蒙古藏传佛教殿堂空间分类研究 [J] . 建筑学报，2016.
[2] 伟力 . 呼和浩特召庙壁画 [J]. 内蒙古文物考古，1995(Z1):50-58，62.
[3] 乌云 . 归化城喇嘛印务处的历史变迁 [J]. 内蒙古社会科学（汉文版），2012,33(02):76-79.
[4] 乌云 . 近代内蒙古地区蒙古人对藏传佛教认识的转变 [J]. 内蒙古师范大学学报（哲学社会科学版），2007(04):25-29.
[5] 金轮. 西蒙政治核心的百灵庙 [J]. 复旦学报，1937：1-11.
[6] 田流. 百灵庙纪行 [J]. 中国民族，1963：17-

19.
[7] 包慕萍. 蒙古帝国之后的哈喇和林木构佛寺建筑 [J]. 中国建筑史论汇刊·第捌辑，2012：172-198.
[8] 金峰. 呼和浩特大召 [J]. 内蒙古师院学报（哲学社会科学版），1980（4）：52-79.
[9] 王磊义 . 内蒙古藏传佛寺壁画与唐卡中的地域特色 [J]. 中国藏学 ,2016(01):185-190，231.
[10] 邓传力，刘杰超，贾彬，崔战海，蒙乃庆 .“边玛墙”演变与特征研究 [J]. 建筑与文化 ,2016(09):238-239.
[11] 祁美琴，安子昂 . 试论藏传佛教的王朝化与国家认同——以清朝敕建藏传佛寺为中心的考察 [J]. 清史研究 ,2019(01):1-16.
[12] 杨洁 . 近三十年来清代格鲁派在蒙古地区发展研究综述 [J]. 开封教育学院学报 ,2018,38(05):3-4.
[13] 张昆，尚海林 . 蒙古草原文化与藏传佛教文化的融摄与互动——锡林郭勒贝子庙考察研究 [J]. 青海师范大学学报（哲学社会科学版）,2018,40(02):72-78.
[14] 张晋峰 . 藏传佛教在蒙古地区传播发展的地理因素研究 [J]. 集宁师范学院学报 ,2017,39(04):39-42.
[15] 吕文利 . 明末清初蒙古诸部试图建立“政教二道”中心的实践 [J]. 黑龙江社会科学 ,2017(03):156-167.
[16] 杨晓燕 . 藏传佛教与中蒙关系 [J]. 中北大学学报（社会科学版）,2016,32(05):18-23.
[17] 赵阮 . 从《北虏风俗》看 16 世纪末藏传佛教传入及漠南蒙古社会的变化 [J]. 中国边疆民族研究 ,2009(00):233-240,409-410.
[18] 唐吉思 . 明代蒙古汗室王与藏传佛教 [J]. 青海民族研究 ,1999(01):89-93.
[19] 浩斯 . 藏传佛教传入蒙古之肇端 [J]. 内蒙古师大学报（哲学社会科学版）,1995(04):69-74.
[20] 莫日根，杜粉霞 . 内蒙古乌素图召庆缘寺护法神壁画图像解析 [J]. 中外建筑 ,2017(10):51-54.
[21] 潘春利 . 内蒙古藏传佛教的建筑与装饰艺术 [J]. 内蒙古艺术 ,2016(02):82-86.
[22] 奇洁 . 内蒙古大召寺乃琼庙佛殿壁画铁匠神研究 [J]. 天津美术学院学报 ,2013(03):43-45.
[23] 奇洁 . 乌素图召庆缘寺及其东厢殿壁画研究 [J]. 阴山学刊 ,2013,26(04):23-27.
[24] 奇洁 . 内蒙古席力图召及其古佛殿壁画研究 [J]. 阴山学刊 ,2013,26(03):20-26,2.
[25] 张振宇 . 召庙壁画考——内蒙古大召寺乃琼庙壁画主尊像关系探源 [J]. 新西部（理论版）,2013(Z1):37-38.
[26] 奇洁 . 内蒙古大召寺乃琼庙佛殿壁画护法神研究 [J]. 中国藏学 ,2011(04):120-127,2.
[27] 潘春利，侯霞 . 内蒙古藏传佛教召庙的风格、布局与特色 [J]. 室内设计 ,2009,24(03):64-66.
[28] 武晓怡 . 呼和浩特市大召寺经堂壁画的取材背景及布局形式 [J]. 内蒙古文物考古 ,2008(02):53-56,6,111,112.
[29] 克里斯蒂娜·查伯罗斯，陈一鸣 . 蒙古装饰艺术与蒙古传统文化诸方面的关系 [J]. 蒙古学信息 ,1998(02):47-53.
[30] 包慕萍 . 蒙古帝国之后的哈拉和林木构佛寺建筑 [J]. 中国建筑史论汇刊·第捌集 .2012.

四、知网硕博论文

[1] 高青钢 . 近代内蒙古东三盟藏传佛教研究 [D]. 呼和浩特：内蒙古师范大学 ,2013.
[2] 城城 . 近代内蒙古西三盟藏传佛教研究 [D]. 呼和浩特：内蒙古师范大学 ,2013.
[3] 乌云 . 清至民国时期土默特地区藏传佛教若干问题研究 [D]. 呼和浩特：内蒙古大学 ,2010.
[4] 彩虹 . 清代阿拉善和硕特旗藏传佛教历史研究 [D]. 呼和浩特：内蒙古师范大学 ,2009.
[5] 陈祎 .“边玛墙”考究 [D]. 兰州：西北民族大

学，2010.
[6] 徐海涛. 扎什伦布寺研究 [D]. 南京：南京工业大学，2012
[7] 李勋辉 . 蒙古族制作唐卡的技艺调查 [D]. 内蒙古师范大学，2018.
[8] 李汉颖 . 黄教与清前期的蒙古治理 [D]. 东北师范大学，2018.
[9] 韩瑗婷 . 拉卜楞寺建寺背景及兴建始末研究（1636 ～ 1721 年）[D]. 中央民族大学，2018.
[10] 赵远 . 清前期藏传佛教政策研究 [D]. 河南大学，2017.
[11] 郎玉鸽 . 清代藏传佛教在内蒙古地区的本土化传播 [D]. 内蒙古大学，2016.
[12] 刘晓梅 . 明中期以藏传佛教为纽带的蒙藏民族关系初探 [D]. 烟台大学，2016.
[13] 陈华伟 . 鄂尔多斯高原藏传佛教文化地理研究 [D]. 陕西师范大学，2014.
[14] 方泽 . 明朝“抚藏御蒙”政策研究 [D]. 四川师范大学，2014.
[15] 李振洲 . 清代藏传佛教在准噶尔部的传播及其影响研究 [D]. 西南民族大学，2013.
[16] 张曦 . 清政府藏传佛教政策在漠北蒙古的影响 [D]. 中央民族大学，2013.
[17] 王敏 . 清政府对蒙古地区宗教传播控制研究 [D]. 辽宁大学，2012.
[18] 张鹏举 . 内蒙古地域藏传佛教建筑形态研究 [D]. 天津大学，2011.
[19] 龙珠多杰 . 藏传佛教寺院建筑文化研究 [D]. 中央民族大学，2011.
[20] 彩虹 . 清代阿拉善和硕特旗藏传佛教历史研究 [D]. 内蒙古师范大学，2009.
[21] 月英 . 锡埒图库伦喇嘛旗历史变迁研究 [D]. 内蒙古师范大学，2009.
[22] 王力 . 清代蒙古与西藏格鲁派关系研究 [D]. 兰州大学，2008.
[23] 才让扎西 . 三世达赖和蒙古与明王朝的关系 [D]. 中央民族大学，2005.
[24] 潘春利 . 蒙古地区喇嘛教的建筑与装饰艺术研究 [D]. 福建师范大学，2006.

后 记

本书在国家教育部人文社会科学研究青年基金项目“内蒙古地区汉藏结合式召庙殿堂建筑装饰艺术研究”（15YJC760074）研究报告的基础上整理而成。2013年本人获批内蒙古工业大学校级科研基金项目，以身边的席力图召作为研究对象，开始关注内蒙古地区藏传佛教寺庙建筑装饰艺术。

本人是土生土长的呼和浩特人，小时候家就住在大召前街的玉泉二巷，印象里周围的人多住在跟庙里一样的房子里，自己家的房子也有着高高的坡面屋顶，也曾随父亲爬上去修补房顶，从高处看下面的世界。所住的巷子里有好几块汉白玉的石碑，不是被人们用来铺地，就是砌墙。每日上下学，都会看到同班同学家巷口的墙上雕着一只汉白玉石狮子。长大后，才知道自己住的院子是费公祠，同学住的院子是财神庙，都算文物，这些建筑都是历史建筑。大召、席力图召、小召等寺庙都离家、学校不远，小学放学后，经常会到附近的寺庙内玩耍。那时候，大召的山门前加建了一排售卖土产百货的商店，将山门遮挡，四面各门也锁着，人们只能透过残破斑驳的红墙窥视院内的场景；席力图召同样也是一副破败景象，庙门敞开，有的门板已不知去向，庙内住着几户居民，那时的我时常从地上捡起石子，抛向钟楼上的铁钟，只为听那“当”的一声。1994年我考入山西大学美术学院装潢艺术设计专业，开始接触到装饰艺术。1998年毕业后进入内蒙古工业大学建筑工程学院建筑系工作，工作期间攻读硕士时，导师李亚平先生就十分强调蒙古地域文化的挖掘和保护，因此，论文方向集中在蒙古地域文化在现代空间设计的应用中，此时关注的重点还未集中于古建筑装饰研究。

2008年建筑系从内蒙古工业大学建筑工程学院分出，组建建筑学院，专业细化后艺术设计系成立，此时内蒙古地区的藏传佛教建筑研究在我院张鹏举教授的带领下刚刚起步，时任设计系主任的郑庆和教授认为蒙古地域建筑装饰艺术研究是艺术设计专业未来的一个研究方向，陆续组织相关人员开展内蒙古地区王府建筑、寺庙建筑的装饰艺术研究，我亦参与其中，从最初的看不懂，到后来能看出一二，也着实费了一番功夫，期间调研了一些寺庙，并通过校级科研基金项目“席力图召建筑装饰艺术研究”的经费支持，从身边寺庙建筑调研开始，查阅了大量相关文献，拍摄了大量影像资料。在比较的过程中也发现了一些现象，尤其对在调研过程中发现的汉藏结合式寺庙殿堂建筑产生了浓厚兴趣。2014年以此为选题，尝试申请了2015年国家教育部人文社会科学研究青年基金项目，结果幸运获批。有了经费支持，调研的区域不断扩大。在研期间，从最初的简单接触到深入调查，我对内蒙古地区汉藏结合式寺庙殿堂建筑装饰艺术的认识也在不断推进、不断深入。

作为地理偏僻、地域性特征较强的蒙古地域建筑艺术资源，在零散的资料中很难了解到它的真正面目与价值，所以在以往并没有引起学术界专家们的过多关注，更谈不上理论研究体系的建立。因此，将田野调研发现及时归纳总结，进行课题申请、论文发表，将研究成果向外界公示，不失为推动此类研究的常规手法。在进行教育部课题地区田野调研过程中，随着调研发现，又申请获批了内蒙古自治区社科联基金项目“鄂尔多斯地区民国府邸‘西化’建筑艺术特征研究”（16B15）、草原丝路书画艺术专项内蒙古社会科学基金项目“明清时期内蒙古土默特地区藏传佛教绘画艺术图像流变研究”（16Z20），从不同视角、层面对蒙古地域建筑装饰艺术进行了解读。2016年加入本院韩瑛老师的“基于整体保护的内蒙古藏传佛教建筑遗产价值体系构建”国家自然科学基金项目申报组，项目获批后，在协同调研过程中，注意到内蒙古地区藏传佛教建筑的多样性现象。

通过几年的田野调查，基本掌握了内蒙古地区汉藏结合式寺庙殿堂建筑的留存信息，获得了一手的调研资料。但随着深入研究，一些问题也逐渐显出来。蒙古地域的汉藏结合式殿堂建筑形式最初从何地传入？其遵从的建筑原型又源于何处？在疆域辽阔的蒙古草原按何种路径传播？受外界因素影响产生出几种类型？外表的看似相似到底内在蕴藏着哪些不同？诸多问题的出现，暂时的无解，意味着需要更深入的研究。因此，2018 年以此问题作为切入点，以“蒙古地域传统汉藏结合式寺庙殿堂建筑原型与谱系研究”为题，申报了国家自然科学基金项目，没想到项目获批，更加坚定了对这一方向的研究。在读博期间，导师邵郁先生鼓励立足地域文化本身，强调系统深入研究。在本书的编写过程中，得到了张鹏举课题组、王卓男课题组、韩瑛课题组及有关文物部门在影像、图纸资料方面的大力支持，极大地丰富了书中的可视图像内容。

本书的出版首先要感谢张鹏举教授的大力组织，感谢内蒙古工业大学、建筑学院两级单位的资金支持。中国建筑工业出版社编辑为本书的出版所作的巨大贡献，还要感谢我的研究生杨梦蝶、刘月、刘慧、张晴为本书的文字、插图所作的编排、校对工作，在此一并谢过。

莫日根

2019 年冬于陋室